普通高等院校数学类课程教材

高等数学及其应用
（下册）

主　编　张文钢　李春桃
副主编　龙　松　张秋颖

华中科技大学出版社
中国·武汉

内 容 提 要

本书是为了适应培养应用型的大学本科经济管理类人才的要求而编写的基础课教材,系统地介绍了有关微积分的知识,选编了相当数量的典型例题,特别介绍了一定数量的经济应用例题,以提高读者运用数学知识处理实际经济问题的能力。本书内容包括常微分方程与差分方程、向量代数与空间解析几何、多元函数微分、二重积分、无穷级数.

图书在版编目(CIP)数据

高等数学及其应用.下册/张文钢,李春桃主编.—武汉:华中科技大学出版社,2018.7
ISBN 978-7-5680-4464-6

Ⅰ.①高… Ⅱ.①张… ②李… Ⅲ.①高等数学-高等学校-教材 Ⅳ.①O13

中国版本图书馆 CIP 数据核字(2018)第 169130 号

高等数学及其应用(下册) 张文钢 李春桃 主编
Gaodeng Shuxue jiqi Yingyong(Xiace)

策划编辑:谢燕群	
责任编辑:谢燕群	
封面设计:原色设计	
责任校对:李 琴	
责任监印:周治超	
出版发行:华中科技大学出版社(中国·武汉)	电话:(027)81321913
武汉市东湖新技术开发区华工科技园	邮编:430223
录　　排:武汉市洪山区佳年华文印部	
印　　刷:武汉洪林印务有限公司	
开　　本:710mm×1000mm　1/16	
印　　张:14.75	
字　　数:305 千字	
版　　次:2018 年 7 月第 1 版第 1 次印刷	
定　　价:32.80 元	

本书若有印装质量问题,请向出版社营销中心调换
全国免费服务热线:400-6679-118　竭诚为您服务
版权所有　侵权必究

前　　言

随着社会的进步,我国的高等教育也有了突飞猛进的发展,无论是学生的素质还是相关专业对高等数学知识的需要,都对基础课教材,尤其是数学课教材提出了更新、更严格的要求。高等数学课程是经济管理类、理工科各专业的重要基础课程,除了要求学生掌握高等数学的基本知识以外,还强调培养学生的抽象思维能力、逻辑思维能力和定量思维能力,以及运用数学的理论和方法解决实际问题的能力。

本书主要根据经济管理类各专业的本科数学基础课程的教学要求,参照研究生入学统一考试数学三的考试大纲以及作者多年经济管理类本科专业高等数学课程的教学经验编写而成。本书具有以下特色:

1. 突出高等数学的基本思想和基本方法。目的在于方便学生理解和掌握高等数学的基本概念、基本理论和基本方法,提高教学效果。在教学理念上不过分强调严密论证、研究过程,更多的是让学生体会高等数学的本质和内涵。

2. 贴近实际应用。本书对基本概念的叙述力求从身边实际问题出发,提出一些在自然科学、经济管理领域和日常生活中经常面临的现实问题,以例题或问题的形式让学生来阅读或解答,以此来提高学生学习高等数学的兴趣和利用高等数学知识解决实际问题的能力。

3. 充分考虑到部分学生考研的需求及教学基本要求,重新构建学生易于接受的微积分的内容体系,适当地编写了一些不被基本要求包含的内容,供学生选修用。还编入了 Matlab 软件的部分应用,希望借此提高学生利用计算机软件解决部分数学问题的能力。

4. 按照分层次教学要求,对有关内容和习题进行了设计和安排。每章都加入了一节关于 Matlab 软件的简单应用,每节附有习题,每章附有总复习题。对于超过教学基本要求及为某些相关专业选用的基本内容,均在书中以 * 号标出。

全书分上、下两册,上册包括一元函数的极限与连续、一元函数微积分学及其应用等内容,下册包含微分方程与差分方程、空间解析几何、多元函数微分法、二重积分、级数等内容。附录有:常见的初等数学公式、几种常见的曲线、积分表、Matlab 软件简介等。本书主要面向高等院校经济类本科专业,也可作为普通高等专科院校各专业的高等数学教材。

  本书由张文钢、李春桃任主编,龙松、张秋颖任副主编,同时,参与习题编写的还有朱祥和、徐彬、沈小芳、张丹丹等,在此对他们的工作表示感谢!

  在教材的编写过程中,得到了武昌首义学院基础科学部主任齐欢教授、数学教研室主任叶牡才教授及数学教研室其他各位老师的大力支持,他们对本教材的编写提出了许多宝贵的意见和建议,在此表示衷心的感谢!

  最后,本书作者再次向所有支持和帮助过本书编写和出版的单位和个人表示由衷的感谢!

  由于作者水平所限,书中不妥和错误之处在所难免,敬请专家、同行和广大读者批评指正!

编 者
2018 年 4 月

目 录

第7章 常微分方程与差分方程 …………………………………………………… (1)
  7.1 微分方程的基本概念 …………………………………………………… (1)
    7.1.1 微分方程的概念及类型 ………………………………………… (2)
    7.1.2 微分方程的解 …………………………………………………… (2)
  习题 7.1 ……………………………………………………………………… (4)
  7.2 一阶微分方程 …………………………………………………………… (5)
  习题 7.2 ……………………………………………………………………… (12)
  7.3 可降阶的二阶微分方程 ………………………………………………… (13)
  习题 7.3 ……………………………………………………………………… (16)
  7.4 二阶线性微分方程解的结构 …………………………………………… (17)
  习题 7.4 ……………………………………………………………………… (19)
  7.5 二阶常系数线性微分方程 ……………………………………………… (19)
    7.5.1 二阶常系数齐次线性微分方程及其解法 ……………………… (20)
    7.5.2 二阶常系数非齐次线性微分方程及其解法 …………………… (23)
  习题 7.5 ……………………………………………………………………… (27)
  7.6 差分方程 ………………………………………………………………… (27)
    7.6.1 差分与差分方程的概念及性质 ………………………………… (27)
    7.6.2 线性差分方程解的基本定理 …………………………………… (30)
    7.6.3 一阶常系数线性差分方程的解法 ……………………………… (30)
    *7.6.4 二阶常系数线性差分方程的一般形式 ………………………… (34)
  习题 7.6 ……………………………………………………………………… (37)
  7.7 常微分方程与差分方程在经济学中的应用 …………………………… (38)
    7.7.1 微分方程在经济学中的应用举例 ……………………………… (38)
    7.7.2 差分方程在经济学中的应用举例 ……………………………… (41)
  习题 7.7 ……………………………………………………………………… (43)
  *7.8 Matlab 软件简单应用 …………………………………………………… (44)
  本章小结 ……………………………………………………………………… (46)
  复习题 7 ……………………………………………………………………… (47)

第8章 向量代数与空间解析几何 ………………………………………………… (50)
  8.1 空间直角坐标系 ………………………………………………………… (50)

    8.1.1 空间直角坐标系 ·· (50)
    8.1.2 空间两点间的距离 ·· (51)
  习题 8.1 ··· (52)
  8.2 向量及其线性运算 ··· (53)
    8.2.1 向量的概念 ·· (53)
    8.2.2 向量的加减法 ·· (53)
    8.2.3 向量与数的乘法 ·· (54)
  习题 8.2 ··· (54)
  8.3 向量的坐标表达式 ··· (55)
    8.3.1 向量的坐标 ·· (55)
    8.3.2 向量的模与方向余弦 ·· (56)
  习题 8.3 ··· (57)
  8.4 向量间的乘法 ··· (58)
    8.4.1 向量的数量积 ·· (58)
    8.4.2 两向量的向量积 ·· (59)
  习题 8.4 ··· (61)
  8.5 空间曲面及曲线 ··· (61)
    8.5.1 空间曲面方程 ·· (61)
    8.5.2 空间曲线方程 ·· (67)
  习题 8.5 ··· (69)
  8.6 平面与直线 ··· (70)
    8.6.1 平面及其方程 ·· (70)
    8.6.2 空间直线方程 ·· (73)
  习题 8.6 ··· (78)
  *8.7 Matlab 软件简单应用 ·· (78)
  本章小结 ··· (80)
  复习题 8 ··· (81)
第 9 章 多元函数微分法及其应用 ·· (84)
  9.1 多元函数的基本概念 ··· (84)
    9.1.1 区域 ·· (84)
    9.1.2 多元函数的定义 ·· (85)
    9.1.3 二元函数的极限 ·· (86)
    9.1.4 二元函数的连续性 ·· (87)
  习题 9.1 ··· (89)
  9.2 偏导数与全微分 ··· (89)

9.2.1　偏导数的概念 ………………………………………………… (89)
　　9.2.2　偏导数的计算 ………………………………………………… (91)
　　9.2.3　偏导数的几何意义 …………………………………………… (92)
　　9.2.4　高阶偏导数 …………………………………………………… (92)
　　9.2.5　全微分及其应用 ……………………………………………… (93)
习题 9.2 …………………………………………………………………… (96)
9.3　多元函数的微分法 …………………………………………………… (97)
　　9.3.1　多元复合函数的求导法则 …………………………………… (97)
　　9.3.2　隐函数的求导公式 …………………………………………… (101)
习题 9.3 …………………………………………………………………… (102)
9.4　多元函数的极值 ……………………………………………………… (103)
　　9.4.1　多元函数的无条件极值与最值 ……………………………… (103)
　　9.4.2　条件极值、拉格朗日乘数法 ………………………………… (106)
　　9.4.3　最小二乘法 …………………………………………………… (108)
习题 9.4 …………………………………………………………………… (110)
*9.5　Matlab 软件简单应用 ……………………………………………… (110)
　　9.5.1　多元函数的求极限 …………………………………………… (110)
　　9.5.2　多元函数的求导 ……………………………………………… (111)
本章小结 …………………………………………………………………… (113)
复习题 9 …………………………………………………………………… (115)

第 10 章　二重积分 …………………………………………………… (117)

10.1　二重积分的概念与性质 …………………………………………… (117)
　　10.1.1　二重积分的概念 …………………………………………… (117)
　　10.1.2　二重积分的几何意义 ……………………………………… (119)
　　10.1.3　二重积分的性质 …………………………………………… (120)
习题 10.1 ………………………………………………………………… (122)
10.2　二重积分的计算 …………………………………………………… (122)
　　10.2.1　二重积分在直角坐标系中的计算 ………………………… (122)
　　10.2.2　二重积分在极坐标系中的计算 …………………………… (128)
习题 10.2 ………………………………………………………………… (132)
10.3　二重积分的应用 …………………………………………………… (134)
　　10.3.1　平面区域的面积 …………………………………………… (134)
　　10.3.2　空间立体的体积 …………………………………………… (135)
　　10.3.3　平面薄片的质心 …………………………………………… (137)
　　10.3.4　平面薄片的转动惯量 ……………………………………… (138)

        10.3.5　平面薄片对质点的引力 ……………………………………… (139)
    习题 10.3 ………………………………………………………………… (140)
    *10.4　Matlab 软件简单应用 ……………………………………………… (140)
    本章小结 …………………………………………………………………… (142)
    复习题 10 …………………………………………………………………… (144)

第 11 章　无穷级数 …………………………………………………………… (146)

    11.1　常数项级数的概念与性质 …………………………………………… (146)
        11.1.1　常数项级数的概念 ………………………………………… (146)
        11.1.2　收敛级数的基本性质 ……………………………………… (148)
    习题 11.1 ………………………………………………………………… (150)
    11.2　常数项级数的审敛法 ………………………………………………… (151)
        11.2.1　正项级数及其审敛法 ……………………………………… (151)
        11.2.2　交错级数及其审敛法则 …………………………………… (155)
        11.2.3　绝对收敛与条件收敛 ……………………………………… (155)
    习题 11.2 ………………………………………………………………… (157)
    11.3　幂级数 ………………………………………………………………… (158)
        11.3.1　函数项级数的概念 ………………………………………… (158)
        11.3.2　幂级数及其收敛性 ………………………………………… (158)
        11.3.3　幂级数的运算 ……………………………………………… (161)
    习题 11.3 ………………………………………………………………… (163)
    11.4　函数展开成幂级数 …………………………………………………… (163)
        11.4.1　泰勒公式与泰勒级数 ……………………………………… (163)
        11.4.2　函数展开成幂级数 ………………………………………… (165)
        11.4.3　幂级数展开式的应用 ……………………………………… (168)
    习题 11.4 ………………………………………………………………… (171)
    *11.5　Matlab 软件简单应用 ……………………………………………… (171)
        11.5.1　无穷级数之和 ……………………………………………… (171)
        11.5.2　幂级数之和 ………………………………………………… (173)
        11.5.3　符号函数的 Taylor 级数展开式 …………………………… (173)
    本章小结 …………………………………………………………………… (175)
    复习题 11 …………………………………………………………………… (176)

附录 A　Matlab 用法简介 …………………………………………………… (180)

附录 B　积分表 ……………………………………………………………… (206)

附录 C　习题答案 …………………………………………………………… (215)

参考文献 ……………………………………………………………………… (227)

第 7 章 常微分方程与差分方程

微分方程是联系数学理论与实际的桥梁,是在微积分的基础上进一步发展起来的一个重要的数学分支.微分方程在自然科学和工程技术领域和社会科学领域中都有着广泛的应用.

我们知道,函数是研究客观事物运动规律的重要工具,在实践中找出函数关系具有重要意义.但是在许多的实际问题中,我们常常不能给出所需要的函数关系,反而更容易建立这些变量及其导数或微分之间的关系,即得到一个关于未知函数的导数或微分的方程,数学上称这样的方程为微分方程.通过这样的方程,最后可以得到我们需要的函数关系式.现实世界中的很多问题都可以在一定的条件下抽象为微分方程,例如人口增长问题、经济增长问题等都可归结为微分方程问题;这时的微分方程或差分方程习惯上称为所研究问题的**数学模型**,如人口模型、经济增长模型等.

另外,在经济管理和许多的实际问题中,大多数数据是按等时间间隔周期统计的,于是有关变量的取值是离散变化的.如何找出它们之间的关系及变化规律呢?差分方程是研究这样的离散型数学问题的有力工具,本章在最后介绍差分方程的一些基本概念及常用的求解方法.

7.1 微分方程的基本概念

先看两个例子.

例 7.1.1 一曲线通过点 $(1,2)$,且在该曲线上任一点 $M(x,y)$ 处的切线斜率为 $2x$,求此曲线的方程.

解 设所求曲线的方程为 $y=y(x)$,则根据导数的几何意义可知,$y=y(x)$ 应满足关系式

$$\frac{dy}{dx}=2x$$

两端积分得

$$y=\int 2x dx = x^2 + C \quad (C \text{ 为任意常数})$$

再根据曲线过点 $(1,2)$ 得$\qquad C=1$
即得所求曲线方程$\qquad y=x^2+1$

例 7.1.2 一物体自某高度自由落下,如果空气阻力忽略不计,试求物体所经过

的路程 s 与时间 t 的函数关系.

解 在忽略空气阻力的情况下,自由落体的物体下落速度为 gt,故有
$$\frac{ds}{dt}=gt \quad 或 \quad ds=gt dt$$

这个方程也是一个含有未知函数的导数或微分的微分方程.

7.1.1 微分方程的概念及类型

含有自变量、自变量未知函数及未知函数的(若干阶)导数或微分的方程称为**微分方程**.

如果未知函数是一元的,则通常称此方程为**常微分方程**;如果未知函数是多元的,则通常称此方程为**偏微分方程**.本书中只讨论常微分方程.

微分方程中出现的未知函数的导数或微分的最高阶数称为**微分方程的阶**.例如 $y'=4x+10, 4x dy+y dx=5x-6$ 是一阶的微分方程;$y'''=x+5(y')^5+6$ 是三阶微分方程.

微分方程中未知函数的导数或微分的最高阶数是一阶时,称此方程为一阶微分方程,记为 $F(x,y,y')=0$ 或 $y'=f(x,y)$;微分方程中未知函数的导数或微分是二阶及以上时,称此方程为高阶微分方程.因此一般的 n 阶微分方程可表示为 $F(x,y,y',\cdots,y^{(n)})=0$ 或 $y^{(n)}=f(x,y,y',\cdots,y^{(n-1)})$.

在微分方程中,如果未知函数及其导数都是一次的,且不含有这些变量的乘积项,则称这样的微分方程为**线性微分方程**,n 阶线性微分方程的一般形式为
$$a_0(x)y^{(n)}+a_1(x)y^{(n-1)}+\cdots+a_{n-1}(x)y'+a_n(x)y=f(x)$$

其中 $a_k(x)(0\leqslant k\leqslant n)$ 及 $f(x)$ 为已知函数.当 $f(x)\equiv 0$ 时的线性微分方程称为**线性齐次微分方程**,否则称为**线性非齐次微分方程**.又若 $a_k(x)(0\leqslant k\leqslant n)$ 全为常数,则称为**常系数线性微分方程**,否则称为**变系数线性微分方程**.例如

$\dfrac{dS}{dt}=-kS$ 是一阶常系数线性齐次微分方程;

$\dfrac{d^2 x}{dt^2}+a^2 x=1$ 是二阶常系数线性非齐次微分方程;

$x^2 \dfrac{d^2 y}{dx^2}+x\dfrac{dy}{dx}+y=0$ 是二阶变系数线性齐次微分方程;

$\dfrac{d^2 \varphi}{dt^2}+\dfrac{g}{l}\sin\varphi=0$ 是二阶非线性微分方程;

$\left(\dfrac{dy}{dx}\right)^2+2\dfrac{y}{x}\cdot\dfrac{dy}{dx}=1$ 是一阶非线性微分方程.

7.1.2 微分方程的解

若把函数 $y=\varphi(x)$ 代入微分方程使微分方程恒成立,则称 $y=\varphi(x)$ 是该**微分方**

程的一个解. 例如 $y=2x^2+10x, y=2x^2+10x+5, y=2x^2+10x+C$（$C$ 是任意常数）都是微分方程 $y'=4x+10$ 的解.

1. 微分方程的通解、特解

把含有与微分方程的阶数相同个数的独立的任意常数（即：它们不能合并而使得任意常数的个数减少）的解称为该**微分方程的通解**；不含任意常数的微分方程的解称为该**微分方程的特解**. 例如 $y=2x^2+10x+C$（C 是任意常数）是微分方程 $y'=4x+10$ 的通解，$y=C_1\sin x+C_2\cos x$ 是微分方程 $y''+y=0$ 的通解；而 $y=2x^2+10x, y=2x^2+10x+5$ 是微分方程 $y'=4x+10$ 的特解，$y=3\sin x+5\cos x$ 是微分方程 $y''+y=0$ 的特解.

2. 微分方程的通解与特解的关系

微分方程的通解通过一定的条件确定其中的每一个任意常数的数值后，微分方程的解即为特解；确定每一个任意常数值的条件称为**微分方程的初始条件**；求微分方程满足初始条件的特解问题称为**微分方程的初值问题**. 例如 $y=C_1\sin x+C_2\cos x$ 是微分方程 $y''+y=0$ 的通解，加上条件 $y|_{x=0}=-1$ 和 $y'|_{x=0}=1$ 可确定 $C_1=1, C_2=-1$，从而得到 $y=\sin x-\cos x$ 是微分方程 $y''+y=0$ 的特解；其中条件 $y|_{x=0}=-1$ 和 $y'|_{x=0}=1$ 是微分方程 $y''+y=0$ 的初始条件；把

$$\begin{cases} y''+y=0 \\ y|_{x=0}=-1, y'|_{x=0}=1 \end{cases}$$

称为微分方程的初值问题.

微分方程的解的图形是一条曲线，称为微分方程的**积分曲线**. 通解的图形是一簇积分曲线，特解是这一簇积分曲线中的某一条. 初值问题的几何意义就是求微分方程满足初始条件的那条积分曲线.

例 7.1.3 验证
$$y=C_1\sin x+C_2\cos x+\frac{1}{2}\mathrm{e}^x \tag{7.1.1}$$

是微分方程

$$y''+y=\mathrm{e}^x \tag{7.1.2}$$

的解.

解 因为

$$y'=C_1\cos x-C_2\sin x+\frac{1}{2}\mathrm{e}^x$$

$$y''=-C_1\cos x-C_2\cos x+\frac{1}{2}\mathrm{e}^x$$

故而 $y''+y=-C_1\sin x-C_2\sin x+\frac{1}{2}\mathrm{e}^x+C_1\sin x+C_2\cos x+\frac{1}{2}\mathrm{e}^x=\mathrm{e}^x$ 成立. 函数

(7.1.1)及其导数代入微分方程(7.1.2)后成为一个恒等式,因此函数(7.1.1)是微分方程(7.1.2)的解.

例 7.1.4 已知函数(7.1.1)是微分方程(7.1.2)的通解,求满足初始条件 $y|_{x=0}=0, y'|_{x=0}=0$ 的特解.

解 将 $y|_{x=0}=0, y'|_{x=0}=0$ 代入例 7.1.3 的 y', y'' 表达式,得

$$\begin{cases} C_1\cos 0 - C_2\sin 0 + \dfrac{1}{2}e^0 = 0 \\ -C_1\sin 0 - C_2\cos 0 + \dfrac{1}{2}e^0 = 0 \end{cases}$$

即

$$\begin{cases} C_1 + \dfrac{1}{2} = 0 \\ -C_2 + \dfrac{1}{2} = 0 \end{cases}$$

解得 $C_1=-\dfrac{1}{2}, C_2=\dfrac{1}{2}$,故所求特解为 $y=-\dfrac{1}{2}\sin x+\dfrac{1}{2}\cos x+\dfrac{1}{2}e^x$.

习 题 7.1

1. 指出下列方程的阶数.

   (1) $x^4 y''' - y'' + 2xy^6 = 0$;

   (2) $L\dfrac{d^2 Q}{dt^2} + R\dfrac{dQ}{dt} + \dfrac{Q}{c} = 0$;

   (3) $\dfrac{d\rho}{d\theta} + \rho = \cos^2\theta$;

   (4) $(y-xy)dx + 2x^2 dy = 0$.

2. 指出下列微分方程的类型.

   (1) $y'^2 + 2xy = x^2$;

   (2) $y'' + 2xy = x^2$;

   (3) $y'' + 2xyy' = x+1$;

   (4) $y'' + 2xy' + y^2 = 1$.

3. 验证下列给出的函数是否为相应方程的解.

   (1) $xy' = 2y, y = Cx^2$;

   (2) $(x+1)dy = y^2 dx, y = x+1$;

   (3) $y'' + 2y' + y = 0, y = xe^{-x}$;

   (4) $\dfrac{d^2 s}{dt^2} = -0.4, s = -0.2t^2 + c_1 t + c_2$.

4. 验证:函数 $x = C_1\cos kt + C_2\sin kt (k\neq 0)$ 是微分方程 $\dfrac{d^2 x}{dt^2} + k^2 x = 0$ 的通解.

5. 已知函数 $x = C_1\cos kt + C_2\sin kt (k\neq 0)$ 是微分方程 $\dfrac{d^2 x}{dt^2} + k^2 x = 0$ 的通解,求满足初始条件 $x|_{t=0}=2, x'|_{t=0}=0$ 的特解.

7.2 一阶微分方程

一阶微分方程的一般形式为

$$F(x,y,y')=0 \tag{7.2.1}$$

如果从(7.2.1)中能解出 y',则一阶微分方程可表示为

$$y'=f(x,y) \tag{7.2.2}$$

一阶微分方程有时也可以写成如下的形式

$$P(x,y)\mathrm{d}x+Q(x,y)\mathrm{d}y=0 \tag{7.2.3}$$

如果一阶微分方程为 $\dfrac{\mathrm{d}y}{\mathrm{d}x}=f(x)$ 或 $\mathrm{d}y=f(x)\mathrm{d}x$,则只需等式两边积分即得

$$y=\int f(x)\mathrm{d}x+C$$

但并非一阶微分方程都可以如此求解,比如 $\dfrac{\mathrm{d}y}{\mathrm{d}x}=x^3 y$ 就不能用上面所述的求法,因为方程右端含有未知函数,积分 $\int x^3 y\mathrm{d}x$ 求不出来. 为了解决这个问题,在方程的两端同乘以 $\dfrac{\mathrm{d}x}{y}$,使方程变为 $\dfrac{\mathrm{d}y}{y}=x^3\mathrm{d}x$. 这样,变量 y 与 x 被分离在等式的两端,然后两端积分得

$$\int \frac{\mathrm{d}y}{y}=\int x^3\mathrm{d}x+C \Rightarrow \ln|y|=\frac{1}{4}x^4+C$$

如此得到的函数是原微分方程的解吗?(读者自己验证).

本节中将介绍几种特殊类型的一阶微分方程及其解法.

1. 可分离变量的微分方程

形如

$$\frac{\mathrm{d}y}{\mathrm{d}x}=f(x)g(y) \tag{7.2.4}$$

的一阶微分方程称为**可分离变量的微分方程**.

其求解步骤如下:

首先分离变量,即把 $f(x),\mathrm{d}x$ 与 $g(y),\mathrm{d}y$ 分别移到方程的两端:

$$\frac{\mathrm{d}y}{g(y)}=f(x)\mathrm{d}x$$

再对两端分别求积分即可求得微分方程的通解

$$\int \frac{\mathrm{d}y}{g(y)}=\int f(x)\mathrm{d}x+C$$

其中 C 是任意常数.

注意:(1) 在移项时只有 $g(y)\neq 0$ 才可以进行;如果 $g(y)=0$,则不妨设 $y=y_0$ 是 $g(y)=0$ 的零点,即 $g(y_0)=0$,并代入原方程可知常数函数 $y=y_0$ 显然是方程 (7.2.4) 的一个特解.

(2) 在上述通解表示式中,$\int \dfrac{\mathrm{d}y}{g(y)}$ 与 $\int f(x)\mathrm{d}x$ 表示的是一个原函数,而不是不定积分;两个不定积分中出现的任意常数归并在一起记为 C.

例 7.2.1 求微分方程 $\dfrac{\mathrm{d}y}{\mathrm{d}x}=3x^2(1+y^2)$ 的通解.

解 分离变量可得

$$\frac{\mathrm{d}y}{1+y^2}=3x^2\mathrm{d}x$$

对两端分别求积分得到通解

$$\int\frac{\mathrm{d}y}{1+y^2}=\int 3x^2\mathrm{d}x+C,\quad \text{即}\ \arctan y=x^3+C$$

其中 C 是任意常数. 通解也可写为 $y=\tan(x^3+C)$,其中 C 是任意常数.

例 7.2.2 求微分方程 $\dfrac{\mathrm{d}y}{\mathrm{d}x}=2xy$ 的通解.

解 $y\neq 0$ 时,分离变量可得

$$\frac{\mathrm{d}y}{y}=2x\mathrm{d}x$$

对两端分别求积分得到通解

$$\int\frac{\mathrm{d}y}{y}=\int 2x\mathrm{d}x+C_1,\quad \text{即}\quad \ln|y|=x^2+C_1$$

即

$$|y|=e^{x^2+C_1}$$

于是得到原方程的通解 $y=Ce^{x^2}$,其中 C 是任意常数.

显然,$y=0$ 包含在通解中(只要 C 取零即可).

注意:(1) 在运算时,可根据需要将任意常数写成 $\ln C$,以简化计算过程.

(2) 为了方便,在求 $\int \dfrac{\mathrm{d}y}{y}$ 时,可将 $\ln|y|$ 直接写成 $\ln y$,只要记住最后得到的任意常数可正可负. 这种简洁的写法与严格的写法在结果上是一致的,故得到认可. 采用这种写法时最后要去掉对数符号.

例 7.2.3 求微分方程 $4x\mathrm{d}x-3y\mathrm{d}y=3x^2y\mathrm{d}y+xy^2\mathrm{d}x$ 的通解.

解 合并同类项得

$$x(4-y^2)\mathrm{d}x=3y(1+x^2)\mathrm{d}y$$

如果 $4-y^2\neq 0$,分离变量得

$$\frac{x}{1+x^2}\mathrm{d}x=\frac{3y}{4-y^2}\mathrm{d}y$$

对两端积分得
$$\frac{1}{2}\ln(1+x^2) = -\frac{3}{2}\ln|4+y^2| + C_1$$
其中 C_1 是任意常数. 去对数得方程的通解为
$$1+x^2 = C(4+y^2)^3$$
其中 C 是一个正的任意常数 ($C = e^{2C_1}$).

注意:该方程的通解是以隐函数形式给出的,可以不必将它化为显函数. 另外, $y = \pm 2$ 显然是方程的解,但它不能通过 C 的取值来将它表示出来,这种解称为**奇解**. 在高等数学课程里我们不讨论奇解,今后在分离变量时可以不讨论分母是否为零的情形.

例 7.2.4 设一曲线经过点 $(2,3)$,它在两坐标轴间的任一切线段被切点所平分,求这一曲线的方程.

解 设所求的曲线方程为 $y = y(x)$,则曲线上任一点 (x,y) 处的切线与两坐标轴的交点分别为 $(2x,0)$, $(0,2y)$. 故得
$$\frac{0-2y}{2x-0} = y'$$
即得到所求曲线应满足的微分方程及初始条件为
$$\begin{cases} \dfrac{\mathrm{d}y}{\mathrm{d}x} = -\dfrac{y}{x} \\ y|_{x=2} = 3 \end{cases}$$
此方程为可分离变量的微分方程,易求得其通解为
$$xy = C$$
又因 $y|_{x=2} = 3$,所以 $C = 6$,故所求的曲线为 $xy = 6$.

2. 齐次方程

如果一阶微分方程
$$\frac{\mathrm{d}y}{\mathrm{d}x} = f(x,y)$$
中的函数 $f(x,y)$ 可以变为 $\dfrac{y}{x}$ 的函数,即微分方程为 $\dfrac{\mathrm{d}y}{\mathrm{d}x} = g\left(\dfrac{y}{x}\right)$ 的形式,则习惯上称这样的微分方程为**齐次方程**. 例如方程
$$(xy^2 - y^2)\mathrm{d}x - (x^2 - 2xy)\mathrm{d}y = 0$$
就是齐次方程,因为我们可以把此方程化为
$$\frac{\mathrm{d}y}{\mathrm{d}x} = \frac{xy - y^2}{x^2 - 2xy} = \frac{\dfrac{y}{x} - \left(\dfrac{y}{x}\right)^2}{1 - 2\left(\dfrac{y}{x}\right)}$$
要求出齐次方程的通解,我们可以用变量代换的方法.

设齐次方程为

$$\frac{dy}{dx} = g\left(\frac{y}{x}\right) \tag{7.2.5}$$

假设 $u = \frac{y}{x}$，则可以把齐次方程(7.2.5)化为可分离变量的微分方程. 因为 $u = \frac{y}{x}$，则 $y = ux$，$\frac{dy}{dx} = u + x\frac{du}{dx}$，代入方程(7.2.5)可把原方程变为

$$u + x\frac{du}{dx} = g(u)$$

即

$$x\frac{du}{dx} = g(u) - u$$

分离变量得

$$\frac{du}{g(u) - u} = \frac{dx}{x}$$

等式两端积分得

$$\int \frac{du}{g(u) - u} = \int \frac{dx}{x} + C$$

记 $G(u)$ 为 $\dfrac{1}{g(u) - u}$ 的一个原函数，再把 $u = \dfrac{y}{x}$ 代入，则可得方程(7.2.5)的通解为 $G\left(\dfrac{y}{x}\right) = \ln|x| + C$，$C$ 为任意常数.

例 7.2.5 解方程 $y^2 + x^2 \dfrac{dy}{dx} = xy\dfrac{dy}{dx}$.

解 原方程可变为

$$\frac{dy}{dx} = \frac{y^2}{xy - x^2} = \frac{\left(\dfrac{y}{x}\right)^2}{\dfrac{y}{x} - 1}$$

显然是齐次方程. 故令 $u = \dfrac{y}{x}$，则

$$y = ux, \quad \frac{dy}{dx} = u + x\frac{dy}{dx}$$

于是原方程变为

$$u + x\frac{du}{dx} = \frac{u^2}{u - 1}$$

即

$$x\frac{du}{dx} = \frac{u}{u - 1}$$

再分离变量,得
$$\left(1-\frac{1}{u}\right)\mathrm{d}u=\frac{\mathrm{d}x}{x}$$

两端积分,得
$$u-\ln|u|+C=\ln|x|$$

即 $\ln|ux|=u+C$,以 $\dfrac{y}{x}$ 代换上式中的 u 便得到原方程的通解为
$$\ln|y|=\frac{y}{x}+C$$

注意:齐次方程的求解实质是通过变量替换,将方程转化为可分离变量的方程. 变量替换法在解微分方程中有着特殊的作用,但困难之处是如何选择适宜的变量. 一般来说,变量替换的选择并无一定之规,往往要根据所考虑的微分方程的特点来构造. 对于初学者,不妨多试一试,尝试几个直接了当的变量替换.

例 7.2.6 求微分方程 $\dfrac{\mathrm{d}y}{\mathrm{d}x}=x^2+2xy+y^2$ 的通解.

解 令 $u=x+y$,则
$$y=u-x, \quad \frac{\mathrm{d}y}{\mathrm{d}x}=\frac{\mathrm{d}u}{\mathrm{d}x}-1$$

原方程化为
$$\frac{\mathrm{d}u}{\mathrm{d}x}-1=u^2$$

即
$$\frac{\mathrm{d}u}{u^2+1}=\mathrm{d}x$$

两端积分,得
$$\arctan u=x+C$$

把 u 用 $x+y$ 换回,得原方程的通解为
$$x+y=\tan(x+C)$$

例 7.2.7 求微分方程 $y'=\dfrac{y}{2(x-1)}+\dfrac{3(x-1)}{2y}$ 的通解.

解 令 $u=\dfrac{y}{x-1}$,则 $\dfrac{\mathrm{d}y}{\mathrm{d}x}=u+(x-1)\dfrac{\mathrm{d}u}{\mathrm{d}x}$,代入原方程并整理,得
$$\frac{2u}{3-u^2}\mathrm{d}u=\frac{\mathrm{d}x}{x-1}$$

两边积分得
$$\ln(u^2-3)=-\ln x+\ln C$$

变量回代得所求通解

$$\frac{y^2}{(x-1)^2}-3=\frac{C}{x}$$

3. 一阶线性微分方程

形如

$$\frac{\mathrm{d}y}{\mathrm{d}x}+P(x)y=Q(x) \qquad (7.2.6)$$

的微分方程称为一阶线性微分方程,因为它对于未知函数 y 及其导数是一次方程. 如果方程(7.2.6)中的 $Q(x)\equiv 0$,则方程(7.2.6)称为齐次的;如果 $Q(x)$ 不恒等于零,则方程(7.2.6)称为非齐次的.

设方程(7.2.6)是非齐次的微分方程,为求出其通解,我们首先讨论方程(7.2.6)所对应的齐次方程

$$\frac{\mathrm{d}y}{\mathrm{d}x}+P(x)y=0 \qquad (7.2.7)$$

的通解问题. 显然这是一个可分离变量的方程,分离变量后得

$$\frac{\mathrm{d}y}{y}=-P(x)\mathrm{d}x$$

两端积分,得

$$\ln|y|=-\int P(x)\mathrm{d}x+C_1$$

或

$$y=C\cdot \mathrm{e}^{-\int P(x)\mathrm{d}x} \quad (\text{其中 } C=\pm \mathrm{e}^{C_1})$$

这是方程(7.2.6)对应的齐次线性微分方程(7.2.7)的通解.

现在我们使用所谓的常数变易法来求非齐次线性方程(7.2.6)的通解. 此方法是将方程(7.2.7)的通解中的常数 C 换成 x 的未知函数 $u(x)$,即作变换

$$y=u\cdot \mathrm{e}^{-\int P(x)\mathrm{d}x} \qquad (7.2.8)$$

假设方程(7.2.8)是非齐次线性方程(7.2.6)的解,则如果能求得 $u(x)$,那么问题也就解决了. 为此两边求导得

$$\frac{\mathrm{d}y}{\mathrm{d}x}=u'\mathrm{e}^{-\int P(x)\mathrm{d}x}-uP(x)\mathrm{e}^{-\int P(x)\mathrm{d}x} \qquad (7.2.9)$$

将方程(7.2.8)和方程(7.2.9)代入方程(7.2.6),得

$$u'\mathrm{e}^{-\int P(x)\mathrm{d}x}-uP(x)\mathrm{e}^{-\int P(x)\mathrm{d}x}+P(x)u\mathrm{e}^{-\int P(x)\mathrm{d}x}=Q(x)$$

即

$$u'\mathrm{e}^{-\int P(x)\mathrm{d}x}=Q(x)$$

于是有

$$u'=Q(x)\mathrm{e}^{\int P(x)\mathrm{d}x}, \quad u=\int Q(x)\mathrm{e}^{\int P(x)\mathrm{d}x}\mathrm{d}x+C$$

将上式代入方程(7.2.8)得到非齐次线性微分方程(7.2.6)的通解为

$$y = e^{-\int P(x)dx}\left(\int Q(x)e^{\int P(x)dx}dx + C\right) \tag{7.2.10}$$

注意：式(7.2.10)中的不定积分 $\int P(x)dx$ 和 $\int Q(x)e^{\int P(x)dx}dx$ 分别理解为一个原函数.

将式(7.2.10)写成如下两项之和

$$y = Ce^{-\int P(x)dx} + e^{-\int P(x)dx}\int Q(x)e^{\int P(x)dx}dx$$

不难发现：第一项是对应的齐次线性方程(7.2.7)的通解；第二项是对应的非齐次线性方程(7.2.6)的一个特解（在方程(7.2.6)的通解式(7.2.10)中取 $C=0$ 即得此特解）. 由此得到一阶线性非齐次微分方程的通解为对应的**齐次线性微分方程的通解**与**非齐次线性微分方程的一个特解之和**.

例 7.2.8 求方程 $\dfrac{dy}{dx} - \dfrac{2y}{x+1} = (x+1)^{\frac{3}{2}}$ 的通解.

解 这是一个非齐次线性微分方程, 由式(7.2.10)得

$$\begin{aligned}
y &= e^{-\int(-\frac{2}{x+1})dx}\left(\int(x+1)^{\frac{3}{2}}e^{\int(-\frac{2}{x+1})dx}dx + C\right) \\
&= e^{\ln(x+1)^2}\left(\int(x+1)^{\frac{3}{2}} \cdot e^{-\ln(x+1)^2}dx + C\right) \\
&= (x+1)^2\left(\int(x+1)^{-\frac{1}{2}}dx + C\right) \\
&= (x+1)^2(2(x+1)^{\frac{1}{2}} + C) \\
&= 2(x+1)^{\frac{5}{2}} + C(x+1)^2
\end{aligned}$$

由此例的求解可知，若能确定一个方程为一阶线性非齐次微分方程，求解时只需套用式(7.2.10)即可. 当然也可以用常数变易法进行求解.

例 7.2.9 求微分方程 $ydx + (x - y^3)dy = 0$ 的通解（设 $y > 0$）.

解 如果将上述方程变形为

$$\frac{dy}{dx} - \frac{y}{y^3 - x} = 0$$

则发现它显然不是线性微分方程.

如果将方程改写为

$$\frac{dx}{dy} - \frac{y^3 - x}{y} = 0$$

即

$$\frac{dx}{dy} + \frac{1}{y}x = y^2$$

这是一个把 x 当因变量、把 y 当自变量的形如

$$\frac{dx}{dy} + P(y)x = Q(y)$$

的一阶线性微分方程,用公式可直接得到通解为

$$x = e^{-\int P(y)dy}\left(\int Q(y)e^{\int P(y)dy}dy + C\right)$$

故本方程的通解为

$$x = e^{-\int \frac{1}{y}dy}\left(\int y^2 e^{\int \frac{1}{y}dy}dy + C\right)$$

即

$$x = \frac{1}{y}\left(\frac{1}{4}y^4 + C\right)$$

*4. 伯努利方程

形如

$$\frac{dy}{dx} + P(x)y = Q(x)y^n \tag{7.2.11}$$

的微分方程称为**伯努利方程**,其中 n 为常数,且 $n \neq 0, 1$.

伯努利方程是一类非线性微分方程,但通过适当的变换就可以把它转化为线性微分方程. 在方程(7.2.11)的两端除以 y^n,可得

$$y^{-n}\frac{dy}{dx} + P(x)y^{1-n} = Q(x) \quad \text{或} \quad \frac{1}{1-n}(y^{1-n})' + P(x)y^{1-n} = Q(x)$$

于是令 $z = y^{1-n}$,就得到关于变量 z 的一阶线性微分方程

$$\frac{dz}{dx} + (1-n)P(x)z = (1-n)Q(x)$$

利用线性微分方程的求解公式,再把变量 z 换回原变量就可得伯努利方程(7.2.11)的通解为

$$y^{1-n} = e^{-\int(1-n)P(x)dx}\left(\int(1-n)Q(x)e^{\int(1-n)P(x)dx}dx + C\right)$$

例 7.2.10 求方程 $\frac{dy}{dx} + \frac{y}{x} = (a\ln x)y^2$ 的通解.

解 方程两边除以 y^2,令 $z = y^{-1}$,则原方程可变为

$$\frac{dz}{dx} - \frac{z}{x} = -a\ln x$$

再由一阶线性微分方程的通解公式可得

$$z = x\left(C - \frac{a}{2}(\ln x)^2\right)$$

再把变量 z 换回原变量,可得原方程的通解为

$$yx\left(C - \frac{a}{2}(\ln x)^2\right) = 1$$

习 题 7.2

1. 求下列微分方程的通解.

(1) $(y+1)^2 y' + x^3 = 0$；

(2) $y' = 2^{x+y}$；

(3) $\sin x \cos y \, dy = \sin y \cos x \, dx$；

(4) $dx + xy\, dy = y^2 \, dx + y\, dy$；

(5) $y' = \dfrac{1}{2}\tan^2(x+2y)$.

2. 求下列微分方程的通解：

(1) $y^2 + x^2 \dfrac{dy}{dx} = xy \dfrac{dy}{dx}$；

(2) $\dfrac{dy}{dx} = \dfrac{x-y}{x+y}$；

(3) $\dfrac{dy}{dx} = \dfrac{y^2}{xy + x^2}$；

(4) $x \dfrac{dy}{dx} = y(\ln y - \ln x)$.

3. 求下列微分方程的通解：

(1) $y' + y\sin x = e^{\cos x}$；

(2) $2y' - y = e^x$；

(3) $xy' = (x-1)y + e^{2x}$；

(4) $y^2 dx + (x - 2xy - y^2) dy = 0$；

(5) $(x - e^y) y' = 1$；

(6) $xy' - 3y = x^4 e^x$.

4. 求下列微分方程满足所给初始条件的特解：

(1) $y' = y^3 \sin x, y(0) = 1$；

(2) $xy' + y = \sin x, y(\pi) = 1$；

(3) $\dfrac{dy}{dx} = \dfrac{y}{x} + \tan \dfrac{y}{x}, y(1) = \dfrac{\pi}{6}$；

(4) $y' = \dfrac{y}{x - y^2}, y(2) = 1$.

5. 已知曲线过点 $\left(1, \dfrac{1}{3}\right)$，并且在曲线上任何一点处的切线斜率等于从原点到该切点连线的斜率的两倍，求此曲线.

6. 物体冷却的数学模型 $\left(\dfrac{dT}{dt} = -k(T - T_0)\right.$，其中 T 为物体的温度，t 为时间，T_0 为环境温度，k 为正的比例常数$\Big)$ 在多个领域有广泛的应用. 例如，警方破案时，法医根据尸体当时的温度推断这个人的死亡时间，就可以利用这个模型. 现设一物体的温度为 100 ℃，将其放置在空气温度为 20 ℃ 的环境中冷却. 试求物体温度随时间 t 的变化规律.

7.3 可降阶的二阶微分方程

对于二阶微分方程

$$y'' = f(x, y, y')$$

在某些情况下可通过适当的变量代换，把二阶微分方程转化为一阶微分方程，习惯上把具有这样性质的微分方程称为**可降阶的微分方程**. 其相对应的求解方法自然地称为**降阶法**.

下面介绍三种容易用降阶法求解的二阶微分方程.

1. $y''=f(x)$ 型的微分方程

微分方程

$$y''=f(x)$$

的右端仅含有自变量 x,求解时只需把方程理解为 $(y')'=f(x)$,对此式两端积分,得

$$y'=\int f(x)\mathrm{d}x+C_1$$

同理,对上式两端再积分,得

$$y=\int\left(\int f(x)\mathrm{d}x\right)\mathrm{d}x+C_1x+C_2$$

此方法显然可推广到 n 阶微分方程.

例 7.3.1 求微分方程 $y''=x\sin x+4$ 的通解.

解 对给定的方程两端连续积分两次,得

$$y'=-x\cos x+\sin x+4x+C_1$$
$$y=(1-x)\sin x-\cos x+2x^2+C_1x+C_2$$

例 7.3.2 求微分方程 $y''=\mathrm{e}^{2x}-\cos x$ 满足 $y(0)=0$,$y'(0)=1$ 的特解.

解 对给定的方程两端积分两次,得

$$y'=\frac{1}{2}\mathrm{e}^{2x}-\sin x+C_1$$

由初始条件 $y'(0)=1$,得 $C_1=-\frac{1}{2}$.

$$y=\frac{1}{4}\mathrm{e}^{2x}+\cos x-\frac{1}{2}x+C_2$$

由初始条件 $y(0)=0$,得 $C_2=-\frac{5}{4}$. 故原方程满足初始条件的特解为

$$y=\frac{1}{4}\mathrm{e}^{2x}+\cos x-\frac{1}{2}x-\frac{5}{4}$$

显然,求形如 $y^{(n)}=f(x)$ 微分方程的通解的方法完全类似.

2. $y''=f(x,y')$ 型的微分方程

方程

$$y''=f(x,y')$$

的典型特点是不显含未知函数 y. 其求解方法:作变量代换 $y'=P(x)$,则 $y''=p'(x)$,原方程可化为以 $P(x)$ 为未知函数的一阶微分方程

$$p'=f(x,p)$$

设此方程的通解为 $p(x)=\varphi(x,C_1)$,得

$$y'=\varphi(x,C_1)$$

再对方程两端积分,得 $y=\int\varphi(x,C_1)\mathrm{d}x+C_2$.

例 7.3.3 求微分方程 $(1+x^2)y''-2xy'=0$ 的通解.

解 显然该方程不显含有未知函数 y,故令 $y'=P(x)$,则 $y''=p'(x)$,于是原方程化为

$$(1+x^2)\frac{\mathrm{d}p}{\mathrm{d}x}-2xp=0$$

即

$$\frac{\mathrm{d}p}{p}=\frac{2x\mathrm{d}x}{1+x^2}$$

两端积分,得

$$\ln|p|=\ln(1+x^2)+\ln|C_1|$$

即

$$p=C_1(1+x^2) \quad 或 \quad y'=C_1(1+x^2)$$

两端积分,得原方程的通解为

$$y=C_1\left(x+\frac{x^3}{3}\right)+C_2$$

例 7.3.4 求微分方程 $y''=\frac{1}{x}y'+x\mathrm{e}^x$ 满足 $y(1)=2, y'(1)=\mathrm{e}$ 的特解.

解 显然,该方程为 $y''=f(x,y')$ 型,故令 $y'=P(x)$,则 $y''=p'(x)$,于是原方程化为

$$p'-\frac{1}{x}p=x\mathrm{e}^x$$

这是一阶线性微分方程,易解得

$$p=x(\mathrm{e}^x+C_1) \quad 或 \quad y'=x(\mathrm{e}^x+C_1)$$

因 $y'(1)=\mathrm{e}$,得 $C_1=0$,即

$$y'=x\mathrm{e}^x$$

两端积分,得

$$y=(x-1)\mathrm{e}^x+C_2$$

又因 $y(1)=2$,可得原方程满足初始条件的特解为

$$y=(x-1)\mathrm{e}^x+2$$

3. $y''=f(y,y')$ 型的微分方程

方程

$$y''=f(y,y')$$

的特点在于不显含自变量 x. 其求解方法:令 $y'=p(y)$,利用复合函数求导法则把 y'' 转化为因变量 y 的函数,即

$$y''=\frac{\mathrm{d}p}{\mathrm{d}x}=\frac{\mathrm{d}p}{\mathrm{d}y}\cdot\frac{\mathrm{d}y}{\mathrm{d}x}=p\frac{\mathrm{d}p}{\mathrm{d}y}$$

故原方程可变为
$$p\frac{\mathrm{d}p}{\mathrm{d}y}=f(y,p)$$
此方程为关于 y,p 的一阶微分方程. 如能求出它的通解,不妨设为
$$p=\varphi(y,C_1) \quad 或 \quad \frac{\mathrm{d}y}{\mathrm{d}x}=\varphi(y,C_1)$$
此方程是一个可分离变量的微分方程,易得原方程的通解为
$$\int\frac{\mathrm{d}y}{\varphi(y,C_1)}=x+C_2$$

例 7.3.5 求微分方程 $yy''=(y')^2$ 的通解.

解 该方程显然为 $y''=f(y,y')$ 型,故令 $y'=P(y)$,则 $y''=p\dfrac{\mathrm{d}p}{\mathrm{d}y}$,代入原方程得
$$yp\frac{\mathrm{d}p}{\mathrm{d}y}=p^2$$
即
$$p\left(y\frac{\mathrm{d}p}{\mathrm{d}y}-p\right)=0$$

(1) 如果 $p\neq 0$ 且 $y\neq 0$,则方程两端约去 p 及同除以 y,得
$$\frac{\mathrm{d}p}{p}=\frac{\mathrm{d}y}{y}$$
两端积分,得
$$\ln|p|=\ln|y|+\ln|C_1|$$
即
$$p=C_1 y \quad 或 \quad y'=C_1 y$$
再分离变量并积分,可得原方程的通解为
$$y=C_2 \mathrm{e}^{C_1 x}$$

(2) 如果 $p=0$ 或 $y=0$,即 $y=C$(C 为任意实数)是原方程的解(又称平凡解),其实已包括在(1)的通解中(只需取 $C_1=0$).

习 题 7.3

1. 求下列微分方程的通解:
   (1) $y''=\sin x-2x$;
   (2) $y'''=\mathrm{e}^{2x}-\cos x$;
   (3) $xy''-2y'=0$;
   (4) $xy''+y'=4x$;
   (5) $y''=2(y')^2$;
   (6) $y^3 y''=1$.

2. 求解下列初值问题:
   (1) $y'''-12x+\cos x, y(0)=1, y'(0)=y''(0)=1$;
   (2) $x^2 y''+xy'=1, y|_{x=1}=0, y'|_{x=1}=1$;
   (3) $yy''=(y')^2, y(0)=y'(0)=1$.

3. 已知平面曲线 $y=f(x)$ 的曲率为 $\dfrac{y''}{(1+y'^2)^{3/2}}$，求具有常曲率 $K(K>0)$ 的曲线方程.

4. 试求 $xy''=y'+x^2$ 经过点 $(1,0)$，且在此点的切线与直线 $y=3x-3$ 垂直的积分曲线.

7.4 二阶线性微分方程解的结构

在应用问题中，遇到较多的一类高阶微分方程是二阶线性微分方程，它的一般形式为
$$y''+P(x)y'+Q(x)y=f(x) \tag{7.4.1}$$
其中 $P(x),Q(x),f(x)$ 为已知的关于 x 的函数.

当方程右端函数 $f(x)=0$ 时，方程(7.4.1)称为二阶齐次线性微分方程，即
$$y''+P(x)y'+Q(x)y=0 \tag{7.4.2}$$
当方程右端函数 $f(x)\neq 0$ 时，方程(7.4.1)称为二阶非齐次线性微分方程.

本节中主要讨论二阶线性微分方程解的一些性质，这些性质还可以推广到 n 阶线性微分方程
$$y^{(n)}+P_1(x)y^{(n-1)}+\cdots+P_{n-1}(x)y'+P_n(x)y=f(x)$$

定理 1 如果 $y_1(x),y_2(x)$ 是方程(7.4.2)的两个解，则
$$y=C_1y_1(x)+C_2y_2(x) \tag{7.4.3}$$
也是方程(7.4.2)的解，其中 C_1,C_2 为任意实数(读者自证).

此性质表明齐次线性微分方程的解满足叠加原理，即两个解按式(7.4.3)的形式叠加起来仍然是该方程的解. 从定理 1 的结果看，该解包含了两个任意常数 C_1 和 C_2，但是该解不一定是方程(7.4.2)的通解. 例如，不难验证 $y_1=\sin x, y_2=5\sin x$ 都是方程 $y''+y=0$ 的解，但形如 $y=C_1y_1(x)+C_2y_2(x)$ 形式的解 $y=(C_1+5C_2)\sin x=C\sin x$ 显然不是方程 $y''+y=0$ 的通解(由通解的定义即可知道). 那么满足何种条件下的式(7.4.3)形式的解才是方程(7.4.2)的通解呢? 事实上，$y_1=\sin x$ 是二阶线性微分方程 $y''+y=0$ 的解，可以验证 $y_2=\cos x$ 也是方程 $y''+y=0$ 的解，那么两个解的叠加 $y=C_1\sin x+C_2\cos x$ 是方程 $y''+y=0$ 的通解. 比较一下，容易发现前一组解的比 $\dfrac{y_1}{y_2}=\dfrac{\sin x}{5\sin x}=\dfrac{1}{5}$，是常数，而后一组解的比 $\dfrac{y_1}{y_2}=\dfrac{\sin x}{\cos x}=\tan x$，不是常数. 因而在 $y_1(x),y_2(x)$ 是方程(7.4.2)的两个非零解的前提下，如果 $\dfrac{y_1}{y_2}$ 为常数，则 $y=C_1y_1(x)+C_2y_2(x)$ 不是方程(7.4.2)的通解(事实上 y_1,y_2 是相关联的); 如果 $\dfrac{y_1}{y_2}$ 不为常数，则 $y=C_1y_1(x)+C_2y_2(x)$ 是方程(7.4.2)的通解(事实上 y_1,y_2 是不相关联的).

为了解决这个问题,我们引入一个新的概念,即函数的**线性相关与线性无关**.

设 $y_1(x),y_2(x)$ 是定义在区间 I 内的两个函数,如果存在两个不全为零的常数 k_1,k_2,使得在区间 I 内恒有

$$k_1y_1(x)+k_2y_2(x)=0$$

成立,则称这两个函数 $y_1(x),y_2(x)$ 在区间 I 内**线性相关**,否则称其**线性无关**.

显然,如果 $\dfrac{y_1}{y_2}$ 是常数,则 y_1,y_2 线性相关;$\dfrac{y_1}{y_2}$ 不是常数,则 y_1,y_2 线性无关.

据此我们有以下齐次线性微分方程的解的结构定理.

定理 2 如果 $y_1(x),y_2(x)$ 是方程(7.4.2)的两个线性无关的特解,则 $y=C_1y_1(x)+C_2y_2(x)$ 就是方程(7.4.2)的通解,其中 C_1,C_2 为任意实数.

下面我们来讨论二阶非齐次线性微分方程的解的结构.在一阶线性微分方程的讨论中,我们已知一阶线性非齐次微分方程的通解为对应的齐次线性微分方程的通解与非齐次线性微分方程的一个特解之和.那么二阶及以上的非齐次线性微分方程的解是否也有这样的结构呢? 回答是肯定的.

定理 3 如果 $y^*(x)$ 是方程(7.4.1)的一个特解,且 $Y(x)$ 是其相应的齐次方程(7.4.2)的通解,则

$$y=y^*(x)+Y(x) \tag{7.4.4}$$

是二阶非齐次线性微分方程(7.4.1)的通解.

证明 将式(7.4.4)代入方程(7.4.1)的左端,得

$$(y^*+Y)''+P(x)(y^*+Y)'+Q(x)(y^*+Y)$$
$$=[(y^*)''+P(x)(y^*)'+Q(x)y^*]+[Y''+P(x)Y'+Q(x)Y]$$

因为 $y^*(x)$ 是方程(7.4.1)的解,$Y(x)$ 是方程(7.4.2)的解,可知上式中的第一个中括号内的表达式恒为 $f(x)$,第二个中括号内的表达式恒为零,即方程(7.4.1)的左端等于 $f(x)$,与右端恒相等.故式(7.4.4)是方程(7.4.1)的解.

又因为 $Y(x)$ 是其相应的齐次方程(7.4.2)的通解,由定理2知其包含两个任意常数,因而 $y=y^*(x)+Y(x)$ 也包含两个任意常数,从而得知 $y=y^*(x)+Y(x)$ 是方程(7.4.1)的通解.

例如,方程 $y''+y=2e^x$ 是二阶非齐次线性微分方程,其相应的齐次方程 $y''+y=0$ 的通解为 $Y=C_1\sin x+C_2\cos x$,又容易验证 $y^*=e^x$ 是方程 $y''+y=2e^x$ 的一个特解,因此

$$y=C_1\sin x+C_2\cos x+e^x$$

是方程 $y''+y=2e^x$ 的通解.

在求解非齐次线性微分方程时,有时会用到下面两个定理.

定理 4 如果 $y_1^*(x),y_2^*(x)$ 分别是方程 $y''+P(x)y'+Q(x)y=f_1(x)$ 和 $y''+P(x)y'+Q(x)y=f_2(x)$ 的特解,则 $y_1^*(x)+y_2^*(x)$ 是方程 $y''+P(x)y'+Q(x)y=$

$f_1(x)+f_2(x)$ 的特解.

这一定理的证明较简单,只需将 $y=y_1^*+y_2^*$ 代入方程
$$y''+P(x)y'+Q(x)y=f_1(x)+f_2(x)$$
便可验证.

这一结论告诉我们,要求方程 $y''+P(x)y'+Q(x)y=f_1(x)+f_2(x)$ 的特解 y^*,可分别求 $y''+P(x)y'+Q(x)y=f_1(x)$ 与 $y''+P(x)y'+Q(x)y=f_2(x)$ 的特解 y_1^* 和 y_2^*,然后进行叠加,$y^*=y_1^*+y_2^*$.

*定理 5 如果 $y_1(x)+\mathrm{i}y_2(x)$ 分别是方程 $y''+P(x)y'+Q(x)y=f_1(x)+\mathrm{i}f_2(x)$ 的解,其中 $P(x),Q(x),f_1(x),f_2(x)$ 为实值函数,i 为纯虚数. 则 $y_1(x),y_2(x)$ 分别为方程 $y''+P(x)y'+Q(x)y=f_1(x)$ 与 $y''+P(x)y'+Q(x)y=f_2(x)$ 的解.

证明 由定理的假设,得
$$(y_1+\mathrm{i}y_2)''+P(x)(y_1+\mathrm{i}y_2)'+Q(x)(y_1+\mathrm{i}y_2)=f_1(x)+\mathrm{i}f_2(x)$$
即
$$[y_1''+P(x)y_1'+Q(x)y_1]+\mathrm{i}[y_2''+P(x)y_2'+Q(x)y_2]=f_1(x)+\mathrm{i}f_2(x)$$
由两复数相等必有等式两端的实部与虚部分别相等,得
$$y''+P(x)y'+Q(x)y=f_1(x)$$
$$y''+P(x)y'+Q(x)y=f_2(x).$$

最后指出,在本节中我们仅讨论了二阶线性齐次(非齐次)微分方程的通解结构,尚未给出求解二阶线性微分方程的方法,在下面两节中将讨论较特殊的二阶齐次(非齐次)线性微分方程的通解求法.

习 题 7.4

1. 下列函数组在其定义区间内哪些是线性无关的?
 (1) $\mathrm{e}^{x^2},x\mathrm{e}^{x^2}$; (2) $\mathrm{e}^{ax},\mathrm{e}^{bx}(a\neq b)$;
 (3) $1+\cos 2x,\sin^2 x$; (4) $\cos x,\sin x$.

2. 验证 $y_1=x$ 与 $y_2=\mathrm{e}^x$ 是方程 $(x-1)y''-xy'+y=0$ 的线性无关解,并写出其通解.

3. 已知二阶线性齐次方程的两个特解为 $y_1=\sin x,y_2=\cos x$,求该微分方程.

4. 设 $y_1=3,y_2=3+x^2,y_3=3+x^2+\mathrm{e}^x$ 是 $(x^2-2x)y''-(x^2-2)y'+(2x-2)y=6x-6$ 的解,求该方程的通解.

7.5 二阶常系数线性微分方程

由二阶线性微分方程解的结构可知,求解二阶线性微分方程的关键在于如何求

得二阶齐次方程的通解和非齐次方程的一个特解. 本节将讨论二阶线性微分方程的一个特殊类型, 即二阶常系数线性微分方程及其解法.

把形如

$$y'' + py' + qy = f(x) \tag{7.5.1}$$

的方程称为**二阶常系数线性微分方程**, 其中 p, q 是常数. 把形如

$$y'' + py' + qy = 0 \tag{7.5.2}$$

的方程称为**二阶常系数齐次线性微分方程**.

7.5.1 二阶常系数齐次线性微分方程及其解法

求方程(7.5.2)的通解, 只需求出它的两个线性无关解 y_1 与 y_2, 即 $\dfrac{y_1}{y_2} \neq$ 常数, 那么 $y = c_1 y_1 + c_2 y_2$ 就是方程(7.5.2)的通解.

我们先分析方程(7.5.2)可能具有什么形式的特解. 从方程的形式看, 方程的解 y 及 y'、y'' 分别乘以常数的和等于零, 意味着函数 y 及 y'、y'' 之间只能差一个常数倍. 在初等函数中符合这样特征的函数很显然是 e^{rx} (r 为常数). 于是假设 $y = e^{rx}$ 是方程(7.5.2)的解(其中 r 为待定常数), 则有 $y' = re^{rx}$, $y'' = r^2 e^{rx}$, 代入方程(7.5.2)中, 得

$$(r^2 + pr + q)e^{rx} = 0$$

因 $e^{rx} \neq 0$, 从而有

$$r^2 + pr + q = 0 \tag{7.5.3}$$

由此可见, 只要 r 满足代数方程(7.5.3), 函数 $y = e^{rx}$ 就是微分方程(7.5.2)的解. 我们把该代数方程(7.5.3)叫做微分方程(7.5.2)的**特征方程**, 并称特征方程的两个根为**特征根**. 根据初等代数知识可知, 特征根有三种可能的情形:

(1) 特征方程有两个相异的实根 r_1, r_2.

此时特征方程满足 $p^2 - 4q > 0$, 它的两个根 r_1, r_2 可由公式

$$r_{1,2} = \frac{-p \pm \sqrt{p^2 - 4q}}{2}$$

求出, 则 $y_1 = e^{r_1 x}$ 与 $y_2 = e^{r_2 x}$ 均是微分方程(7.5.2)的两个解, 并且 $\dfrac{y_2}{y_1} = \dfrac{e^{r_2 x}}{e^{r_1 x}} = e^{(r_2 - r_1)x}$ 不是常数, 因此微分方程(7.5.2)的通解为

$$y = C_1 e^{r_1 x} + C_2 e^{r_2 x} \tag{7.5.4}$$

其中 C_1, C_2 为任意常数.

(2) 特征方程有两个相等的实根 $r_1 = r_2$.

此时特征方程满足 $p^2 - 4q = 0$, 特征根 $r_1 = r_2 = -\dfrac{p}{2}$. 这样我们只得到微分方程(7.5.2)的一个解 $y_1 = e^{r_1 x}$, 为了得到方程的通解, 我们还需另求一个解 y_2, 并且要求

$\dfrac{y_2}{y_1} \neq$ 常数(即 y_1 与 y_2 线性无关). 故而可设 $\dfrac{y_2}{y_1} = u(x)$ ($u(x)$ 为待定函数), 即 $y_2 = u(x)\mathrm{e}^{r_1 x}$, 现在只需求得 $u(x)$. 因 $y_2 = u(x)\mathrm{e}^{r_1 x}$ 是微分方程 (7.5.2) 的解, 故对 y_2 求一、二阶导数, 得

$$y_2' = u' \cdot \mathrm{e}^{r_1 x} + r_1 u \mathrm{e}^{r_1 x} = \mathrm{e}^{r_1 x}(u' + r_1 u)$$

$$y_2'' = r_1 \mathrm{e}^{r_1 x}(u' + r_1 u) + \mathrm{e}^{r_1 x}(u'' + r_1 u') = \mathrm{e}^{r_1 x}(u'' + 2r_1 u' + r_1^2 u)$$

将 y_2, y_2', y_2'' 代入微分方程 (7.5.2), 得

$$\mathrm{e}^{r_1 x}[(u'' + 2r_1 u' + r_1^2 u) + (pu' + pr_1 u) + qu] = 0$$

约去 $\mathrm{e}^{r_1 x}$, 整理得

$$u'' + (2r_1 + p)u' + (r_1^2 + pr_1 + q)u = 0$$

因 $r_1 = -\dfrac{p}{2}$ 是特征方程的二重根, 故 $2r_1 + p = 0$ 且 $r_1^2 + pr_1 + q = 0$, 于是

$$u'' = 0$$

可得到满足 $u'' = 0$ 不为常数的最简解 $u = x$, 因而得到了微分方程 (7.5.2) 的另一个特解 $y_2 = x \cdot \mathrm{e}^{r_1 x}$, 且与 y_1 线性无关. 至此我们得到微分方程 (7.5.2) 的通解为

$$y = C_1 \mathrm{e}^{r_1 x} + C_2 x \mathrm{e}^{r_1 x} \tag{7.5.5}$$

其中 C_1, C_2 为任意常数.

(3) 特征方程有一对共轭复根: $r_1 = \alpha + \mathrm{i}\beta, r_2 = \alpha - \mathrm{i}\beta$.

此时 $p^2 - 4q < 0$, 设一对共轭复根为 $r_1 = \alpha + \mathrm{i}\beta, r_2 = \alpha - \mathrm{i}\beta$, 其中 $\alpha = -\dfrac{p}{2}, \beta = \dfrac{\sqrt{4q - p^2}}{2}$. 因此

$$y_1 = \mathrm{e}^{(\alpha + \mathrm{i}\beta)x} = \mathrm{e}^{\alpha x} \cdot \mathrm{e}^{\mathrm{i}\beta x} = \mathrm{e}^{\alpha x}(\cos\beta x + \mathrm{i}\sin\beta x)$$

$$y_2 = \mathrm{e}^{(\alpha - \mathrm{i}\beta)x} = \mathrm{e}^{\alpha x} \cdot \mathrm{e}^{-\mathrm{i}\beta x} = \mathrm{e}^{\alpha x}(\cos\beta x - \mathrm{i}\sin\beta x)$$

是微分方程 (7.5.2) 的两个解. 根据齐次微分方程解的叠加原理, 得

$$\bar{y}_1 = \frac{1}{2}(y_1 + y_2) = \mathrm{e}^{\alpha x}\cos\beta x$$

$$\bar{y}_2 = \frac{1}{2\mathrm{i}}(y_1 - y_2) = \mathrm{e}^{\alpha x}\sin\beta x$$

也是微分方程 (7.5.2) 的解, 且 $\dfrac{\bar{y}_2}{\bar{y}_1} = \dfrac{\mathrm{e}^{\alpha x}\sin\beta x}{\mathrm{e}^{\alpha x}\cos\beta x} = \tan\beta x \neq$ 常数 (即 $\bar{y}_1$ 与 $\bar{y}_2$ 线性无关), 因而微分方程 (7.5.2) 的通解为

$$y = C_1 \mathrm{e}^{\alpha x}\cos\beta x + C_2 \mathrm{e}^{\alpha x}\sin\beta x \tag{7.5.6}$$

其中 C_1, C_2 为任意常数.

综上所述, 求二阶常系数齐次线性微分方程 $y'' + py' + qy = 0$ 的通解的步骤如下:

第一步,写出微分方程的特征方程;

第二步,求出特征方程的两个根 r_1, r_2;

第三步,根据特征方程两个根的不同情形,依下表写出微分方程的通解.

特征方程 $r^2+pr+q=0$ 的两个根 r_1, r_2	微分方程 $y''+py'+qy=0$ 的通解
两个实根不相等 $r_1 \neq r_2$	$y = C_1 e^{r_1 x} + C_2 e^{r_2 x}$
两个实根相等 $r_1 = r_2$	$y = e^{r_1 x}(C_1 + C_2 x)$
一对共轭复根 $r_{1,2} = \alpha \pm i\beta$	$y = e^{\alpha x}(C_1 \cos\beta x + C_2 \sin\beta x)$

例 7.5.1 求微分方程 $y'' - 2y' - 3y = 0$ 的通解.

解 所给微分方程的特征方程为
$$r^2 - 2r - 3 = 0$$
解此方程得两个不同的实根,$r_1 = -1, r_2 = 3$,因此微分方程的通解为
$$y = C_1 e^{-x} + C_2 e^{3x}$$
其中 C_1, C_2 为任意常数.

例 7.5.2 求微分方程 $y'' - 2y' + y = 0$ 的通解.

解 所给微分方程的特征方程为
$$r^2 - 2r + 1 = 0$$
解此方程得两个相同的实根为 $r_1 = r_2 = 1$,因此微分方程的通解为
$$y = C_1 e^x + C_2 x e^x$$
其中 C_1, C_2 为任意常数.

例 7.5.3 求微分方程 $y'' - 2y' + 5y = 0$ 的通解.

解 所给微分方程的特征方程为
$$r^2 - 2r + 5 = 0$$
解此方程得两个根为 $r_{1,2} = 1 \pm 2i$,因此微分方程所求通解为
$$y = e^x(C_1 \cos 2x + C_2 \sin 2x)$$
其中 C_1, C_2 为任意常数.

例 7.5.4 求微分方程 $y'' - 2y' + y = 0$ 满足初始条件 $y|_{x=0} = 4, y'|_{x=0} = -2$ 的特解.

解 所给微分方程的特征方程为
$$r^2 - 2r + 1 = 0$$
解此方程得两个根为 $r_{1,2} = 1$,因此微分方程所求通解为
$$y = e^x(C_1 x + C_2)$$
因 $y|_{x=0} = 4$,得 $C_2 = 4$;又因 $y'|_{x=0} = -2$,得 $C_1 = -6$,于是所求的特解为
$$y = e^x(-6x + 4)$$

7.5.2 二阶常系数非齐次线性微分方程及其解法

由 7.4 节可知,方程
$$y'' + py' + qy = f(x) \tag{7.5.7}$$
的通解结构为相应的齐次线性微分方程的通解与非齐次线性微分方程的一个特解之和. 我们刚解决了二阶常系数齐次线性微分方程通解的求法,因而现在只需讨论如何求二阶常系数非齐次线性微分方程的特解.

方程(7.5.7)的特解形式显然与其右端的函数 $f(x)$ 有关,而且用一般的函数来讨论方程(7.5.7)的特解是非常困难的,在此我们只对两种常见的情形进行讨论.

1. $f(x) = P_m(x) e^{\lambda x}$ 型

在 $f(x) = P_m(x) e^{\lambda x}$ 中,λ 是常数,$P_m(x)$ 是 x 的一个 m 次多项式,即
$$P_m(x) = a_0 x^m + a_1 x^{m-1} + \cdots + a_{m-1} x + a_m$$
此类型的二阶常系数非齐次线性微分方程的特解求法为待定系数法,下面,我们不加证明地给出以下结论.

结论 1 如果方程(7.5.7)的右端函数 $f(x) = P_m(x) e^{\lambda x}$,其中 λ 是常数,$P_m(x)$ 是 x 的一个 m 次多项式,则方程(7.5.7)具有形如
$$y^* = x^k Q_m(x) e^{\lambda x}$$
的特解. 其中 $Q_m(x)$ 是与 $P_m(x)$ 同次的一个 m 次多项式,而 k 的取值由如下条件来确定:

① 如果 λ 不是特征方程 $r^2 + pr + q = 0$ 的根,则取 $k = 0$;
② 如果 λ 是特征方程 $r^2 + pr + q = 0$ 的单根,则取 $k = 1$;
③ 如果 λ 是特征方程 $r^2 + pr + q = 0$ 的重根,则取 $k = 2$.

例 7.5.5 求下列微分方程特解的形式.

(1) $y'' + 4y' + 3y = e^{2x}$;   (2) $y'' + 2y' - 3y = xe^x$;
(3) $y'' + 2y' + y = (x^2 - 1)e^{-x}$.

解 这三个方程都是二阶常系数非齐次线性微分方程,且它们的右端函数类型是 $f(x) = P_m(x) e^{\lambda x}$.

方程(1)对应的特征方程为 $r^2 + 4r + 3 = 0$,得特征根 $r_1 = -1$, $r_2 = -3$.

因 $\lambda = 2$ 不是其相应的齐次微分方程的特征方程的根,且对应 $P_m(x) = 1$,故方程具有形如 $y^* = b_0 e^{2x}$ 的特解.

方程(2)对应的特征方程为 $r^2 + 2r - 3 = 0$,得特征根 $r_1 = 1$, $r_2 = -3$.

因 $\lambda = 1$ 是其相应的齐次微分方程的特征方程的单根,且对应 $P_m(x) = x$,故方程具有形如 $y^* = x(b_0 x + b_1) e^x$ 的特解.

方程(3)对应的特征方程为 $r^2 + 2r + 1 = 0$,得特征根 $r_1 = r_2 = -1$.

因 $\lambda=-1$ 是其相应的齐次微分方程的特征方程的重根,且对应 $P_m(x)=x^2-1$,故方程具有形如 $y^*=x^2(b_0x^2+b_1x+b_2)\mathrm{e}^{2x}$ 的特解.

例 7.5.6 求微分方程 $y''-5y'+6y=x\mathrm{e}^{2x}$ 的通解.

解 该微分方程是二阶常系数非齐次线性微分方程,且其右端函数类型是 $f(x)=P_m(x)\mathrm{e}^{\lambda x}$,故只要先求相应齐次微分方程的通解及非齐次微分方程的一个特解即可.

该方程相应的齐次方程为 $y''-5y'+6y=0$,它的特征方程为
$$r^2-5r+6=0$$
它的两个根为 $r_1=2,r_2=3$,因此该方程相应的齐次方程的通解为
$$y=C_1\mathrm{e}^{2x}+C_2\mathrm{e}^{3x}$$

因为方程右端函数中的 $\lambda=2$,是特征方程 $r^2-5r+6=0$ 的单根,所以可设原方程的一个特解为
$$y^*=x(b_0x+b_1)\mathrm{e}^{2x}$$

将 y^* 及其一阶、二阶导数代入原方程,消去 e^{2x},得
$$-2b_0x+2b_0-b_1=x$$

比较该等式两端 x 同次幂的系数,得
$$\begin{cases}-2b_0=1\\2b_0-b_1=0\end{cases}$$

解得 $b_0=-\dfrac{1}{2}, b_1=-1$. 这样,原方程的一个特解为
$$y^*=x\left(-\dfrac{1}{2}x-1\right)\mathrm{e}^{2x}$$

从而,得到原方程的通解为
$$y=C_1\mathrm{e}^{2x}+C_2\mathrm{e}^{3x}-x\left(\dfrac{1}{2}x+1\right)\mathrm{e}^{2x}$$

其中 C_1,C_2 为任意常数.

例 7.5.7 求微分方程 $y''-4y=\mathrm{e}^{2x}$ 满足初始条件 $y|_{x=0}=4, y'|_{x=0}=-2$ 的特解.

解 该方程相应的齐次方程为 $y''-4y=0$,它的特征方程为
$$r^2-4=0$$
它的两个根为 $r_1=2,r_2=-2$,故该方程相应的齐次方程的通解为
$$y=C_1\mathrm{e}^{2x}+C_2\mathrm{e}^{-2x}$$

因为方程右端函数中的 $\lambda=2$,是特征方程 $r^2-4=0$ 的单根,所以可设原方程的一个特解为
$$y^*=x\cdot b_0\mathrm{e}^{2x}$$

将 y^* 及其一阶、二阶导数代入原方程,消去 e^{2x},得 $b_0=\dfrac{1}{4}$. 所以原方程的一个特解为

$$y^* = \frac{1}{4}xe^{2x}$$

从而,得到原方程的通解为

$$y = C_1 e^{2x} + C_2 e^{-2x} + \frac{1}{4}xe^{2x}$$

其中 C_1, C_2 为任意常数.

因 $y|_{x=0} = 4, y'|_{x=0} = -2$ 可得

$$\begin{cases} C_1 + C_2 = 4 \\ 2C_1 - 2C_2 + \dfrac{1}{4} = -2 \end{cases}$$

解得 $C_1 = \dfrac{23}{16}, C_2 = \dfrac{41}{16}$. 所以原方程满足初始条件的解为

$$y = \frac{23}{16}e^{2x} + \frac{41}{16}e^{-2x} + \frac{1}{4}xe^{2x}$$

2. $f(x) = P_m(x)e^{\lambda x}\cos\omega x$ 或 $P_m(x)e^{\lambda x}\sin x$ 型

对于此种类型的二阶常系数非齐次线性微分方程,就要求形如

$$y'' + py' + qy = P_m(x)e^{\lambda x}\cos\omega x \qquad (7.5.8)$$

$$y'' + py' + qy = P_m(x)e^{\lambda x}\sin\omega x \qquad (7.5.9)$$

$$y'' + py' + qy = e^{\lambda x}[P_m(x)\cos\omega x + Q_n(x)\sin\omega x] \qquad (7.5.10)$$

这样的方程的特解. 我们同样不加证明地给出如下结论.

结论 2 如果方程(7.5.1)的右端函数为 $f(x) = P_m(x)e^{\lambda x}\cos\omega x$ 或 $f(x) = P_m(x)e^{\lambda x}\sin\omega x$ 或 $f(x) = e^{\lambda x}[P_l(x)\cos\omega x + P_n(x)\sin\omega x]$,其中 λ, ω 是常数,$P_m(x)$、$P_l(x)$、$P_n(x)$ 是 x 的一个 m 次、l 次、n 次实系数多项式,则方程(7.5.8)、方程(7.5.9)、方程(7.5.10)都具有形如

$$y^* = x^k e^{\lambda x}[R_m^{(1)}(x)\cos\omega x + R_m^{(2)}(x)\sin\omega x]$$

的特解. 其中 $R_m^{(1)}(x)$、$R_m^{(2)}(x)$ 是 x 的 m 次多项式,其中 $m = \max\{l, n\}$,而 k 的取值由如下条件来确定:

① 如果 $\lambda + i\omega$(或 $\lambda - i\omega$)不是特征方程 $r^2 + pr + q = 0$ 的根,则取 $k = 0$;

② 如果 $\lambda + i\omega$(或 $\lambda - i\omega$)是特征方程 $r^2 + pr + q = 0$ 的单根,则取 $k = 1$.

例 7.5.8 求 $y'' + y = x\cos 2x$ 的通解.

解 (1) 相应齐次微分方程的特征方程为

$$r^2 + 1 = 0$$

故特征根为 $r_1 = i, r_2 = -i$,所以相应齐次微分方程的通解为

$$Y = C_1 \cos x + C_2 \sin x$$

(2) 因 $f(x) = x\cos 2x, \lambda + i\omega = 2i$ 不是特征方程 $r^2 + 1 = 0$ 的根,故可设原方程的特解为

$$y^* = (b_0 x + b_1)\cos 2x + (b_2 x + b_3)\sin 2x$$

将 y^* 及其一阶、二阶导数代入原方程,化简整理得

$$(4b_2 - 3b_1 - 3b_0 x)\cos 2x - (4b_0 + 3b_3 + 3b_2 x)\sin 2x = x\cos 2x$$

比较等式两端得

$$\begin{cases} 4b_2 - 3b_1 - 3b_0 x = x \\ 4b_0 + 3b_3 + 3b_2 x = 0 \end{cases}$$

解得 $b_0 = -\dfrac{1}{3}, b_1 = b_2 = 0, b_3 = \dfrac{4}{9}$. 这样原方程的一个特解为

$$y^* = -\frac{1}{3}x\cos 2x + \frac{4}{9}\sin 2x$$

(3) 原方程的通解为

$$y = C_1\cos x + C_2\sin x - \frac{1}{3}x\cos 2x + \frac{4}{9}\sin 2x$$

其中 C_1, C_2 为任意常数.

例 7.5.9 求 $y'' + y = 3(1 - \sin 2x)$ 的通解.

解 (1) 相应齐次方程的特征方程为

$$r^2 + 1 = 0$$

故特征根为 $r_1 = i, r_2 = -i$,所以相应齐次方程的通解为

$$Y = C_1\cos x + C_2\sin x$$

(2) 为求原方程的特解,我们先分别求方程

$$y'' + y = 3 \tag{7.5.11}$$

和

$$y'' + y = -3\sin 2x \tag{7.5.12}$$

的特解.

对方程(7.5.11),因为 $\lambda = 0$ 不是特征方程 $r^2 + 1 = 0$ 的根,故设方程(7.5.11)的特解为

$$y_1^* = A$$

代入方程(7.5.11),得 $A = 3$(也可直接观察得到).

对方程(7.5.12),因 $\lambda + i\omega = 2i$ 不是特征方程 $r^2 + 1 = 0$ 的根,故设方程(7.5.12)的特解为

$$y_2^* = B\cos 2x + C\sin 2x$$

将其代入方程(7.5.12),化简整理得

$$B = 0, \quad C = 1$$

故方程(7.5.12)的特解为

$$y_2^* = \sin 2x$$

从而,得到原方程的一个特解为

$$y^* = y_1^* + y_2^* = 3 + \sin 2x$$

所以原方程的通解为

$$y = C_1 \cos x + C_2 \sin x + 3 + \sin 2x$$

其中 C_1, C_2 为任意常数.

习 题 7.5

1. 求下列微分方程的通解：
(1) $y'' - 2y' - 3y = 0$； (2) $y'' - 2y' - 8y = 0$；
(3) $y'' + 4y' + 4y = 0$； (4) $y'' - 6y' + 9y = 0$；
(5) $y'' + 2y' + 5y = 0$； (6) $y'' + 16y = 0$；
(7) $y'' + y = x + e^x$； (8) $y'' + y = 4\sin x$.

2. 求解下列初值问题：
(1) $y'' + 2y' + y = 0, y|_{x=0} = 4, y'|_{x=0} = -2$；
(2) $y'' - 2y' + y = 0, y(0) = y'(0) = 1$.

3. 求下列微分方程的一个特解：
(1) $y'' - 2y' - 3y = 3x + 1$； (2) $y'' + 9y' = x - 4$；
(3) $y'' - 2y' + y = e^x$； (4) $y'' + 9y = \cos x + 2x + 1$.

7.6 差 分 方 程

微分方程用于研究自变量是连续变量的变化规律.但在经济与管理及其他实际问题中,许多数据都是以等间隔时间周期统计的.例如,银行中的定期存款按所设定的时间等间隔计息、外贸出口额按月统计、国民收入按年统计、产品的产量按月统计等.这些量也是变量,通常称这一类变量为**离散型变量**.描述离散型变量之间的变化关系的数学模型称为**离散型模型**.对离散型模型求解就可以得到离散型变量的运行规律.差分方程是用于研究经济学和管理科学等的一种最常见的离散型模型.

7.6.1 差分与差分方程的概念及性质

设因变量 y 是自变量 t 的函数,如果函数 $y = y(t)$ 是连续且可导的,则因变量 y 对自变量 t 的变化率可用 $\dfrac{dy}{dt}$ 来刻画；但对离散型的变量 y,我们不可能再用 $\dfrac{dy}{dt}$ 来刻画,这时常用在规定时间上的差商来刻画 y 的变化率.如果选择 $\Delta t = 1$(往往代表一个月、一年等),则 $\Delta y = y(t+1) - y(t)$ 可以近似代表变量 y 的变化率.

定义 7.6.1 设函数 $y = y(t)$,简记为 y_t,即 $y_t = y(t)$；自变量 t 取离散的等间隔

正整数值 $t=0,1,2,\cdots$ 时相应的函数值 y_t 可以排列成一个序列
$$y_0,y_1,\cdots,y_t,y_{t+1},\cdots$$
当自变量由 t 改变到 $t+1$ 时,相应的函数值之差 $y_{t+1}-y_t$ 称为函数 $y_t=y(t)$ 在点 t 的**一阶差分**,简称**差分**,记作 Δy_t,即
$$\Delta y_t=y_{t+1}-y_t=y(t+1)-y(t)\quad(t=0,1,2,\cdots)$$

注意:由于函数 $y_t=y(t)$ 的函数值是一个序列,按一阶差分的定义,差分就是该序列的相邻两值之差. 当函数 $y_t=y(t)$ 的一阶差分为正值时,表明该序列是增加的,而且差分值越大,表明序列增加越快;当一阶差分为负值时,表明序列是减少的.

例如,设某公司经营一种商品,第 t 月初的库存量 R 是时间 t 的函数 $R=R(t)$,第 t 月调进和销出该商品的数量分别是 $P(t)$ 和 $Q(t)$,则到下个月的月初,即第 $t+1$ 个月的月初的库存量 $R(t+1)$ 就是
$$R(t+1)=R(t)+P(t)-Q(t)$$
库存量 $R(t)$ 的差分为
$$\Delta R(t)=R(t+1)-R(t)=P(t)-Q(t).$$

例 7.6.1 已知 $y_t=C$(C 为常数),求 Δy_t.

解 由差分的定义
$$\Delta y_t=y_{t+1}-y_t=C-C=0$$
可得常数的差分为零.

例 7.6.2 已知 $y_t=a^t$(其中 $a>0$ 且 $a\neq 1$),求 Δy_t.

解 由差分的定义
$$\Delta y_t=y_{t+1}-y_t=a^{t+1}-a^t=a^t(a-1)$$
可得指数函数的差分等于该指数函数乘以一个常数.

由一阶差分的定义,容易得到差分的性质如下:
(1) $\Delta(Cy_t)=C y_t$;
(2) $\Delta(y_t\pm z_t)=\Delta y_t\pm\Delta z_t$.

由一阶差分的定义方式,我们可以定义函数的高阶差分.

定义 7.6.2 函数 $y_t=y(t)$ 在 t 的一阶差分的差分称为函数在 t 的二阶差分,记作 $\Delta^2 y_t$,即
$$\Delta^2 y_t=\Delta(\Delta y_t)=\Delta y_{t+1}-\Delta y_t=(y_{t+2}-y_{t+1})-(y_{t+1}-y_t)$$
$$=y_{t+2}-2y_{t+1}+y_t$$
依次可定义函数在 t 的二阶差分的差分为函数在 t 的三阶差分,记作 $\Delta^3 y_t$,即
$$\Delta^3 y_t=\Delta(\Delta^2 y_t)=\Delta^2 y_{t+1}-\Delta^2 y_t=\Delta y_{t+2}-2\Delta y_{t+1}+\Delta y_t$$
$$=y_{t+3}-3y_{t+2}+3y_{t+1}-y_t$$
依此类推,函数 $y_t=y(t)$ 在 t 的 n 阶差分定义为
$$\Delta^n y_t=\Delta(\Delta^{n-1} y_t)=\Delta^{n-1} y_{t+1}-\Delta^{n-1} y_t$$

$$= \sum_{k=0}^{n}(-1)^k \frac{n(n-1)\cdots(n-k+1)}{k!} y_{t+n-k}$$

上式表明,函数 $y_t = y(t)$ 在 t 的 n 阶差分是该函数的 n 个函数值 y_{t+n}, y_{t+n-1}, $\cdots, y_t$ 的一个线性组合.

例 7.6.3 设 $y_t = t^2 + 2t - 3$,求 $\Delta y_t, \Delta^2 y_t, \Delta^3 y_t$.

解 由定义即得
$$\Delta y_t = y_{t+1} - y_t = [(t+1)^2 + 2(t+1) - 3] - (t^2 + 2t - 3) = 2t + 3$$
$$\Delta^2 y_t = \Delta(\Delta y_t) = y_{t+2} - 2y_{t+1} + y_t$$
$$= [(t+2)^2 + 2(t+2) - 3] - 2[(t+1)^2 + 2(t+1) - 3] + t^2 + 2t - 3$$
$$= 2$$
$$\Delta^3 y_t = \Delta(2) = 0$$

一般地,k 次多项式函数的 k 阶差分为常数,k 次多项式函数的 k 阶以上的差分则为零.

例 7.6.4 设 $y_t = t^2 \cdot 3^t$,求 Δy_t.

解 由差分的运算法则,得
$$\Delta y_t = y_{t+1} - y_t = (t+1)^2 \cdot 3^{t+1} - t^2 \cdot 3^t = 3(t^2 + 2t + 1) \cdot 3^t - t^2 \cdot 3^t$$

含有未知函数的差分或含有未知函数的两个或两个以上不同点的函数值的方程,称为**差分方程**.

差分方程中实际所含差分的最高阶数或未知函数下标的最大值与最小值的差,称为差分方程的**阶数**. 如 $\Delta^2 y_t - 3\Delta y_t - 3y_t - t = 0$ 是一个二阶差分方程.

由函数差分的定义,任意阶函数的差分都可以表示为函数 y_t 在不同点的函数值的线性组合,因此上述差分方程又可分别表示为 $y_{t+2} - 5y_{t+1} + y_t - t = 0$ 和 $y_t - 5y_{t-1} + y_{t-2} - t + 2 = 0$.

n 阶差分方程的一般形式可表示为
$$F(t, y_t, \Delta y_t, \Delta^2 y_t, \cdots, \Delta^n y_t) = 0$$
或
$$G(t, y_t, y_{t+1}, \cdots, y_{t+n}) = 0$$

若把一个函数代入差分方程使其成为恒等式,则称该函数为差分方程的**解**.

含有相互独立的任意常数的个数等于差分方程的阶数的解,称此解为差分方程的**通解**.

用来确定差分方程通解中任意常数的条件称为**初始条件**.

通解中的任意常数被初始条件确定,这样的解称为差分方程的**特解**.

例如,对于差分方程 $y_{t+1} - y_t = 2$,将 $y_t = 2t$ 代入该方程使其恒成立,因而 $y_t = 2t$ 是该方程的解;容易看到 $y_t = 2t + C(C$ 为任意常数)也是该方程的解,且为通解;如该方程需满足条件 $y_0 = 2$(初始条件),则可确定 $C = 2$,此时 $y_t = 2t + 2$ 是该方程满足初始条件 $y_0 = 2$ 的一个特解.

7.6.2 线性差分方程解的基本定理

现在我们来讨论线性差分方程解的基本定理. 现以二阶线性差分方程为例, 其实任意阶线性差分方程都有类似结论.

二阶线性差分方程的一般形式为

$$y_{t+2}+a(t)y_{t+1}+b(t)y_t=f(t) \tag{7.6.1}$$

其中 $a(t),b(t)$ 和 $f(t)$ 均为 t 的已知函数, 且 $b(t)\neq 0$. 若 $f(t)\neq 0$, 则式(7.6.1)称为二阶非齐次线性差分方程; 若 $f(t)\equiv 0$, 即

$$y_{t+2}+a(t)y_{t+1}+b(t)y_t=0 \tag{7.6.2}$$

则称为二阶齐次线性差分方程.

对于线性差分方程, 易得到以下的结论(证明从略):

定理 1 若函数 $y_1(t),y_2(t)$ 是二阶齐次线性差分方程(7.6.2)的解, 则

$$y(t)=C_1y_1(t)+C_2y_2(t)$$

也是该方程的解, 其中 C_1、C_2 是任意常数.

定理 2(齐次线性差分方程解的结构定理) 若函数 $y_1(t),y_2(t)$ 是二阶齐次线性差分方程(7.6.2)的线性无关特解, 则 $Y(t)=C_1y_1(t)+C_2y_2(t)$ 是该方程的通解, 其中 C_1、C_2 是任意常数.

定理 3(非齐次线性差分方程解的结构定理) 若 $y^*(t)$ 是二阶非齐次线性差分方程(7.6.1)的一个特解, $Y(t)$ 是齐次线性差分方程(7.6.2)的通解, 则差分方程(7.6.1)的通解为

$$y_t=Y(t)+y^*(t)$$

定理 4(解的叠加原理) 若函数 $y_1^*(t),y_2^*(t)$ 分别是二阶非齐次线性差分方程 $y_{t+2}+a(t)y_{t+1}+b(t)y_t=f_1(t)$ 与 $y_{t+2}+a(t)y_{t+1}+b(t)y_t=f_2(t)$ 的特解, 则 $y_1^*(t)+y_2^*(t)$ 是差分方程

$$y_{t+2}+a(t)y_{t+1}+b(t)y_t=f_1(t)+f_2(t)$$

的特解.

7.6.3 一阶常系数线性差分方程的解法

一阶常系数线性差分方程的一般形式为

$$y_{t+1}+ay_t=f(t) \tag{7.6.3}$$

其中常数 $a\neq 0$, $f(t)$ 为 t 的已知函数; 当 $f(t)$ 不恒为零时, 式(7.6.3)称为一阶常系数非齐次线性差分方程; 当 $f(t)\equiv 0$ 时, 即

$$y_{t+1}+ay_t=0 \tag{7.6.4}$$

称为方程(7.6.3)对应的一阶常系数齐次线性差分方程.

下面给出它们的解法.

1. 一阶常系数齐次线性差分方程的解法

对于一阶常系数齐次差分方程(7.6.4),常用的解法有两种.

1) 迭代法

假设 y_0 已知,则由方程(7.6.4)依次可得
$$y_1 = (-a)y_0$$
$$y_2 = (-a)y_1 = (-a)^2 y_0$$
$$y_3 = (-a)y_2 = (-a)^3 y_0$$
$$\vdots$$

于是可得 $y_t = (-a)^t y_0$. 如令 $y_0 = C$, C 是任意常数,则方程(7.6.4)的通解为
$$y_t = C(-a)^t$$

2) 特征根法

注意到方程(7.6.4)的特点: $y_{t+1} = (-a)y_t$,即 y_{t+1} 是 y_t 的常数倍,而函数 $\lambda^{t+1} = \lambda \cdot \lambda^t$ 恰好满足这一特点. 故不妨设方程(7.6.4)具有形如
$$y_t = \lambda^t$$
的特解,其中 λ 是非零待定常数. 将其代入方程(7.6.4)中,有
$$\lambda^{t+1} + a\lambda^t = 0$$
即
$$\lambda^t(\lambda + a) = 0$$

因 $\lambda^t \neq 0$,因此 $y_t = \lambda^t$ 是方程(7.6.4)的解的充要条件为 $\lambda + a = 0$. 所以一阶常系数线性齐次差分方程(7.6.4)的非零特解为 $y_t = (-a)^t$. 从而其通解为
$$y_c = C(-a)^t \quad (C \text{ 为任意常数})$$

称一次代数方程 $\lambda + a = 0$ 为差分方程(7.6.3)或(7.6.4)的**特征方程**;而 $\lambda = -a$ 称为特征方程的根(简称**特征根**或**特征值**).

由上可知,要求方程(7.6.4)的通解,只需先写出其特征方程,求出特征根,即可写出其通解.

例 7.6.5 求解差分方程 $y_{t+1} - \frac{2}{3}y_t = 0$.

解 设 $y_0 = C$, C 是任意常数,则
$$y_1 = \frac{2}{3}C$$
$$y_2 = \frac{2}{3}y_1 = \left(\frac{2}{3}\right)^2 C$$
$$\vdots$$

于是可得原方程的通解为
$$y_t = C\left(\frac{2}{3}\right)^t \quad (C \text{ 是任意常数})$$

例 7.6.6 求差分方程 $y_t - 3y_{t-1} = 0$ 满足初始条件 $y_0 = 5$ 的解.

解 原方程可改写为 $y_{t+1} - 3y_t = 0$,其特征方程为 $\lambda - 3 = 0$;特征方程的根为 $\lambda = 3$,故原方程的通解为
$$y_t = C \cdot 3^t \quad (C \text{ 是任意常数})$$
将初始条件 $y_0 = 5$ 代入,得 $C = 5$;故所求特解为
$$y_t = 5 \times 3^t$$

2. 一阶常系数非齐次线性差分方程的解法

由定理 3 可知,一阶常系数非齐次差分方程(7.6.3)的通解为该方程的一个特解和相应的齐次方程的通解之和.因相应齐次差分方程的通解已经解决,因此只需讨论非齐次差分方程特解的求法即可.下面仅讨论 $f(t) = b^t P_n(t)$ 一种类型.

我们不加证明地给出如下结论:

结论 如果方程(7.6.3)的 $f(t) = b^t P_n(t)$,其中 $b \neq 0$, $P_n(t)$ 为 t 的 n 次多项式,则该方程具有形如
$$y^*(t) = b^t t^k Q_n(t) = b^t t^k (b_0 t^n + b_1 t^{n-1} + \cdots + b_{n-1} t + b_n)$$
的特解,k 的取值由如下条件确定:

(1) 如果 b 不是该方程的特征方程的根,则 $k = 0$;

(2) 如果 b 是该方程的特征方程的根,则 $k = 1$.

例 7.6.7 求差分方程 $y_{t+1} - 2y_t = 2t + 1$ 的通解.

解 (1) 求对应齐次方程的通解.

因其特征方程为 $\lambda - 2 = 0$,故特征根 $\lambda = 2$;所以其对应齐次差分方程的通解为
$$Y(t) = C \cdot 2^t \quad (C \text{ 为任意常数})$$

(2) 求非齐次方程的一个特解.

由于 $f(t) = 2t + 1$,对应 $P_n(t) = 2t + 1$,且 $b = 1$ 不是特征方程的特征根,故可设特解 $y^*(t) = b_0 + b_1 t$. 代入原方程得
$$b_0 + b_1(t+1) - 2(b_0 + b_1 t) = 2t + 1$$
化简整理得
$$-b_1 t - b_0 + b_1 = 2t + 1$$
比较等式两端 t 的同次幂的系数,解得 $b_0 = -3$, $b_1 = -2$. 故 $y^*(t) = -3 - 2t$.

(3) 原方程的通解为
$$y_t = Y(t) + y^* = C \cdot 2^t - 2t - 3 \quad (C \text{ 为任意常数})$$

例 7.6.8 求差分方程 $y_{t+1} - y_t = t + 1$ 的通解.

解 (1) 求对应齐次方程的通解.

因其特征方程为 $\lambda - 1 = 0$,故特征根 $\lambda = 1$;所以其对应齐次差分方程的通解为
$$Y(t) = C \quad (C \text{ 为任意常数})$$

(2) 求非齐次方程的一个特解.

由于 $f(t)=t+1$，对应 $P_n(t)=t+1$，且 $b=1$ 是特征方程的特征根，故可设特解 $y^*(t)=t(b_0+b_1 t)$. 代入原方程得
$$(b_0+b_1+b_1 t)(t+1)-t(b_0+b_1 t)=t+1$$

化简整理得
$$2b_1 t+b_0+b_1=t+1$$

比较等式两端 t 的同次幂的系数，解得 $b_0=\frac{1}{2}$，$b_1=\frac{1}{2}$. 故 $y^*(t)=\frac{1}{2}t+\frac{1}{2}t^2$.

(3) 原方程的通解为
$$y_t=y(t)+y^*=C+\frac{1}{2}t+\frac{1}{2}t^2 \quad (C\text{ 为任意常数})$$

例 7.6.9 求差分方程 $y_{t+1}-2y_t=2^t$ 的通解.

解 (1) 求对应齐次方程的通解.

因其特征方程为 $\lambda-2=0$，故特征根 $\lambda=2$；所以其对应齐次差分方程的通解为
$$Y(t)=C\cdot 2^t \quad (C\text{ 为任意常数})$$

(2) 求非齐次方程的一个特解.

由于 $f(t)=2^t$，对应 $P_n(t)=1$，且 $b=2$ 是特征方程的特征根，故可设特解 $y^*(t)=2^t\cdot t\cdot b_0$. 代入原方程得
$$2^{t+1}(t+1)b_0-2\cdot 2^t t b_0=2^t$$

化简整理得
$$2\cdot 2^t b_0=2^t$$

比较等式两端 t 的同次幂的系数，解得 $b_0=\frac{1}{2}$. 故 $y^*(t)=t\cdot 2^{t-1}$.

(3) 原方程的通解为
$$y_t=Y(t)+y^*=C\cdot 2^t+t\cdot 2^{t-1}=(2C+t)2^{t-1} \quad (C\text{ 为任意常数})$$

例 7.6.10 求差分方程 $y_{t+1}-y_t=(t+1)3^t+\frac{1}{3}$ 的通解.

解 (1) 求对应齐次方程的通解.

因其特征方程为 $\lambda-1=0$，故特征根 $\lambda=1$；所以其对应齐次差分方程的通解为
$$Y(t)=C \quad (C\text{ 为任意常数})$$

(2) 求非齐次方程的一个特解.

由定理 4 知，求已知方程的一个特解只需分别求得如下两个方程
$$y_{t+1}-y_t=3^t(t+1) \tag{7.6.5}$$
$$y_{t+1}-y_t=\frac{1}{3} \tag{7.6.6}$$

的特解即可.

对于方程(7.6.5)：因特征根 $\lambda=1$，$f(t)=3^t(t+1)$，$p_n(t)=t+1$，$b=3$ 不是特征

方程的根,故可设特解 $y_1^*(t)=3^t(b_0+b_1 t)$,代入方程(7.6.5),得
$$3^{t+1}[b_0+b_1(t+1)]-3^t(b_0+b_1 t)=3^t(t+1)$$
消去 3^t,比较等式两端 t 的同次幂的系数,解得 $b_0=-\dfrac{1}{4}$,$b_1=\dfrac{1}{2}$. 故
$$y_1^*(t)=3^t\left(-\dfrac{1}{4}+\dfrac{1}{2}t\right)$$

对于方程(7.6.6):因特征根 $\lambda=1$,$f(t)=\dfrac{1}{3}$,1 是特征方程的根,故可设特解 $y_2^*(t)=t\cdot c_0$,代入方程(7.6.6),易解得 $c_0=\dfrac{1}{3}$. 于是
$$y_2^*(t)=\dfrac{1}{3}t$$

所以原方程的一个特解为
$$y^*(t)=3^t\left(-\dfrac{1}{4}+\dfrac{1}{2}t\right)+\dfrac{1}{3}t$$

(3) 原方程的通解为
$$y_t=Y(t)+y_1^*+y_2^*=C+3^t\left(\dfrac{1}{2}t-\dfrac{1}{4}\right)+\dfrac{1}{3}t \quad (C\text{ 为任意常数})$$

*7.6.4　二阶常系数线性差分方程的一般形式

二阶常系数线性差分方程的一般形式为
$$y_{t+2}+a y_{t+1}+b y_t=f(t) \tag{7.6.7}$$
其中 a,b 为已知常数,且 $b\neq 0$,$f(t)$ 为已知函数. 与方程(7.6.7)相对应的二阶齐次线性差分方程为
$$y_{t+2}+a y_{t+1}+b y_t=0 \tag{7.6.8}$$

1. 二阶常系数齐次线性差分方程的通解

为了求出二阶齐次差分方程(7.6.7)的通解,就要求出两个线性无关的特解. 与分析一阶齐次差分方程一样,设方程(7.6.7)有特解
$$y_t=\lambda^t$$
其中 λ 是非零待定常数. 将其代入方程(7.6.7),有
$$\lambda^t(\lambda^2+a\lambda+b)=0$$
因为 $\lambda^t\neq 0$,所以 $y_t=\lambda^t$ 是方程(7.6.7)的解的充要条件是
$$\lambda^2+a\lambda+b=0 \tag{7.6.9}$$
称二次代数方程(7.6.9)为差分方程(7.6.7)或(7.6.8)的**特征方程**,对应的根称为**特征根**.

1) 特征方程有相异实根 λ_1 与 λ_2

此时,齐次差分方程(7.6.8)有两个特解 $y_1(t)=\lambda_1^t$ 和 $y_2(t)=\lambda_2^t$,且它们线性无关.于是,其通解为

$$y(t)=C_1\lambda_1^t+C_2\lambda_2^t \quad (C_1,C_2 \text{ 为任意常数})$$

2) 特征方程有两个相等实根 $\lambda_1=\lambda_2$

这时,$\lambda_1=\lambda_2=-\dfrac{1}{2}a$,齐次差分方程(7.6.8)有一个特解

$$y_1(t)=\left(-\dfrac{1}{2}a\right)^t$$

直接验证可知 $y_2(t)=t\left(-\dfrac{1}{2}a\right)^t$ 也是齐次差分方程(7.6.8)的特解.显然,$y_1(t)$ 与 $y_2(t)$ 线性无关.于是,齐次差分方程(7.6.8)的通解为

$$y_C(t)=(C_1+C_2 t)\left(-\dfrac{1}{2}a\right)^t \quad (C_1,C_2 \text{ 为任意常数})$$

3) 特征方程有共轭复根 $\alpha\pm i\beta$

此时,可直接验证齐次差分方程(7.6.8)有两个线性无关的特解

$$y_1(t)=r^t\cos\omega t, \quad y_2(t)=r^t\sin\omega t$$

其中 $r=\sqrt{b}=\sqrt{\alpha^2+\beta^2}$,$\omega$ 由 $\tan\omega=-\dfrac{1}{a}\sqrt{4b-a^2}\dfrac{\beta}{\alpha}$ 确定,$\omega\in(0,\pi)$.于是,齐次差分方程(7.6.8)的通解为

$$y_C(t)=r^t(C_1\cos\omega t+C_2\sin\omega t) \quad (C_1,C_2 \text{ 为任意常数})$$

例 7.6.11 求差分方程 $y_{t+2}-6y_{t+1}+9y_t=0$ 的通解.

解 特征方程是 $\lambda^2-6\lambda+9=0$,特征根为二重根 $\lambda_1=\lambda_2=3$,于是,所求通解为

$$y_C(t)=(C_1+C_2 t)3^t \quad (C_1,C_2 \text{ 为任意常数})$$

例 7.6.12 求差分方程 $y_{t+2}-4y_{t+1}+16y_t=0$ 满足初值条件 $y_0=1,y_1=2+2\sqrt{3}$ 的特解.

解 特征方程为 $\lambda^2-4\lambda+16=0$,它有一对共轭复根 $\lambda_{1,2}=2\pm 2\sqrt{3}i$.令 $r=\sqrt{16}=4$,由 $\tan\omega=-\dfrac{1}{a}\sqrt{4b-a^2}\dfrac{\beta}{\alpha}$,得 $\omega=\dfrac{\pi}{3}$.于是原方程的通解为

$$y_C(t)=4^t\left(C_1\cos\dfrac{\pi}{3}t+C_2\sin\dfrac{\pi}{3}t\right)$$

将初值条件 $y_0=1,y_1=2+2\sqrt{3}$ 代入上式解得 $C_1=1,C_2=1$.于是所求特解为

$$y(t)=4^t\left(\cos\dfrac{\pi}{3}t+\sin\dfrac{\pi}{3}t\right)$$

2. 二阶常系数非齐次线性差分方程的特解和通解

利用待定系数法可求出 $f(t)$ 的一种常见形式的非齐次差分方程(7.6.7)的特解

如下表：

$f(t)$的形式	确定待定特解的条件	待定特解的形式	
$\lambda^t P_m(t)$ ($\lambda \neq 0$) $P_m(t)$是 m 次多项式	λ 不是特征根	$\lambda^t Q_m(t)$	$Q_m(t)$是 m 次多项式
	λ 是单特征根	$\lambda^t t Q_m(t)$	
	λ 是 2 重特征根	$\lambda^t t^2 Q_m(t)$	

例 7.6.13 求差分方程 $y_{t+2} - y_{t+1} - 6y_t = 3^t(2t+1)$ 的通解.

解 特征根 $\rho_1 = -2, \rho_2 = 3$，$f(t) = 3^t(2t+1) = \rho^t P_1(t)$，其中 $m=1, \rho=3$. 因 $\rho=3$ 是单根，故设特解为

$$y^*(t) = 3^t t(B_0 + B_1 t)$$

将其代入差分方程得

$$3^{t+2}(t+2)[B_0 + B_1(t+2)] - 3^{t+1}(t+1)[B_0 + B_1(t+1)] - 6 \cdot 3^t(B_0 + B_1 t) = 3^t(2t+1)$$

即
$$(30B_1 t + 15B_0 + 33B_1)3^t = 3^t(2t+1)$$

解得 $B_0 = -\dfrac{2}{25}, B_1 = \dfrac{1}{15}$，因此特解为 $y^*(t) = 3^t t\left(\dfrac{1}{15}t - \dfrac{2}{25}\right)$. 所求通解为

$$y_t = y_C + y^* = C_1(-2)^t + C_2 3^t + 3^t t\left(\dfrac{1}{15}t - \dfrac{2}{25}\right) \quad (C_1, C_2 \text{ 为任意常数})$$

例 7.6.14 求差分方程 $y_{t+2} - 6y_{t+1} + 9y_t = 3^t$ 的通解.

解 特征根 $\lambda_1 = \lambda_2 = 3$. $f(t) = 3^t = \rho^t P_0(t)$，其中 $m=0, \rho=3$. 因 $\rho=3$ 为二重根，故应设特解为

$$y^*(t) = Bt^2 3^t$$

将其代入差分方程得 $B(t+2)^2 3^{t+2} - 6B(t+1)^2 3^{t+1} + 9Bt^2 3^t = 3^t$，解得 $B = \dfrac{1}{18}$. 特解为

$$y^*(t) = \dfrac{1}{18} t^2 3^t$$

通解为 $\quad y_t = y_C + y^* = (C_1 + C_2 t)3^t + \dfrac{1}{15} t^2 3^t \quad (C_1, C_2 \text{ 为任意常数})$

例 7.6.15 求差分方程 $y_{t+2} - 3y_{t+1} + 3y_t = 5$ 满足初值条件 $y_0 = 5, y_1 = 8$ 的特解.

解 特征根 $\lambda_{1,2} = \dfrac{3}{2} \pm \dfrac{\sqrt{3}}{2} i$. 因为 $r = \sqrt{3}$，由 $\tan\omega = \dfrac{\sqrt{3}}{3}$ 得 $\omega = \dfrac{\pi}{3}$. 所以齐次差分方程的通解为

$$y_C(t) = (\sqrt{3})^t \left(C_1 \cos\dfrac{\pi}{6} t + C_2 \sin\dfrac{\pi}{6} t\right)$$

$$f(t)=5=\rho^t P_0(t)$$

其中,$m=0$,$\rho=1$. 因 $\rho=1$ 不是特征根,故设特解 $y^*(t)=B$. 将其代入差分方程得 $B-3B+3B=5$,从而 $B=5$. 于是所求特解 $y^*(t)=5$. 因此原方程通解为

$$y(t)=(\sqrt{3})^t\left(C_1\cos\frac{\pi}{6}t+C_2\sin\frac{\pi}{6}t\right)+5$$

将 $y_0=5$,$y_1=8$ 分别代入上式,解得 $C_1=0$,$C_2=2\sqrt{3}$. 故所求特解为

$$y^*(t)=2(\sqrt{3})^{t+1}\sin\frac{\pi}{6}t+5$$

习 题 7.6

1. 求下列函数的一阶与二阶差分：

(1) $y_t=3t^2-t^3$; (2) $y_t=e^{2t}$;

(3) $y_t=\ln t$; (4) $y_t=t^2\cdot 3^t$.

2. 将差分方程 $\Delta^2 y_t+2\Delta y_t=0$ 表示成不含差分的形式.

3. 指出下列等式哪一些是差分方程,若是,确定差分方程的阶：

(1) $y_{t+5}-y_{t+2}+y_{t-1}=0$; (2) $\Delta^2 y_t-2y_t=t$;

(3) $\Delta^3 y_t+y_t=1$; (4) $2\Delta y_t=3t-2y_t$;

(5) $\Delta^2 y_t=y_{t+2}-2y_{t+1}+y_t$.

4. 验证 $y_t=C(-2)^t$ 是差分方程 $y_{t+1}+2y_t=0$ 的通解.

5. 求下列一阶常系数线性齐次差分方程的通解：

(1) $y_{t+1}-2y_t=0$; (2) $y_{t+1}+3y_t=0$;

(3) $3y_{t+1}-2y_t=0$.

6. 求下列差分方程在给定初始条件下的特解：

(1) $y_{t+1}-3y_t=0$,且 $y_0=3$; (2) $y_{t+1}+y_t=0$,且 $y_0=-2$.

7. 求下列一阶常系数线性非齐次差分方程的通解：

(1) $y_{t+1}+2y_t=3$; (2) $y_{t+1}-y_t=-3$;

(3) $y_{t+1}-2y_t=3t^2$; (4) $y_{t+1}-y_t=t+1$;

(5) $y_{t+1}-\frac{1}{2}y_t=\left(\frac{5}{2}\right)^t$; (6) $y_{t+1}+2y_t=t^2+4^t$.

8. 求下列差分方程在给定初始条件下的特解：

(1) $y_{t+1}-y_t=3+2t$,且 $y_0=5$; (2) $2y_{t+1}+y_t=3+t$,且 $y_0=1$;

(3) $y_{t+1}-y_t=2^t-1$,且 $y_0=2$.

*9. 求解下列二阶差分方程.

(1) $y_{t+2}-5y_{t+1}+6y_t=0$; (2) $y_{t+2}+10y_{t+1}+25y_t=0$;

(3) $y_{t+2} - 2y_{t+1} + 2y_t = 0$; (4) $y_{t+2} - 3y_{t+1} + 2y_t = 3 \times 5^t$;
(5) $\Delta^2 y_t = 4, y(0) = 3, y(1) = 8$.

7.7 常微分方程与差分方程在经济学中的应用

微分方程与差分方程不仅在物理学、力学上有广泛的应用,在经济学和管理科学等实际问题中的应用也比比皆是.本节我们仅讨论微分方程与差分方程在经济学中的几个应用,读者可从中感受到应用数学建模的理论和方法在解决实际经济管理问题时的魅力.

7.7.1 微分方程在经济学中的应用举例

例 7.7.1 已知某商品的需求对价格的弹性为 $\eta = p(\ln p + 1)$,且当 $p=1$ 时,需求量为 $Q=1$.

(1) 试求商品对价格的需求函数;
(2) 当价格 $p \to \infty$ 时,需求是否趋于稳定?

解 (1) 由 $\eta = -p \dfrac{Q'(p)}{Q(p)} = p(\ln p + 1)$,得

$$\frac{dQ}{dp} = -Q(\ln p + 1) \Rightarrow \frac{dQ}{Q} = -(\ln p + 1)dp$$

两边积分得

$$\ln Q = \ln C - p\ln p \Rightarrow Q = Cp^{-p} \Rightarrow Q = p^{-p}$$

(2) 由于 $\lim\limits_{p \to \infty} Q = \lim\limits_{p \to \infty} p^{-p} = 0$,故需求趋于稳定.

例 7.7.2(价格调整模型) 某种商品的价格变化主要服从市场供求关系.一般情况下,商品供给量 S 是价格 P 的单调递增函数,商品需求量 Q 是价格 P 的单调递减函数.为简单起见,设该商品的供给函数与需求函数分别为

$$S(P) = a + bP, \quad Q(P) = c - dP \tag{7.7.1}$$

其中 a,b,c,d 均为常数,且 $b>0, d>0$.

当供给量与需求量相等时,由式(7.7.1)可得供求平衡时的价格为

$$P_e = \frac{c-a}{d+b}$$

并称 P_e 为均衡价格.

一般地,当某种商品供不应求,即 $S<Q$ 时,该商品价格要涨;当供大于求,即 $S>Q$ 时,该商品价格要落.因此,假设 t 时刻的价格 $P(t)$ 的变化率与超额需求量 $Q-S$ 成正比,于是有方程

$$\frac{dP}{dt} = k[Q(P) - S(P)]$$

其中 $k>0$，用来反映价格的调整速度.

将式(7.7.1)代入方程，可得
$$\frac{\mathrm{d}P}{\mathrm{d}t}=\lambda(P_\mathrm{e}-P) \tag{7.7.2}$$

其中常数 $\lambda=(b+d)k>0$，方程(7.7.2)的通解为
$$P(t)=P_\mathrm{e}+C\mathrm{e}^{-\lambda t}$$

假设初始价格 $P(0)=P_0$，代入上式，得 $C=P_0-P_\mathrm{e}$，于是上述价格调整模型的解为
$$P(t)=P_\mathrm{e}+(P_0-P_\mathrm{e})\mathrm{e}^{-\lambda t}$$

由 $\lambda>0$ 知，$t\to+\infty$ 时，$P(t)\to P_\mathrm{e}$. 说明随着时间不断推延，实际价格 $P(t)$ 将逐渐趋近均衡价格 P_e.

例 7.7.3(新产品的推广模型) 设有某种新产品要推向市场，t 时刻的销量为 $x(t)$. 由于产品良好性能，每个产品都是一个宣传品，因此，t 时刻产品销售的增长率 $\frac{\mathrm{d}x}{\mathrm{d}t}$ 与 $x(t)$ 成正比；同时，考虑到产品销售存在一定的市场容量 N，统计表明 $\frac{\mathrm{d}x}{\mathrm{d}t}$ 与尚未购买该产品的潜在顾客的数量 $N-x(t)$ 也成正比，于是有
$$\frac{\mathrm{d}x}{\mathrm{d}t}=kx(N-x) \tag{7.7.3}$$

此方程为可分离变量的微分方程，分离变量后得
$$\frac{\mathrm{d}x}{x(N-x)}=k\mathrm{d}t$$

两端积分，得
$$\frac{x}{N-x}=C\mathrm{e}^{Nt}$$

其中 k 为比例系数. 进一步可以解得
$$x(t)=\frac{N}{1+C\mathrm{e}^{-kNt}} \tag{7.7.4}$$

方程(7.7.3)也称为逻辑斯谛(Logistic)模型，通解表达式(7.7.4)也称为逻辑斯谛曲线. 由
$$\frac{\mathrm{d}x}{\mathrm{d}t}=\frac{CN^2k\mathrm{e}^{-kNt}}{(1+C\mathrm{e}^{-kNt})^2}$$

以及
$$\frac{\mathrm{d}^2x}{\mathrm{d}t^2}=\frac{CN^3k^2\mathrm{e}^{-kNt}(C\mathrm{e}^{-kNt}-1)}{(1+C\mathrm{e}^{-kNt})^3}$$

当 $x(t^*)<N$ 时，则有 $\frac{\mathrm{d}x}{\mathrm{d}t}>0$，即销量 $x(t)$ 单调增加. 当 $x(t^*)=\frac{N}{2}$ 时，$\frac{\mathrm{d}^2x}{\mathrm{d}t^2}=0$；当 $x(t^*)>\frac{N}{2}$ 时，$\frac{\mathrm{d}^2x}{\mathrm{d}t^2}<0$；当 $x(t^*)<\frac{N}{2}$ 时，$\frac{\mathrm{d}^2x}{\mathrm{d}t^2}>0$. 即当销量达到最大需求量 N 的一半

时,产品最为畅销;当销量不足 N 一半时,销售速度不断增大;当销量超过一半时,销售速度逐渐减小.

例 7.7.4(多马(Domar)经济增长模型) 设 $S(t)$ 为 t 时刻的储蓄,$I(t)$ 为 t 时刻的投资,$Y(t)$ 为 t 时刻的国民收入,多马曾提出如下简单的宏观经济增长模型:

$$\begin{cases} S(t)=\alpha Y(t) \\ I(t)=\beta \dfrac{dY}{dt} \\ S(t)=I(t) \\ Y(0)=Y_0 \end{cases} \tag{7.7.5}$$

其中 α,β 为正的常数,Y_0 为初期国民收入,$Y_0>0$.

方程组(7.7.5)中第一个方程表示储蓄与国民收入成正比(α 称为储蓄率);第二个方程表示投资与国民收入的变化率成正比(β 称为加速率);第三个方程表示储蓄等于投资.

由方程组(7.7.5)前三个方程消去 $S(t)$ 和 $I(t)$,可得关于 $Y(t)$ 的微分方程

$$\frac{dY}{dt}=\lambda Y, \quad \lambda=\frac{\alpha}{\beta}>0$$

求得通解为

$$Y=ce^{\lambda t}$$

由 $Y(0)=Y_0$ 得 $C=Y_0$,于是

$$S(t)=I(t)=\alpha Y(t)=\alpha Y_0 e^{\lambda t}$$

由 $\lambda>0$ 可知,$S(t)$、$I(t)$、$Y(t)$ 均为时间的单调增加函数,是随时间不断增长的.

例 7.7.5(人才分配模型) 每年的大学毕业生(含硕士、博士研究生)中都会有一定比例的人员充实到教师队伍,其余的从事科技管理方面的工作.设 t 年时教师队伍人数为 $x_1(t)$,科技管理人员人数为 $x_2(t)$,又设一个教师每年平均培养 α 个毕业生,又每年退休、死亡或调出人员的比例为 $\delta(0<\delta<1)$,每年毕业生中从事教师职业的比率为 $\beta(0<\beta<1)$,则根据已知可建立如下的微分方程

$$\frac{dx_1}{dt}=\alpha\beta x_1-\delta x_1 \tag{7.7.6}$$

$$\frac{dx_2}{dt}=\alpha(1-\beta)x_1-\delta x_2 \tag{7.7.7}$$

方程(7.7.6)是可分离变量的微分方程,易解得其通解为

$$x_1=C_1 e^{(\alpha\beta-\delta)t}$$

设 $x_1(0)=m$,则 $C_1=m$;得方程(7.7.6)的特解为

$$x_1=me^{(\alpha\beta-\delta)t}$$

将上式代入方程(7.7.7),得

$$\frac{\mathrm{d}x_2}{\mathrm{d}t}+\delta x_2=\alpha(1-\beta)m\mathrm{e}^{(\alpha\beta-\delta)t}$$

这是一个一阶线性微分方程,可求得其通解为

$$x_2=C_2\mathrm{e}^{-\delta t}+\frac{1-\beta}{\beta}m\mathrm{e}^{(\alpha\beta-\delta)t}$$

设 $x_2(0)=n$,则 $C_2=n-\dfrac{1-\beta}{\beta}m$;故得方程(7.7.7)的特解为

$$x_2=\left(n-\frac{1-\beta}{\beta}m\right)\mathrm{e}^{-\delta t}+\frac{1-\beta}{\beta}m\mathrm{e}^{(\alpha\beta-\delta)t}$$

若取 $\beta=1$,即毕业生全部充实到教师队伍,则当 $t\to+\infty$ 时,$x_1(t)\to+\infty$ 而 $x_2(t)\to 0$,表明教师队伍将迅速增加,但科技管理队伍将不断萎缩,这必然会影响经济的发展.

若取 $\beta\to 0$,即毕业生很少充实到教师队伍,则当 $t\to+\infty$ 时,$x_1(t)\to 0$ 且 $x_2(t)\to 0$,表明若不保证适当比例的毕业生充实到教师队伍,必将影响人才的培养,最终会导致两支队伍全面萎缩.因此选择好比例 β 十分重要.

7.7.2 差分方程在经济学中的应用举例

例 7.7.6(筹措教育经费模型) 某家庭从现在起每月从工资中拿出一部分资金存入银行,用于投资子女的教育.并计划 20 年后开始从投资账户中每月支取 1000 元,直到 10 年后子女大学毕业用完全部资金.要实现这个投资目标,每月要向银行存入多少钱?20 年内共要筹措多少资金?(假设投资的月利率为 0.5%).

解 设 20 年后的第 n 个月投资账户资金为 S_n 元,20 年内每月存入资金为 a 元,20 年共要筹措资金为 x 元.于是,20 年后关于 S_n 的差分方程模型为

$$S_{n+1}=1.005S_n-1000 \tag{7.7.8}$$

并且 $S_{120}=0, S_0=x$.

解方程(7.7.8),易得其通解为

$$S_n=1.005^n C-\frac{1000}{1-1.005}=1.005^n C+200000$$

以及

$$S_{120}=1.005^{120}C+200000=0$$
$$S_0=C+200000=x$$

从而有

$$x=200000-\frac{200000}{1.005^{120}}=90073.45$$

从现在到 20 年内,S_n 满足的差分方程为

$$S_{n+1}=1.005S_n+a \tag{7.7.9}$$

且 $S_0=0, S_{240}=90073.45$.

解方程(7.7.9),易得通解为

以及
$$S_n = 1.005^n C + \frac{a}{1-1.005} = 1.005^n C - 200a$$
$$S_{240} = 1.005^{240} C - 200a = 90073.45$$
$$S_0 = C - 200a = 0$$

从而有
$$a = 194.95$$

即要达到投资目标,20 年内要筹措资金 90073.45 元,平均每月要存入银行 194.95 元.

贷款是老百姓生活中常见的一种现象,现在,不管是买房、买车还是其他生活消费,甚至是大学教育都已经开始流行贷款. 买房、买车是一个人一生中的重大消费项. 在存款不足的情况下,贷款可以帮助实现自己的房子、汽车梦. 一般是先支付部分款项,再通过银行贷款付清余额.

例 7.7.7(贷款模型) 假设某房屋总价为 a 元,首付一半便可入住,剩下的可以通过银行贷款来付清,年利率为 r,需要 n 年付清,试计算平均每月需要付多少钱,以及总共需要付的利息.

解 由于首付款为房款全额的一半,则贷款总额为 $\frac{a}{2}$ 元. 假设每月应付 x 元,总共需要支付的利息为 I 元,月利率为 $\frac{r}{12}$,即得

第一个月的应付利息
$$y_1 = \frac{r}{12} \times \frac{1}{2}a = \frac{ra}{24}$$

第二个月的应付利息
$$y_2 = \left(\frac{1}{2}a - x + y_1\right) \times \frac{r}{12} = \left(1 + \frac{r}{12}\right)y_1 - \frac{rx}{12}$$

由此类推,可以得到
$$y_{t+1} = \left(1 + \frac{r}{12}\right)y_t - \frac{rx}{12}$$

上式是一个一阶常系数非齐次线性差分方程,其对应的齐次线性差分方程的特征方程为
$$\lambda - \left(1 + \frac{r}{12}\right) = 0$$

特征根为
$$\lambda = 1 + \frac{r}{12}$$

其对应的齐次线性差分方程的通解为
$$Y_t = C\left(1 + \frac{r}{12}\right)^t$$

由于 1 不是特征方程的根,于是令特解为 $y_t^* = A$,代入原方程,得 $x = A$. 即

故原方程的通解为
$$y_t^* = x$$
$$y_t = C\left(1+\frac{r}{12}\right)^t + x$$

当 $y_1 = \frac{r}{12} \times \frac{1}{2}a = \frac{ra}{24}$ 时，得
$$C = \frac{\frac{ar}{24} - x}{1 + \frac{r}{12}}$$

所以原方程满足初始条件的特解为
$$y_t = \frac{\frac{a}{2} \times \frac{r}{12} - x}{1 + \frac{r}{12}}\left(1+\frac{r}{12}\right)^t + x$$

于是 n 年利息之和为
$$I = y_1 + y_2 + y_3 + \cdots + y_{12n}$$

由于上式中 $12nx - \frac{a}{2}$ 也是总利息，故有

$$I = \frac{a}{2} \times \left(1+\frac{r}{12}\right)^{12n} - \frac{a}{2} + 12nx - \frac{\left(1+\frac{r}{12}\right)^{12n} - 1}{\frac{r}{12}}x$$

$$I = \frac{a}{2} \times \left(1+\frac{r}{12}\right)^{12n} + I - \frac{\left(1+\frac{r}{12}\right)^{12n} - 1}{\frac{r}{12}}x$$

每月需要支付的钱为
$$x = \frac{\frac{1}{2}a \times \left(1+\frac{r}{12}\right)^{12n} \times \frac{r}{12}}{\left(1+\frac{r}{12}\right)^{12n} - 1}$$

总共需要支付的利息为
$$I = 12n \times \frac{\frac{1}{2}a \times \left(1+\frac{r}{12}\right)^{12n} \times \frac{r}{12}}{\left(1+\frac{r}{12}\right)^{12n} - 1} - \frac{1}{2}a$$

习 题 7.7

1. 某商品的需求函数与供给函数分别为
$$Q_d = a - bP, \quad Q_s = -c + dP \quad (\text{其中 } a, b, c, d \text{ 均为正常数})$$
假设商品价格 P 是时间 t 的函数，已知初始价格 $P(0) = P_0$，且在任一时刻 t，价格 $P(t)$ 的变化率与这一时刻的超额需求 $Q_d - Q_s$ 成正比（比例常数为 $k > 0$）。

(1) 求供需相等时的价格 P_e（均衡价格）;

(2) 求价格 $P(t)$ 的表达式;

(3) 分析价格 $P(t)$ 随时间的变化情况.

2. 设某厂生产某种产品，随产量的增加，其总成本的增长率正比于产量与常数 2 之和，反比于总成本，当产量为 0 时，成本为 1，求总成本函数.

3. 设某产品在时期 t 的价格、供给量与需求量分别为 P_t，S_t 与 Q_t（$t=0,1,2,\cdots$），并满足关系：(1) $S_t=2P_t+1$；(2) $Q_t=-4P_{t-1}+5$；(3) $Q_t=S_t$.

求证：由(1)、(2)、(3)可推出差分方程 $P_{t+1}+2P_t=2$. 若已知 P_0，求上述差分方程的解.

4. 在宏观经济研究中，发现某地区的国民收入为 y，国民储蓄 S 和投资 I 均是时间 t 的函数，且储蓄额 S 是国民收入的 $\frac{1}{10}$，投资额为国民收入的 $\frac{1}{3}$，若当 $t=0$ 时，国民收入为 5 亿元，试求国民收入函数（假定在时间 t 内的储蓄额全部用于投资）.

5. 设 S_t 为 t 期储蓄，Y_t 为 t 期国民收入，I_t 为 t 期投资，s 称为边际储蓄倾向（即平均储蓄倾向），$0<s<1$，k 为加速系数. 哈罗德建立了如下宏观经济增长模型：

$$\begin{cases} S_t = sY_{t-1}, & 0<s<1, & (1) \\ I_t = k(Y_t - Y_{t-1}), & k>0, & (2) \\ S_t = I_t, & & (3) \end{cases}$$

其中 s，k 为已知常数. 试求 Y_t、I_t、S_t.

6. 假设某房屋总价为 10 万元，首付 40% 便可入住，剩下的可以通过银行贷款来付清，年利率为 6%，需要 10 年付清，计算平均每月需要付多少钱，以及总共需要付的利息.

*7.8　Matlab 软件简单应用

微分方程的求解是高等数学中的一个难点，能够求出符合解析解的类型十分有限，而利用 Matlab 的数值求解可以得到满足一定精度要求的数值解，从而能更好地解决实际应用问题，以下将分别进行介绍. Matlab 软件具体使用方法可参考本书的附录 A.

函数　dsolve

格式 r = dsolve('eq1,eq2,…','cond1,cond2,…','v')

说明：对给定的常微分方程（组）eq1,eq2,…中指定的符号自变量 v，与给定的边界条件和初始条件 cond1,cond2,…求符号解（即解析解）r；若没有指定变量 v，则缺省变量为 t；在微分方程（组）的表达式 eq 中，大写字母 D 表示自变量（设为 x）的微分算子：D=d/dx，D2=d2/dx2，…. 微分算子 D 后面的字母则表示因变量，即待求解的

未知函数.初始和边界条件由字符串表示:$y(a)=b, Dy(c)=d, D2y(e)=f$,等等,分别表示 $y(x)|_{x=a}=b, y'(x)|_{x=c}=d, y''(x)|_{x=e}=f$;若边界条件少于方程(组)的阶数,则返回的结果 r 中会出现任意常数 $C1, C2, \cdots$;dsolve 命令最多可以接受 12 个输入参量(包括方程组与定解条件个数,当然可以做到输入的方程个数多于 12 个,只要将多个方程置于一字符串内即可).若没有给定输出参量,则在命令窗口显示解列表.若用该命令找不到解析解,则返回一警告信息,同时返回一空的 sym 对象.这时,用户可以用命令 ode23 或 ode45 求解方程组的数值解.

例 7.8.1 试运行以下命令:

```
>> D1= dsolve('D2y- Dy= exp(x)')
```

计算结果为:

```
D1 = - exp(x)* t+ C1+ C2* exp(t)          % 以 t 作为自变量
>> D2 = dsolve('Dy = a* y', 'y(0) = b')    % 带一个定解条件
```

计算结果为:

```
D2 =
b* exp(a* t)                               % 以 t 作为自变量
>> [x,y] = dsolve('Dx = y', 'Dy = - x')    % 求解线性微分方程组
```

计算结果为:

```
x = - C1* cos(t)+ C2* sin(t)
y = C1* sin(t)+ C2* cos(t)
```

例 7.8.2 求方程 $\dfrac{dy}{dx} - \dfrac{2y}{x+1} = (x+1)^{\frac{5}{2}}$ 的通解.

解 在命令窗口输入:

```
D= dsolve('Dy- 2* y/(x+ 1)= (x+ 1)^(5/2)','x')
```

回车后可得:

```
D =
1/3* (2* (x+ 1)^(3/2)+ 3* C1)* (x+ 1)^2
```

即

$$y = (x+1)^2 \left(\frac{2}{3}(x+1)^{\frac{3}{2}} + C\right)$$

例 7.8.3 求微分方程 $(1+x^2)y'' = 2xy'$ 满足初始条件 $y(0)=1, y'(0)=3$ 的特解.

解 在命令窗口输入:

```
D= dsolve('D2y- 2* x/(x^2+ 1)* Dy= 0','y(0)= 1','Dy(0)= 3','x')
```

回车后可得:

```
D =
1+ x^3+ 3* x
```

例 7.8.4 求微分方程 $y^{(4)}-2y'''+5y''=0$ 的通解.

解 在命令窗口输入:

```
D= dsolve('D4y- 2* D3y+ 5* D2y= 0','x')
```

回车后可得:

```
D =
C1+ C2* x+ C3* exp(x)* sin(2* x)+ C4* exp(x)* cos(2* x)
```

例 7.8.5 求微分方程 $y''+y=x\cos 2x$ 的通解.

解 在命令窗口输入:

```
D= dsolve('D2y+ y= x* cos(2* x)','x')
```

回车后可得:

```
D =
sin(x)* C2+ cos(x)* C1- 1/3* x* cos(2* x)+ 4/9* sin(2* x)
```

本 章 小 结

一、内容纲要

$$\text{微分方程与差分方程}\begin{cases}\text{微分方程的基本概念}\begin{cases}\text{定义}\\\text{方程的阶}\\\text{解与通解、初始条件与特解}\end{cases}\\\text{一阶微分方程}\begin{cases}\text{可分离变量方程}\\\text{一阶齐次方程}\\\text{一阶线性微分方程}\end{cases}\\\text{二阶微分方程}\begin{cases}\text{可降阶的二阶微分方程}\begin{cases}y''=f(x)\text{型}\\y''=f(x,y')\text{型}\\y''=f(y,y')\text{型}\end{cases}\\\text{二阶常系数线性微分方程}\begin{cases}\text{二阶常系数齐次线性微分方程}\\\text{二阶常系数非齐次线性微分方程}\end{cases}\end{cases}\\\text{差分方程}\begin{cases}\text{差分及差分方程的定义}\\\text{一阶常系数线性差分方程}\begin{cases}\text{齐次差分方程的解法}\\\text{非齐次差分方程的解法}\end{cases}\end{cases}\\\text{微分方程与差分方程在经济学中的应用、Matlab 软件简单应用}\end{cases}$$

二、部分重难点分析

（1）微分方程求解的特点是各种类型的微分方程都有自己特定的解法. 因此, 需要正确判断方程的类型. 一般可按如下步骤来解题：

① 分析方程的特点；

② 判别方程类型；

③ 找出相应的特定求解方法.

有的一阶微分方程可能属于多种类型, 也就有多种不同的解法；也有些方程从表面上看并不属于我们学习过的类型, 但通过变形或变量代换, 或把 y 看作自变量等方法可以化为我们熟悉的类型.

（2）对于二阶非线性微分方程的求解, 基本的思路就是降阶, 通过变量代换化为一阶微分方程来求解. 这样的一种思路对于更高阶的某些方程也适用. 但特别要注意方程 $y''=f(x,y')$ 与 $y''=f(y,y')$ 所作变换的差异.

（3）对于二阶常系数线性齐次微分方程的通解可利用特征方程的根及对应的三种情况下的通解来得到. 而求二阶常系数线性非齐次微分方程通解的关键是求其特解. 对形如 $y''+py'+qy=f(x)$ 中的 $f(x)$ 具有两种形式的表达式时对应的特解形式如下：

① 当 $f(x)=\mathrm{e}^{\lambda x}P_m(x)$ 形式时, 可令特解 $y^*=x^k Q_m(x)\mathrm{e}^{\lambda x}$. 当 λ 不是特征根、是特征单根、特征二重根时, k 分别取 $0,1,2$（$P_m(x)$ 与 $Q_m(x)$ 表示 m 次多项式）.

② 当 $f(x)=P_m(x)\mathrm{e}^{\lambda x}\cos\omega x$ 或 $f(x)=P_m(x)\mathrm{e}^{\lambda x}\sin\omega x$ 或 $f(x)=\mathrm{e}^{\lambda x}[P_l(x)\cos\omega x+P_n(x)\sin\omega x]$ 形式时, 可令特解 $y^*=x^k\mathrm{e}^{\lambda x}[R_m^{(1)}(x)\cos\omega x+R_m^{(2)}(x)\sin\omega x]$. 当 $\lambda\pm i\omega$ 不是特征根、是特征单根时, k 分别取 $0,1$. 特别当 $f(x)=\mathrm{e}^{\lambda x}[P_l(x)\cos\omega x+P_n(x)\sin\omega x]$ 形式时, 特解的形式不变, 只是 $m=\max\{l,n\}$, $R_m^{(1)}(x)$ 与 $R_m^{(2)}(x)$ 是两个不同的 m 次多项式（其中 $P_m(x),R_m^{(1)}(x),R_m^{(2)}(x)$ 表示 m 次多项式；$P_l(x),P_n(x)$ 分别表示 l,n 次多项式）.

（4）对差分与差分方程的理解, 要注意其与微分方程的区别. 对于一阶常系数非齐次线性差分方程的求解, 要注意其特解的形式. 形如 $y_{t+1}-Py_t=f(t)$ 方程中 $f(t)=b^t P_m(t)$ 形式时, 可令其特解形式为 $y_t^*=t^k b^t Q_m(t)$, 当 b 不是特征根、是特征根时, k 分别取 $0,1$.

（5）微分方程与差分方程在经济学中的应用对初学者而言是比较困难的. 读者需仔细阅读并品味教材中的例题, 并完成少量的习题, 使自己有初步的了解.

复习题 7

一、填空题

1. 微分方程 $xy'''+2x^2y'^2+x^3y=x^4+1$ 是 _____ 阶微分方程.

2. 三阶微分方程的通解中含有_____个相互独立的任意常数.

3. 微分方程 $y'+y\tan x=\cos x$ 的通解为_____.

4. 微分方程 $\dfrac{dy}{dx}=2xy$ 的通解为_____.

5. 与积分方程 $y=\int_{x_0}^{x}f(x,y)dx$ 等价的微分方程的初值问题是_____.

6. 已知 e^x、e^{-x} 都是线性微分方程 $y''-y=0$ 的两个解,则该微分方程的通解可为_____.

7. 差分方程 $y_x-6y_{x-1}=0$ 满足初始条件 $y_0=5$ 的特解为_____.

二、选择题

1. 微分方程 $xy'+y=\sqrt{x^2+y^2}$ 是( ).
   A. 可分离变量的微分方程　　　　B. 齐次微分方程
   C. 一阶线性齐次微分方程　　　　D. 一阶线性非齐次微分方程

2. 微分方程通解中独立的任意常数的个数等于( ).
   A. 方程的次数　　B. 方程解的个数　　C. 方程的阶数　　D. 不能确定

3. 函数 $y=C_1 e^{2x+C_2}$ 是微分方程 $y''-y'-2y=0$ 的( ).
   A. 通解　　　　　　B. 特解
   C. 不是解　　　　　D. 是解,但既不是通解,也不是特解

4. 设线性无关的函数 y_1,y_2,y_3 都是二阶非齐次线性微分方程 $y''+p(x)y'+q(x)y=f(x)$ 的解,C_1,C_2 是任意常数,则该方程的通解是( ).
   A. $C_1 y_1+C_2 y_2+y_3$
   B. $C_1 y_1+C_2 y_2-(C_1+C_2)y_3$
   C. $C_1 y_1+C_2 y_2-(1-C_1-C_2)y_3$
   D. $C_1 y_1+C_2 y_2+(1-C_1-C_2)y_3$

5. 在下列函数中,微分方程 $y''+y=0$ 的解是( ).
   A. $y=1$　　　B. $y=x$　　　C. $y=\sin x$　　　D. $y=e^x$

6. 求方程 $yy''-y'^2=0$ 的通解时,可( ).
   A. 令 $y'=P$,则 $y''=P'$
   B. 令 $y'=P$,则 $y''=P\dfrac{dP}{dy}$
   C. 令 $y'=P$,则 $y''=P\dfrac{dP}{dx}$
   D. 令 $y'=P$,则 $y''=P'\dfrac{dP}{dx}$

7. 方程 $y''-6y'+9y=(x+1)e^{3x}$ 的特解形式为(式中 a,b 为任意常数)( ).
   A. $(ax+b)e^{3x}$　　B. $x(ax+b)e^{3x}$　　C. $x^2(ax+b)e^{3x}$　　D. $(x+1)e^{3x}$

8. 方程 $7y_{x+4}-5y_{x-1}=12x^6$ 是( )差分方程.
   A. 三阶　　　　B. 四阶　　　　C. 五阶　　　　D. 六阶

三、计算题

1. 求微分方程 $x\dfrac{dy}{dx}+y=xe^x$ 的通解.

2. 求微分方程 $xy\dfrac{dy}{dx}=x^2+y^2$ 满足初始条件 $y|_{x=e}=2e$ 的特解.

3. 设 $f(x)$ 可微且满足关系式 $\int_0^x [2f(t)-1]dt = f(x)-1$,求 $f(x)$.

4. 求解初值问题 $\begin{cases} y''-4y'+3y=0, \\ y(0)=6, y'(0)=10. \end{cases}$

5. 求微分方程 $2y''+y'-y=2e^x$ 的通解.

6. 求下列微分方程的通解.

(1) $y''-4y'-5y=0$; (2) $y''-4y'-5=0$;

(3) $y''-4y'+4y=x^2 e^{2x}$; (4) $y''+y'-2y=8\sin 2x$.

7. 求下列差分方程的通解.

(1) $2y_{t+1}-3y_t=0$; (2) $y_t+y_{t-1}=0$;

(3) $y_{t+1}-4y_t=3$; (4) $y_{x+1}+4y_x=2x^2+x+1$;

(5) $y_{t+1}-y_t=t \cdot 2^t$; (6) $\Delta^2 y_x - \Delta y_x - 2y_x = x$.

8. 求差分方程 $2y_{x+1}-5y_x=0$ 在 $y_0=3$ 初始条件下的特解.

9. 已知某商品的需求量对价格的弹性为 $\eta=-3P^2$,而市场对该商品的最大需求量为 1 万件,求需求函数.

10. 设 C_t 为 t 时期的消费,y_t 为 t 时期的国民收入,I 为投资(各期相同),设有关系式

$$C_t = ay_{t-1}+b, \quad y_t = C_t + I,$$

其中 a,b 为正常数,且 $a<1$,若基期(即初始时期)的国民收入 y_0 为已知,试求 C_t, y_t 表示为 t 的函数关系式.

第 8 章　向量代数与空间解析几何

解析几何的基本思想是用代数的方法研究空间的几何问题.前面所介绍的"一元函数""微积分"是建立在平面解析几何基础上的,后面我们将学习"多元函数微积分"的知识,而空间解析几何知识是学习多元函数微积分的重要基础.本章先建立空间直角坐标系,引进向量的概念及其运算,并利用向量来讨论空间的平面和直线,最后讨论空间曲面、曲线的一般方程和二次曲面的方程与图形.

8.1　空间直角坐标系

8.1.1　空间直角坐标系

过空间的某一定点 O,作三条两两相互垂直的数轴,它们都以 O 为原点且具有相同的长度单位,分别称这三条数轴为 x 轴(横轴)、y 轴(纵轴)和 z 轴(竖轴),它们的正方向符合右手法则,即右手的四个手指从 x 轴的正向转过 $\dfrac{\pi}{2}$ 角度后指向 y 轴的正向时,竖起的大拇指的指向就是 z 轴的正向,如图 8.1.1 所示.这样的三条坐标轴就构成了空间直角坐标系,称为 $Oxyz$ 直角坐标系,点 O 称为该坐标系的原点.

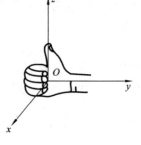

图 8.1.1

取定了空间直角坐标系,就可以利用三个有序数来确定空间点的位置.设 M 为空间任意一点,过 M 作三个平面分别垂直于 x 轴、y 轴和 z 轴,它们的交点分别为 P、Q、R,这三点在 x 轴、y 轴和 z 轴上坐标分别为 x、y、z,于是空间一点 M 唯一地确定了一个有序数组 x、y、z.反过来,对给定的有序数组 x、y、z,可以在 x 轴上取坐标为 x 的点 P,在 y 轴上取坐标为 y 的点 Q,在 z 轴上取坐标为 z 的点 R,过点 P、Q、R 分别作垂直于 x 轴、y 轴和 z 轴的三个平面.这三个平面的交点 M 就是由有序数组确定的唯一的点,如图 8.1.2 所示.这样,空间的点 M 与一组有序数 (x,y,z) 之间建立了一一对应关系,有序数组 (x,y,z) 就称为点 M 的坐标,并依次称 (x,y,z) 为点 M 的横坐标、纵坐标、竖坐标,记为 $M(x,y,z)$.显然,原点 O 的坐标为 $(0,0,0)$;点 P 的坐标为 $(x,0,0)$;点 Q 的坐标为 $(0,y,0)$;点 R 的坐标为 $(0,0,z)$.

三条坐标轴中每两条可以确定一个平面,称为坐标面.由 x 轴和 y 轴确定的坐标面简称为 xOy 面,由 y 轴和 z 轴确定的坐标面简称为 yOz 面,由 x 轴和 z 轴确定的坐标面简称为 xOz 面.这三个坐标面将空间分成 8 部分,每一部分叫做一个卦限,如图 8.1.3 所示,这 8 个卦限分别用罗马数字 Ⅰ、Ⅱ、…、Ⅷ表示,第 Ⅰ、Ⅱ、Ⅲ、Ⅳ 卦限均在 xOy 面的上方,按逆时针方向排定,第 Ⅴ、Ⅵ、Ⅶ、Ⅷ 卦限均在 xOy 面的下方,也按逆时针方向排定,它们依次分别在第 Ⅰ、Ⅱ、Ⅲ、Ⅳ 卦限的下方.每个卦限中点的坐标符号为:

Ⅰ $(+,+,+)$ Ⅱ $(-,+,+)$ Ⅲ $(-,-,+)$ Ⅳ $(+,-,+)$
Ⅴ $(+,+,-)$ Ⅵ $(-,+,-)$ Ⅶ $(-,-,-)$ Ⅷ $(+,-,-)$

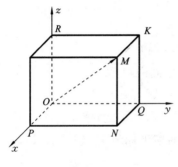

图 8.1.2

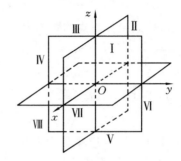

图 8.1.3

坐标面和坐标轴上的点的坐标也具有一定特征:x 轴上点的坐标为 $(x,0,0)$,y 轴上点的坐标为 $(0,y,0)$,z 轴点的坐标为 $(0,0,z)$;xOy 面上点的坐标为 $(x,y,0)$;yOz 面上点的坐标为 $(0,y,z)$,xOz 面上点的坐标为 $(x,0,z)$.

例 8.1.1 求点 (x_0,y_0,z_0) 关于(1)xOy 面;(2)z 轴;(3)坐标原点;(4)点 (a,b,c) 对称点的坐标.

解 设所求对称点的坐标为 (x,y,z),则

(1) $x=x_0, y=y_0, z+z_0=0$,即所求点的坐标为 $(x_0,y_0,-z_0)$;

(2) $x+x_0=0, y+y_0=0, z=z_0$,即所求点的坐标为 $(-x_0,-y_0,z_0)$;

(3) $x+x_0=0, y+y_0=0, z+z_0=0$,即所求点的坐标为 $(-x_0,-y_0,-z_0)$;

(4) $\dfrac{x+x_0}{2}=a, \dfrac{y+y_0}{2}=b, \dfrac{z+z_0}{2}=c$,即所求点的坐标为 $(2a-x_0, 2b-y_0, -2z_0)$.

8.1.2 空间两点间的距离

设 $M_1(x_1,y_1,z_1), M_2(x_2,y_2,z_2)$ 为空间两点,过这两点分别作 3 个垂直于坐标轴的平面,这 6 个平面围成一个以 M_1、M_2 为对角线的长方体,如图 8.1.4 所示.

由于 $\triangle M_1NM_2$，$\triangle M_1PN$ 为直角三角形，由勾股定理得

$$|M_1M_2|^2 = |M_1N|^2 + |NM_2|^2$$
$$= |M_1P|^2 + |PN|^2 + |NM_2|^2$$

而

$$|M_1P| = |P_1P_2| = |x_2 - x_1|$$
$$|NP| = |Q_1Q_2| = |y_2 - y_1|$$
$$|NM_2| = |R_1R_2| = |z_2 - z_1|$$

因此，便得到空间两点间的距离公式

$$|M_1M_2| = \sqrt{(x_2-x_1)^2 + (y_2-y_1)^2 + (z_2-z_1)^2}$$

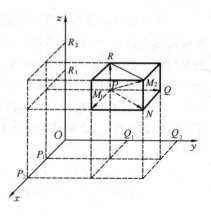

图 8.1.4

特别地，点 M 到坐标原点的距离为

$$|OM| = \sqrt{x^2 + y^2 + z^2}$$

例 8.1.2 求 $M_1(1,0,-2)$，$M_2(3,-2,1)$ 之间的距离.

解 由上述公式得

$$|M_1M_2| = \sqrt{(3-1)^2 + (-2-0)^2 + (1-(-2))^2} = \sqrt{17}$$

例 8.1.3 在 xOy 坐标面上找一点，使它的横坐标为 1，且与点 $A(1,-2,2)$ 和点 $B(2,-1,-4)$ 等距离.

解 因为所求点 M 在 xOy 坐标面上且横坐标为 1，故可设其坐标为 $(1,y,0)$. 依题意，有

$$|MA| = |MB|$$

即

$$\sqrt{(1-1)^2 + (y+2)^2 + (0-2)^2} = \sqrt{(1-2)^2 + (y+1)^2 + (0+4)^2}$$

解得

$$y = 5$$

故所求点为 $M(1,5,0)$.

习 题 8.1

1. 在空间直角坐标系中，指出下列各点在哪个卦限？

   点 $A(-1,2,1)$； 点 $B(3,-2,5)$； 点 $C(4,1,-6)$； 点 $D(-2,3,-1)$

2. 求点 $M(4,-3,5)$ 关于各坐标面及原点对称的点的坐标.

3. 在 z 轴上求与点 $A(3,-1,1)$ 和点 $B(0,2,4)$ 等距离的点.

4. 试证明以点 $A(4,1,9)$，点 $B(10,-1,6)$，点 $C(2,4,3)$ 为顶点的三角形是等腰直角三角形.

8.2 向量及其线性运算

8.2.1 向量的概念

有一些物理量,如力、位移、速度、加速度等,它们除有大小外还有方向,这种既有大小又有方向的量称为向量(或矢量). 有些量,如长度、面积、重量、距离、温度等,这种只有大小的量称为数量(或标量).

向量经常用一条带有方向的线段表示,如 $\overrightarrow{AB}$, $\overrightarrow{CD}$,其中 A, C 为起点,B, D 为终点. 有时也用黑色字母来表示,如 $\boldsymbol{a}$, $\boldsymbol{b}$, $\boldsymbol{c}$, $\boldsymbol{f}$ 等,也可在上方加上箭头 $\vec{a}, \vec{b}, \vec{c}, \vec{f}$. 由定义可知,向量的两个要素是大小和方向,向量的大小称为向量的模,向量 $\overrightarrow{AB}$, $\boldsymbol{a}$ 的模分别记为 $|\overrightarrow{AB}|$, $|\boldsymbol{a}|$. 模为 1 的向量称为单位向量,记为 $\overrightarrow{AB^0}$, $\vec{a}^0$;模为零的向量称为零向量,记为 $\boldsymbol{0}$,它的起点与终点重合,方向可以取任意方向.

对于向量,如果只考虑其大小和方向,不考虑其起点,此时向量可以平行地自由移动,这种向量称为自由向量. 因此,如果两向量 $\boldsymbol{a}$, $\boldsymbol{b}$ 的大小相等,相互平行且指向相同,就称它们是相等的,记为 $\boldsymbol{a} = \boldsymbol{b}$. 若线段 AB 与 MN 平行,则称向量 $\overrightarrow{AB}$ 与 $\overrightarrow{MN}$ 平行或共线,记为 $\overrightarrow{AB} /\!/ \overrightarrow{MN}$.

以坐标原点 O 为起点,向一个点 M 作向量 $\overrightarrow{OM}$,则这个向量叫做点 M 对于点 O 的向径,常用黑体字母 $\boldsymbol{r}$ 表示.

8.2.2 向量的加减法

定义 8.2.1 设有两个非零向量 $\boldsymbol{a}$, $\boldsymbol{b}$,平移 $\boldsymbol{a}$, $\boldsymbol{b}$ 使其起点重合,并以 $\boldsymbol{a}$, $\boldsymbol{b}$ 为邻边作平行四边形(见图 8.2.1),则由始点到对顶点的向量定义为 $\boldsymbol{a}$, $\boldsymbol{b}$ 之和,记为 $\boldsymbol{a} + \boldsymbol{b}$,这就是向量加法的平行四边形法则.

如果向量 $\boldsymbol{a}$ 与 $\boldsymbol{b}$ 平行,当它们的方向相同时,则规定 $\boldsymbol{c} = \boldsymbol{a} + \boldsymbol{b}$ 是一个与 $\boldsymbol{a}$, $\boldsymbol{b}$ 同向的向量,且 $|\boldsymbol{c}| = |\boldsymbol{a}| + |\boldsymbol{b}|$;若它们的方向相反且 $|\boldsymbol{a}| \geq |\boldsymbol{b}|$ ($|\boldsymbol{a}| \leq |\boldsymbol{b}|$),则规定 $\boldsymbol{c} = \boldsymbol{a} + \boldsymbol{b}$ 与 $\boldsymbol{a}$ 同向(与 $\boldsymbol{b}$ 同向),且 $|\boldsymbol{c}| = |\boldsymbol{a}| - |\boldsymbol{b}|$ ($|\boldsymbol{c}| = |\boldsymbol{b}| - |\boldsymbol{a}|$).

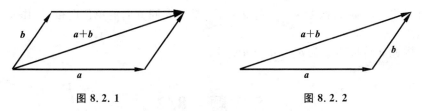

图 8.2.1   图 8.2.2

由于向量可以平行移动,因此也可以用另一法则来定义 $\boldsymbol{a}$ 与 $\boldsymbol{b}$ 之和:将 $\boldsymbol{b}$ 平行移动使其始点与 $\boldsymbol{a}$ 的终点重合,则由 $\boldsymbol{a}$ 的始点到 $\boldsymbol{b}$ 的终点的向量叫做 $\boldsymbol{a}$, $\boldsymbol{b}$ 之和,这种方法称为向量加法的三角形法则(见图 8.2.2). 这个法则可以推广到求任意有限个向量之和,如图 8.2.3 所示.

容易验证,向量加法有以下规则.
(1) 交换律:$a+b=b+a$;
(2) 结合律:$(a+b)+c=a+(b+c)$.

由图 8.2.1 和图 8.2.4 很容易验证以上规则.

向量的减法:$a-b=a+(-b)$(可转换成向量的加法).

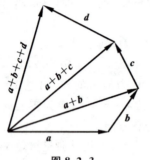

图 8.2.3   图 8.2.4

8.2.3 向量与数的乘法

定义 8.2.2 实数 λ 与向量 a 的乘积 λa 仍是一个向量.其模为
$$|\lambda a|=|\lambda||a|$$
λa 的方向:当 $\lambda>0$ 时,与 a 同向;当 $\lambda<0$ 时,与 a 反向.数 λ 与向量 a 的这种运算称为数乘向量.若 a 为零向量,则规定 $\lambda 0=0$.

向量与数的乘积满足下列规律(λ,μ 为实数):
(1) $\lambda(\mu a)=(\lambda\mu)a$;
(2) $(\lambda+\mu)a=\lambda a+\mu a$;
(3) $\lambda(a+b)=\lambda a+\lambda b$.

这些规律都比较明显,证明从略.

对于非零向量 a,取 $\lambda=\dfrac{1}{|a|}$,则 $\lambda a=\dfrac{a}{|a|}$ 是与 a 同方向的单位向量,记作 a^0,即 $a^0=\dfrac{a}{|a|}$.因此 a 可以表示为 $a=|a|\cdot a^0$.

习 题 8.2

1. a,b 均为非零向量,下列各式在什么条件下成立:
(1) $|a+b|=|a-b|$;   (2) $|a+b|=|a|+|b|$;

(3) $|a+b|=||a|-|b||$; (4) $\dfrac{a}{|a|}=\dfrac{b}{|b|}$.

2. 求证三角形两边中点连线平行于第三边且等于第三边的一半.

3. 已知平行四边形 $ABCD$, 设 $\overrightarrow{AB}=a, \overrightarrow{AD}=b$, 试用 a,b 表示向量 $\overrightarrow{MA}, \overrightarrow{MB}, \overrightarrow{MC}, \overrightarrow{MD}$, 这里的 M 是平行四边形对角线的交点.

8.3 向量的坐标表达式

8.3.1 向量的坐标

前面从几何角度讨论了向量及其运算. 为了更好地发挥向量这一工具的作用, 我们引入向量的坐标表达式, 以便用代数的方法来讨论向量及其运算.

建立空间直角坐标系, 将向量的起点置于原点, 设终点为 M, M 点的坐标为 (x,y,z), 过点 M 作三个平面分别垂直于 x 轴, y 轴, z 轴, 如图 8.3.1 所示, 则 A、B、C 的坐标分别为 $A(x,0,0)$、$B(0,y,0)$、$C(0,0,z)$.

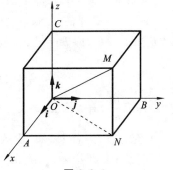

图 8.3.1

由向量的加法知:
$$\overrightarrow{OM}=\overrightarrow{ON}+\overrightarrow{NM}$$
由于 $\overrightarrow{ON}=\overrightarrow{OA}+\overrightarrow{OB}$, $\overrightarrow{NM}=\overrightarrow{OC}$,
故 $\overrightarrow{OM}=\overrightarrow{OA}+\overrightarrow{OB}+\overrightarrow{OC}$

其中, 向量 $\overrightarrow{OA},\overrightarrow{OB},\overrightarrow{OC}$ 分别叫做向量 $\overrightarrow{OM}$ 在 x 轴, y 轴, z 轴上的分向量.

设 i,j,k 分别为沿 x 轴, y 轴, z 轴正向的单位向量(称为这一坐标系中的基本单位向量). 由于 $\overrightarrow{OA}=xi, \overrightarrow{OB}=yj, \overrightarrow{OC}=zk$, 故
$$\overrightarrow{OM}=xi+yj+zk$$
称上式为向量的坐标表达式, 简记为
$$\overrightarrow{OM}=\{x,y,z\}$$
x,y,z 也称为向量 $\overrightarrow{OM}$ 的坐标, 显然
$$\mathbf{0}=\{0,0,0\} \quad i=\{1,0,0\}$$
$$j=\{0,1,0\} \quad k=\{0,0,1\}$$

为了方便, 对向量 a, 记为 $\{a_x,a_y,a_z\}$, 即 $a=a_xi+a_yj+a_zk$. 其中 a_xi,a_yj,a_zk 依次称为 a 在 x 轴, y 轴, z 轴上的分向量.

设 $a=\{a_x,a_y,a_z\}, b=\{b_x,b_y,b_z\}$, 则
$$a+b=\{a_x+b_x,a_y+b_y,a_z+b_z\}=(a_x+b_x)i+(a_y+b_y)j+(a_z+b_z)k;$$
$$a-b=\{a_x-b_x,a_y-b_y,a_z-b_z\}=(a_x-b_x)i+(a_y-b_y)j+(a_z-b_z)k;$$

$$\lambda \boldsymbol{a} = \{\lambda a_x, \lambda a_y, \lambda a_z\} = \lambda a_x \boldsymbol{i} + \lambda a_y \boldsymbol{j} + \lambda a_z \boldsymbol{k} \quad (\lambda \text{ 为实数}).$$

例 8.3.1 给定点 $M_1(x_1, y_1, z_1), M_2(x_2, y_2, z_2)$,求向量 $\overrightarrow{M_1M_2}$ 的坐标.

解 作向量 $\overrightarrow{OM_1}, \overrightarrow{OM_2}$,则有

$$\overrightarrow{M_1M_2} = \overrightarrow{OM_2} - \overrightarrow{OM_1} = \{x_2, y_2, z_2\} - \{x_1, y_1, z_1\}$$
$$= \{x_2 - x_1, y_2 - y_1, z_2 - z_1\} \text{(见图 8.3.2)}$$

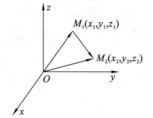

图 8.3.2

例 8.3.2 设 $\boldsymbol{a} = \boldsymbol{i} + 2\boldsymbol{j} - 3\boldsymbol{k}, \boldsymbol{b} = 2\boldsymbol{i} - \boldsymbol{j} + 5\boldsymbol{k}$,求 $\boldsymbol{a} + \boldsymbol{b}$, $\boldsymbol{a} - \boldsymbol{b}, 2\boldsymbol{a}$.

解 依题意有 $\boldsymbol{a} = \{1, 2, -3\}, \boldsymbol{b} = \{2, -1, 5\}$,故

$$\boldsymbol{a} + \boldsymbol{b} = \{1+2, 2-1, -3+5\} = \{3, 1, 2\}$$
$$\boldsymbol{a} - \boldsymbol{b} = \{1-2, 2-(-1), -3-5\} = \{-1, 3, -8\}$$
$$2\boldsymbol{a} = 2\{1, 2, -3\} = \{2, 4, -6\}$$

定理 1 设 $\boldsymbol{a}, \boldsymbol{b}$ 是两个向量,且 $\boldsymbol{a} \neq \boldsymbol{0}$,则 $\boldsymbol{a} // \boldsymbol{b} \Leftrightarrow$ 存在实数 λ 使 $\boldsymbol{b} = \lambda \boldsymbol{a}$.

证明 (必要性) 设 $\boldsymbol{a} // \boldsymbol{b}$,若 $\boldsymbol{b} = \boldsymbol{0}$,则取 $\lambda = 0$,有 $\boldsymbol{b} = 0 \cdot \boldsymbol{a} = \lambda \boldsymbol{a}$;若 $\boldsymbol{b} \neq \boldsymbol{0}$,向量 $\boldsymbol{a} // \boldsymbol{b}$ 知 $\boldsymbol{a}^0 // \boldsymbol{b}^0$,即 $\boldsymbol{b}^0 = \pm \boldsymbol{a}^0$,故

$$\frac{\boldsymbol{b}}{|\boldsymbol{b}|} = \pm \frac{\boldsymbol{a}}{|\boldsymbol{a}|}, \quad \boldsymbol{b} = \pm \frac{|\boldsymbol{b}|}{|\boldsymbol{a}|} \boldsymbol{a}$$

取 $\lambda = \pm \frac{|\boldsymbol{b}|}{|\boldsymbol{a}|}$,有 $\boldsymbol{b} = \lambda \boldsymbol{a}$.

(充分性) 若 $\boldsymbol{b} = \lambda \boldsymbol{a}$,由数乘定义知 $\boldsymbol{a} // \boldsymbol{b}$.

推论 1 设 $\boldsymbol{a} = \{a_x, a_y, a_z\} \neq \boldsymbol{0}, \boldsymbol{b} = \{b_x, b_y, b_z\}$,则

$$\boldsymbol{a} // \boldsymbol{b} \Leftrightarrow \frac{a_x}{b_x} = \frac{a_y}{b_y} = \frac{a_z}{b_z}$$

8.3.2 向量的模与方向余弦

设 $\boldsymbol{a} = \overrightarrow{OM} = \{x, y, z\}$,则由两点间的距离公式得

$$|\overrightarrow{OM}| = \sqrt{x^2 + y^2 + z^2}$$

即向量的模等于它的坐标平方和的平方根. 对于 $\boldsymbol{a}$ 的起点不在原点的情况同样适用.

为了表示如图 8.3.3 所示向量的方向,把向量 $\overrightarrow{OM}$ 与 x 轴,y 轴,z 轴正向的夹角分别记为 α, β, γ ($0 \leq \alpha, \beta, \gamma \leq \pi$) 称为向量 $\overrightarrow{OM}$ 的**方向角**,把 $\cos\alpha, \cos\beta, \cos\gamma$ 称为向量 $\overrightarrow{OM}$ 的**方向余弦**.

在图 8.3.3 中,由直角三角形 OAM、OBM、OCM 知,对 $\overrightarrow{OM} = \{x, y, z\}$ 有

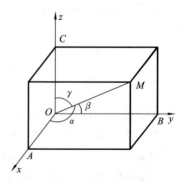

图 8.3.3

$$\begin{cases} x = \sqrt{x^2+y^2+z^2}\cos\alpha \\ y = \sqrt{x^2+y^2+z^2}\cos\beta \\ z = \sqrt{x^2+y^2+z^2}\cos\gamma \end{cases} \Rightarrow \begin{cases} \cos\alpha = \dfrac{x}{\sqrt{x^2+y^2+z^2}} \\ \cos\beta = \dfrac{y}{\sqrt{x^2+y^2+z^2}} \\ \cos\gamma = \dfrac{z}{\sqrt{x^2+y^2+z^2}} \end{cases}$$

由此可推出：

$$\cos^2\alpha + \cos^2\beta + \cos^2\gamma = 1$$

$$\{\cos\alpha, \cos\beta, \cos\gamma\} = \dfrac{\overrightarrow{OM}}{|\overrightarrow{OM}|} = \overrightarrow{OM}^0$$

对任一向量 $\boldsymbol{a} = \{a_x, a_y, a_z\}$，易知其方向余弦为

$$\cos\alpha = \dfrac{a_x}{\sqrt{a_x^2+a_y^2+a_z^2}} \quad \cos\beta = \dfrac{a_y}{\sqrt{a_x^2+a_y^2+a_z^2}} \quad \cos\gamma = \dfrac{a_z}{\sqrt{a_x^2+a_y^2+a_z^2}}$$

例 8.3.3 已知两点 $M_1(4,\sqrt{2},1)$ 和 $M_2(3,0,2)$，计算向量 $\overrightarrow{M_1M_2}$ 的模、方向余弦和方向角.

解
$$\overrightarrow{M_1M_2} = \{3-4, 0-\sqrt{2}, 2-1\} = \{-1, -\sqrt{2}, 1\}$$
$$|\overrightarrow{M_1M_2}| = \sqrt{(-1)^2+(-\sqrt{2})^2+1^2} = 2$$

所以

$$\cos\alpha = \dfrac{-1}{2} = -\dfrac{1}{2}, \quad \cos\beta = \dfrac{-\sqrt{2}}{2} = -\dfrac{\sqrt{2}}{2}, \quad \cos\gamma = \dfrac{1}{2}$$

$$\alpha = \dfrac{2\pi}{3}, \quad \beta = \dfrac{3\pi}{4}, \quad \gamma = \dfrac{\pi}{3}$$

习 题 8.3

1. 给定点 $M_1(2,1,\sqrt{2}), M_2(4,3,0)$，试用坐标表示向量 $\overrightarrow{M_1M_2}$ 及 $-\overrightarrow{M_1M_2}$.
2. 已知向量 $\boldsymbol{a} = \{2,3,-1\}, \boldsymbol{b} = \{1,5,2\}, \boldsymbol{c} = \{4,-2,1\}$，求
   (1) $2\boldsymbol{a} - 3\boldsymbol{b} + \boldsymbol{c}$；   (2) $\lambda\boldsymbol{a} + \mu\boldsymbol{b}$（$\lambda, \mu$ 是常数）.
3. 求平行于向量 $\boldsymbol{a} = \{6,7,-6\}$ 的单位向量.
4. 设向量 $\boldsymbol{a} = m\boldsymbol{i} + 2\boldsymbol{j} - 3\boldsymbol{k}$ 与 $\boldsymbol{b} = 2\boldsymbol{i} + 4\boldsymbol{j} + n\boldsymbol{k}$ 平行，求系数 m 和 n.
5. 设点 A 位于第一卦限，向径 $\overrightarrow{OA}$ 与 x 轴，y 轴的夹角依次为 $\dfrac{\pi}{3}, \dfrac{\pi}{4}$，且 $|\overrightarrow{OA}| = 6$，求点 A 的坐标.

8.4 向量间的乘法

8.4.1 向量的数量积

设一物体在常力 F 作用下沿直线从点 M_1 移动到 M_2,以 s 表示位移 $\overrightarrow{M_1M_2}$.由物理学知识知,力 F 所做的功为
$$W=|F|\cdot|s|\cos\theta$$
其中,θ 为 F 与 s 的夹角.由于这样的算式还会出现在许多科学问题中,因此引入如下的关于两向量的数量积的概念.

定义 8.4.1 设 a,b 是两向量,θ 为 a 与 b 的夹角,记 a 与 b 的数量积为 $a\cdot b$,且 $a\cdot b=|a||b|\cos\theta$.向量的数量积又称为**点积**或**内积**.

显然,对于任意向量 a,有 $a\cdot 0=0\cdot a=0$,定义中的因子 $|a|\cos\theta$ 叫做向量 a 在向量 b 上的投影,记作 $\text{Prj}_b a$,即 $\text{Prj}_b a=|a|\cos\theta$.同样,因子 $|b|\cos\theta$ 叫做向量 b 在向量 a 上的投影,记为 $\text{Prj}_a b$,即 $\text{Prj}_a b=|b|\cos\theta$(见图 8.4.1).

由数量积的定义知
$$\text{Prj}_a b=|b|\cos\theta=\frac{a\cdot b}{|a|}$$

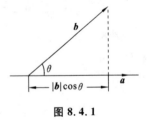

图 8.4.1

注意:两向量的数量积是一个数量,而不是向量.

由数量积的定义还可推出:

(1) $a\cdot a=|a|^2$;

(这是由于 a 与 a 的夹角为 $\theta=0$,故有 $a\cdot a=|a||a|\cos\theta=|a|^2$.)

(2) 对于两个非零向量,若 $a\cdot b=0$,则 $a\perp b$(即 a 与 b 的夹角为 $\frac{\pi}{2}$);反之,若 $a\perp b$,则 $a\cdot b=0$.

对于基本单位向量 i,j,k 来说,有
$$i\cdot i=1,\quad j\cdot j=1,\quad k\cdot k=1$$
$$i\cdot j=0,\quad j\cdot k=0,\quad i\cdot k=0$$

容易验证,数量积符合下列运算规律:

(1) 交换律　$a\cdot b=b\cdot a$;

(2) 分配律　$(a+b)\cdot c=a\cdot c+b\cdot c$;

(3) 数乘结合律 $(\lambda a)\cdot(\mu b)=\lambda\mu(a\cdot b)$,$\lambda,\mu$ 为实数.

下面我们来推导数量积的坐标表达式.

设 $a=a_x i+a_y j+a_z k$,$b=b_x i+b_y j+b_z k$,则

$$a \cdot b = (a_x i + a_y j + a_z k) \cdot (b_x i + b_y j + b_z k)$$
$$= a_x i \cdot (b_x i + b_y j + b_z k) + a_y j \cdot (b_x i + b_y j + b_z k) + a_z k (b_x i + b_y j + b_z k)$$
$$= a_x b_x i \cdot i + a_x b_y i \cdot j + a_x b_z i \cdot k + a_y b_x j \cdot i + a_y b_y j \cdot j + a_y b_z j \cdot k$$
$$+ a_z b_x k \cdot i + a_z b_y k \cdot j + a_z b_z k \cdot k$$

由于 i, j, k 相互垂直,所以 $i \cdot j = j \cdot k = k \cdot i = 0$. 又由于 i, j, k 的模均为 1,所以 $i \cdot i = j \cdot j = k \cdot k = 1$,故

$$a \cdot b = a_x b_x + a_y b_y + a_z b_z$$

特别地,$a \cdot a = |a|^2 \Rightarrow |a| = \sqrt{a \cdot a} = \sqrt{a_x^2 + a_y^2 + a_z^2}$

$$a \perp b \Leftrightarrow a_x b_x + a_y b_y + a_z b_z = 0$$

由于 $a \cdot b = |a||b|\cos\theta$,故当 a, b 都不是零向量时,有

$$\cos\theta = \frac{a \cdot b}{|a||b|} = \frac{a_x b_x + a_y b_y + a_z b_z}{\sqrt{a_x^2 + a_y^2 + a_z^2} \cdot \sqrt{b_x^2 + b_y^2 + b_z^2}} \quad (0 \leqslant \theta \leqslant \pi)$$

例 8.4.1 试用向量证明三角形的余弦定理.

证明 设在 $\triangle ABC$ 中,$\angle BCA = \theta$(见图 8.4.2). $|\overrightarrow{CB}| = a$,$|\overrightarrow{CA}| = b$,$|\overrightarrow{AB}| = c$. 要让 $c^2 = a^2 + b^2 - 2ab\cos\theta$.

记 $\overrightarrow{CB} = a$,$\overrightarrow{CA} = b$,$\overrightarrow{AB} = c$,则有

$$c = a - b$$

从而
$$|c|^2 = c \cdot c = a \cdot a - 2a \cdot b + b \cdot b$$
$$= |a|^2 + |b|^2 - 2|a||b|\cos\theta$$

即得
$$c^2 = a^2 + b^2 - 2ab\cos\theta$$

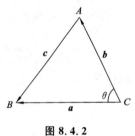

图 8.4.2

例 8.4.2 试证向量 $a = 3i + k$ 与 $b = i - 2j - 3k$ 垂直.

证明 由于 $a \cdot b = 3 \times 1 + 0 \times (-2) + 1 \times (-3) = 0$,故 $a \perp b$.

8.4.2 两向量的向量积

定义 8.4.2 设 a, b 是两个向量,规定 a 与 b 的向量积是一个向量,记作 $a \times b$,它的模与方向分别为:

(1) $|a \times b| = |a||b|\sin\theta$($\theta$ 为 a 与 b 的夹角);

(2) $a \times b$ 同时垂直 a 与 b,并且 $a, b, a \times b$ 符合右手规则.

两向量的向量积也称为**叉积**或**外积**.

由向量积的定义可知:

(1) $a \times b$ 是一个向量,它的模 $|a \times b|$ 等于以向量 a 和 b 为邻边的平行四边形的面积,它与 a, b 都垂直,且 $a, b, a \times b$ 符合右手系. 当 a, b 不平行时,$a \times b$ 就垂直于 a,b 所在的平面.

(2) $0 \times a = a \times 0 = 0$(零向量).

(3) $a \times a = 0$(零向量).

(4) $a \parallel b \Leftrightarrow a \times b = 0$(零向量).
(5) $i \times i = j \times j = k \times k = 0, i \times j = k, j \times k = i, k \times i = j$.

同时,向量积符合下列运算规律(证明从略).

(1) 反交换律　$a \times b = -b \times a$.
(2) 分配律　$(a+b) \times c = a \times c + b \times c$.
(3) 结合律　$(\lambda a) \times b = a \times (\lambda b) = \lambda (a \times b)$($\lambda$ 为常数).

对于向量积的坐标表达式,有

设 $a = a_x i + a_y j + a_z k, b = b_x i + b_y j + b_z k$,则

$$\begin{aligned}a \times b &= (a_x i + a_y j + a_z k) \times (b_x i + b_y j + b_z k) \\ &= a_x b_x (i \times i) + a_x b_y (i \times j) + a_x b_z (i \times k) + a_y b_x (j \times i) + a_y b_y (j \times j) \\ &\quad + a_y b_z (j \times k) + a_z b_x (k \times i) + a_z b_y (k \times j) + a_z b_z (k \times k) \\ &= a_x b_x (0) + a_x b_y k + a_x b_z (-j) + a_y b_x (-k) + a_y b_y (0) + a_y b_z (i) \\ &\quad + a_z b_x (j) + a_z b_y (-i) + a_z b_z (0) \\ &= (a_y b_z - a_z b_y) i + (a_z b_x - a_x b_z) j + (a_x b_y - a_y b_x) k\end{aligned}$$

若用二阶行列式记号,得

$$a \times b = \begin{vmatrix} a_y & a_z \\ b_y & b_z \end{vmatrix} i + \begin{vmatrix} a_z & a_x \\ b_z & b_x \end{vmatrix} j + \begin{vmatrix} a_x & a_y \\ b_x & b_y \end{vmatrix} k$$

也可利用三阶行列式,得

$$a \times b = \begin{vmatrix} i & j & k \\ a_x & a_y & a_z \\ b_x & b_y & b_z \end{vmatrix}$$

例 8.4.3　设 $a = \{2, -1, 2\}, b = \{3, 2, 1\}$,计算 $a \times b$.

解　$a \times b = \begin{vmatrix} i & j & k \\ 2 & -1 & 2 \\ 3 & 2 & 1 \end{vmatrix} = -5i + 4j + 7k = \{-5, 4, 7\}$

例 8.4.4　已知 $\triangle ABC$ 的顶点分别是 $A(1,2,3), B(2,0,4), C(2,-1,3)$,求 $\triangle ABC$ 的面积.

解　由于 $\overrightarrow{AB} = \{1, -2, 1\}, \overrightarrow{AC} = \{1, -3, 0\}$,则

$$\overrightarrow{AB} \times \overrightarrow{AC} = \begin{vmatrix} i & j & k \\ 1 & -2 & 1 \\ 1 & -3 & 0 \end{vmatrix} = 3i + j - k$$

于是,$\triangle ABC$ 的面积

$$\begin{aligned}S_{\triangle ABC} &= \frac{1}{2} |\overrightarrow{AB}| |\overrightarrow{AC}| \sin(\widehat{\overrightarrow{AB}, \overrightarrow{AC}}) = \frac{1}{2} |\overrightarrow{AB} \times \overrightarrow{AC}| \\ &= \frac{1}{2} \sqrt{3^2 + 1^2 + (-1)^2} = \frac{\sqrt{11}}{2}\end{aligned}$$

习　题　8.4

1. 已知 $a=3i+2j-k, b=i-j+2k$,求
   (1) $a \cdot b$ 及 $a \times b$;　　(2) a 与 b 的夹角的余弦.
2. 设 a, b, c 为单位向量,且满足 $a+b+c=0$,求 $a \cdot b+b \cdot c+c \cdot a$.
3. 设 $|b|=4, \langle \hat{a,b} \rangle=\dfrac{\pi}{4}$,试求 $\text{Prj}_a b$.
4. 已知 $A(-1,2,3), B(1,1,1)$ 和 $C(0,0,5)$,试证明 △ABC 是直角三角形,并求∠ABC.
5. 已知 $A(1,-1,2), B(3,3,1)$ 和 $C(3,1,3)$,求与 $\overrightarrow{AB}$、$\overrightarrow{BC}$ 同时垂直的单位向量.
6. 设向量 a, b, c 两两垂直,$|a|=3, |b|=2, |c|=3$,试求 $a+b-2c$ 的模.
7. 求平行于 $a=\{2,-1,2\}$ 且满足 $a \cdot x=-18$ 的向量 x.
8. a, b, c 为三非零向量,判断下列命题的对错:
   (1) $a \cdot b=a \cdot c$,则 $b=c$;　　(2) $(a \cdot b)c=a(b \cdot c)$;　　(3) $|a \cdot b| \leqslant |a||b|$.

8.5　空间曲面及曲线

8.5.1　空间曲面方程

空间曲面是空间解析几何的基本图形之一,它可以看作是空间动点按某一条件运动的几何轨迹.

1. 曲面方程的概念

定义 8.5.1　如果曲面 S 与三元方程
$$F(x,y,z)=0 \tag{8.5.1}$$
有下述关系:

(1) 曲面 S 上任一点的坐标都满足方程(8.5.1),

(2) 不在曲面 S 上的点的坐标都不满足方程(8.5.1),

则方程(8.5.1)就叫做曲面 S 的方程,而曲面 S 就叫做方程(8.5.1)的图形(见图 8.5.1).

例 8.5.1　求以点 $M_0(x_0, y_0, z_0)$ 为球心,R 为半径的球面方程.

解　设 $M(x,y,z)$ 是球面上任一点,则
$$|M_0M|=R$$

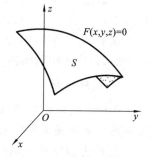

图 8.5.1

而 $|M_0M| = \sqrt{(x-x_0)^2+(y-y_0)^2+(z-z_0)^2}$

故 $\sqrt{(x-x_0)^2+(y-y_0)^2+(z-z_0)^2} = R$

即 $$(x-x_0)^2+(y-y_0)^2+(z-z_0)^2 = R^2 \tag{8.5.2}$$

显然,球面上点的坐标满足该方程,不在球面上的点坐标不满足该方程.故该方程就是以 $M_0(x_0,y_0,z_0)$ 为球心、半径为 R 的球面方程.

将方程(8.5.2)展开,得
$$x^2+y^2+z^2-2x_0x-2y_0y-2z_0z+x_0^2+y_0^2+z_0^2-R^2=0$$

由此可知球面方程的特点是:

(1) 方程中缺 xy,yz,zx 各项;

(2) 平方项系数相同,即 x^2,y^2,z^2 的系数相同.

例 8.5.2 动点 M 与二定点 $A(1,2,3)$ 及 $B(2,-1,4)$ 等距离,求动点轨迹的方程.

解 设动点 M 的坐标为 (x,y,z),依题意有 $|AM|=|MB|$,即
$$\sqrt{(x-1)^2+(y-2)^2+(z-3)^2} = \sqrt{(x-2)^2+(y+1)^2+(z-4)^2}$$

等式两边平方,化简得
$$2x-6y+2z-7=0$$

该方程表示一个平面,它是线段 AB 的垂直平分面.

2. 柱面

平行于定直线 L 并沿定曲线 C 移动的直线所形成的曲面叫做**柱面**,定曲线 C 叫做柱面的准线,动直线叫做柱面的**母线**.

一般地,只含有 x,y 而缺 z 的方程 $F(x,y)=0$ 在空间直角坐标系中表示母线平行于 z 轴的柱面,其准线为 xOy 面上的曲线 $F(x,y)=0$. 例如,$x^2+y^2=R^2$ 在 xOy 面上表示圆心在原点 O、半径为 R 的圆;在空间直角坐标系中,该方程不含竖坐标 z,即不论空间点的竖坐标 z 怎样,只要它的横坐标和纵坐标 y 能满足该方程,那么这些点就在该曲面上.

类似地,只含有 x,z 而缺 y 的方程 $G(x,z)=0$ 与只含 y,z 而缺 x 的方程 $H(y,z)=0$ 分别表示母线平行于 y 轴和 x 轴的柱面.

例如,方程 $y^2=2x$ 表示母线平行于 z 轴的柱面,它的准线是 xOy 面上的抛物线 $y^2=2x$,该柱面叫做抛物柱面(见图 8.5.2).

3. 旋转曲面

平面上的曲线 C 绕该平面上一条定直线 L 旋转而形成的曲面叫做**旋转曲面**,该平面曲线 C 叫做旋转曲面的母线,定直线 L 叫做旋转曲面的轴.

设 C 为 yOz 面上的已知曲线,其方程为 $f(y,z)=0$,C 围绕 z 轴旋转一周得一旋转曲面(见图 8.5.3),在此旋转面上任取一点 $P_0(x_0,y_0,z_0)$,并过点 P_0 作平面 z

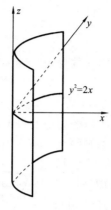
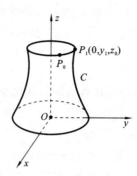

图 8.5.2　　　　　　　图 8.5.3

$=z_0$，它和旋转曲面的交线为一圆周，圆周的半径 $R=\sqrt{x_0^2+y_0^2}$.

因为 P_0 是由曲线 C 上的点 $P_1(0,y_1,z_0)$ 旋转而得的，故 $|y_1|=R$，即
$$y_1=\pm R=\pm\sqrt{x_0^2+y_0^2}$$

又因为 $P_1(0,y_1,z_0)$ 满足方程 $f(x,y)=0$，即 $f(y_1,z_0)=0$，因此得
$$f(\pm\sqrt{x_0^2+y_0^2},z_0)=0$$

由此可知，旋转曲面上的任一点 $M(x,y,z)$ 适合方程
$$f(\pm\sqrt{x^2+y^2},z)=0$$

显然，若点 $M(x,y,z)$ 不在此旋转曲面上，则其坐标 x,y,z 不满足上式，所以上式是此旋转曲面的方程.

一般地，若在曲线 C 的方程 $f(y,z)=0$ 中 z 保持不变，而将 y 改写成 $\pm\sqrt{x^2+y^2}$，就得到曲线 C 绕 z 轴旋转而成的曲面的方程
$$f(\pm\sqrt{x^2+y^2},z)=0$$

若在 $f(y,z)=0$ 中 y 保持不变，将 z 改成 $\pm\sqrt{x^2+z^2}$，就得到曲线 C 绕 y 轴而成的曲面的方程
$$f(y,\pm\sqrt{x^2+z^2})=0$$

例 8.5.3　求 xOy 面上的椭圆 $C:\begin{cases}\dfrac{x^2}{a^2}+\dfrac{y^2}{b^2}=1\\z=0\end{cases}$ 分别绕 x 轴和 y 轴旋转一周而成的旋转曲面的方程（这里 $z=0$ 为坐标面 xOy 面的方程）.

解　若椭圆 C 绕 x 轴旋转一周，则所成的曲面方程只需将 $\dfrac{x^2}{a^2}+\dfrac{y^2}{b^2}=1$ 中的 y 改写成 $\pm\sqrt{y^2+z^2}$，而 x 不变，于是得

$$\frac{x^2}{a^2}+\frac{y^2+z^2}{b^2}=1$$

即为曲线 C 绕 x 轴旋转一周所成旋转曲面方程.

类似地,可得该曲线 C 绕 y 轴旋转一周所成的曲面方程为

$$\frac{x^2+z^2}{a^2}+\frac{y^2}{b^2}=1$$

以上两旋转曲面都称为旋转椭球面.

例 8.5.4 直线 L 绕另一条与它相交的直线 l 旋转一周,所得曲面叫做圆锥面,两直线的交点叫做圆锥的顶点. 试建立顶点在原点、旋转轴为 z 轴的锥面(见图 8.5.4)方程.

解 设在 yOz 平面上,直线 L 的方程为 $z=ky(k>0)$,因为旋转轴是 z 轴,故得圆锥面方程为

$$z=\pm k\sqrt{x^2+y^2}$$

即

$$z^2=k^2(x^2+y^2)$$

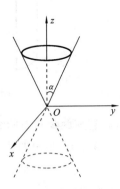

图 8.5.4 所示中 $\alpha=\arctan\dfrac{1}{k}$ 叫做圆锥面的半顶角.

图 8.5.4

4. 二次曲面

空间曲面的方程一般可表示为

$$F(x,y,z)=0$$

若 $F(x,y,z)=0$ 为一次方程,则它代表一次曲面,即平面;若 $F(x,y,z)=0$ 为二次方程,则它所代表的曲面叫做二次曲面. 为了了解二次曲面的形状,我们采用平行截割法(又称截痕法),即用与坐标面平行的平面去截割曲面,得到一系列交线(又称截痕),通过其交线的形状及其变化情况来勾画曲面的形状、位置. 下面主要介绍几个特殊的二次曲面.

1) 椭球面

方程 $\dfrac{x^2}{a^2}+\dfrac{y^2}{b^2}+\dfrac{z^2}{c^2}=1(a>0,b>0,c>0)$ 表示的曲面叫做椭球面(见图 8.5.5).

分别用平行于三个坐标面的三组平行平面去截割曲面.

先用 xOy 坐标面去截曲面,得截痕

$$\begin{cases}\dfrac{x^2}{a^2}+\dfrac{y^2}{b^2}=1\\ z=0\end{cases}$$

它是 xOy 坐标面上的椭圆.

再用平行于坐标面 xOy 面的平面 $z=h(|h|<c)$ 截

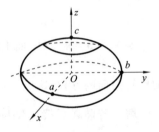

图 8.5.5

割曲面,得截痕

$$\begin{cases} \dfrac{x^2}{\dfrac{a^2}{c^2}(c^2-h^2)} + \dfrac{y^2}{\dfrac{b^2}{c^2}(c^2-h^2)} = 1 \\ z = h \end{cases}$$

它是平面 $z=h$ 上的一个椭圆,它的两半轴长分别为 $\dfrac{a}{c}\sqrt{c^2-h^2}$,$\dfrac{b}{c}\sqrt{c^2-h^2}$. 可见,当 $|h|$ 由 0 逐渐变大时,椭圆由大变小. $h=0$ 时,所截椭圆最大;当 $|h|$ 逐渐大到 c 时,两个半轴逐渐减小到零,即椭圆逐渐缩小到一个点.

用平面 $y=|h|(|h|\leqslant b)$ 或 $x=h(|h|\leqslant a)$ 去截椭球面,分别可得与上述类似结果.

综上所述可知,椭球面的形状如图 8.5.5 所示.

2) 椭圆抛物面

方程 $\dfrac{x^2}{a^2}+\dfrac{y^2}{b^2}=z$ 所表示的曲面称为椭圆抛物面. 用 $z=h(h>0)$ 去截曲面,所得截痕为椭圆

$$\begin{cases} \dfrac{x^2}{a^2 h} + \dfrac{y^2}{b^2 h} = 1 \\ z = h \end{cases}$$

用平面 $x=h$ 和 $y=h$ 去截曲面,所得截痕都是抛物线. 它的形状如图 8.5.6 所示.

3) 双曲抛物面

方程 $\dfrac{x^2}{a^2}-\dfrac{y^2}{b^2}=z$ 所表示的曲面称为双曲抛物面. 用平面 $z=h(h\neq 0)$ 去截曲面,所得截痕为双曲线

$$\begin{cases} \dfrac{x^2}{a^2} - \dfrac{y^2}{b^2} = h \\ z = h \end{cases}$$

用平面 $x=h$ 和 $y=h$ 去截曲面,所得截痕都是抛物线. 它的形状如图 8.5.7 所示. 从图形上看像马鞍形,故又称马鞍面.

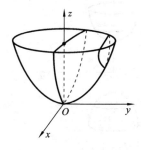

图 8.5.6

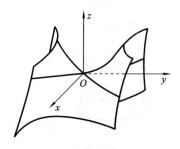

图 8.5.7

4）单叶双曲面

方程 $\dfrac{x^2}{a^2}+\dfrac{y^2}{b^2}-\dfrac{z^2}{c^2}=1$ 所表示的曲面称为单叶双曲面. 用平面 $z=h$ 去截曲面, 得截痕为椭圆

$$\begin{cases} \dfrac{x^2}{\dfrac{a^2}{c^2}(c^2+h^2)}+\dfrac{y^2}{\dfrac{b^2}{c^2}(c^2+h^2)}=1 \\ z=h \end{cases}$$

用平面 $x=h$ 和 $y=h$ 去截曲面, 所得截痕一般都是双曲线, 由此可知单叶双曲面的图形如图 8.5.8 所示.

类似地, 方程

$$\dfrac{x^2}{a^2}-\dfrac{y^2}{b^2}+\dfrac{z^2}{c^2}=1$$

$$-\dfrac{x^2}{a^2}+\dfrac{y^2}{b^2}+\dfrac{z^2}{c^2}=1$$

都是单叶双曲面, 讨论同上. 我们不难发现单叶双曲面方程中出现的一个负项与该曲面的中心轴之间的关系.

5）双叶双曲面

方程 $\dfrac{x^2}{a^2}+\dfrac{y^2}{b^2}-\dfrac{z^2}{c^2}=-1$ 表示的曲面称为双叶双曲面. 用平面 $z=h(|h|>c)$ 截出椭圆, 得截痕

$$\begin{cases} \dfrac{x^2}{\dfrac{a^2}{c^2}(h^2-c^2)}+\dfrac{y^2}{\dfrac{b^2}{c^2}(h^2-c^2)}=1 \\ z=h \end{cases}$$

而用平面 $x=h$ 和 $y=h$ 都截出双曲线, 由此可知双叶双曲面的图形如图 8.5.9 所示.

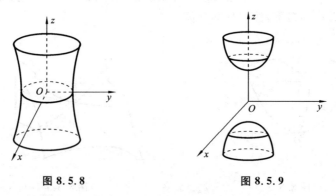

图 8.5.8　　　　　　图 8.5.9

6）椭圆锥面

方程 $\dfrac{x^2}{a^2}+\dfrac{y^2}{b^2}=\dfrac{z^2}{c^2}$ 所表示的曲面称为椭圆锥面. 当 $a=b$ 时称为圆锥面.

用平面 $z=h$ 去截曲面, 得截痕为椭圆

$$\begin{cases} \dfrac{x^2}{a^2}+\dfrac{y^2}{b^2}=\dfrac{h^2}{c^2} \\ z=h \end{cases}$$

用坐标面 $x=0$ 和 $y=0$ 去截曲面, 分别得两条相交于原点的直线

$$\begin{cases} \left(\dfrac{y}{b}-\dfrac{z}{c}\right)\left(\dfrac{y}{b}+\dfrac{z}{c}\right)=0 \\ x=0 \end{cases}$$

和

$$\begin{cases} \left(\dfrac{x}{a}-\dfrac{z}{c}\right)\left(\dfrac{x}{a}+\dfrac{z}{c}\right)=0 \\ y=0 \end{cases}$$

它的图形如图 8.5.10 所示.

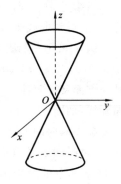

图 8.5.10

8.5.2 空间曲线方程

1. 空间曲线的一般方程

空间曲线 L 可以看作两个曲面 S_1 与 S_2 的交线, 设

$$S_1 : F(x,y,z)=0$$
$$S_2 : G(x,y,z)=0$$

则曲线 L 上的点坐标应同时满足上述两个方程; 而不在曲线 L 上的点不可能同时在这两个曲面上, 因此, 由这两曲面方程联立的方程组

$$\begin{cases} F(x,y,z)=0 \\ G(x,y,z)=0 \end{cases}$$

就叫做空间曲线 L 的一般方程.

例 8.5.5 方程组 $\begin{cases} x^2+y^2+z^2=9 \\ z=2 \end{cases}$ 表示平面 $z=2$ 与球面 $x^2+y^2+z^2=9$ 的交线, 它是 $z=2$ 平面上的一个圆.

因为通过一空间曲线的曲面有无穷多个, 故可以用不同方法选择其中任意两个曲面, 使其交线为给定曲线. 如例 8.5.5 中的圆也可以表示为

$$\begin{cases} x^2+y^2=5 \\ z=2 \end{cases}$$

即也可看成是平面 $z=2$ 与圆柱面 $x^2+y^2=5$ 的交线.

2. 空间曲线的参数方程

将空间曲线 L 上动点的坐标 x,y,z 都表示为一参变量 t 的函数:

$$\begin{cases} x=x(t) \\ y=y(t) \quad (\alpha \leqslant t \leqslant \beta) \\ z=z(t) \end{cases} \tag{8.5.3}$$

当给定 $t=t_0$ 时,由式(8.5.3)就得 L 上的一个点$(x(t_0),y(t_0),z(t_0))$. 随着 t 的变动,就得到曲线 L 上的全部点,式(8.5.3)叫做曲线 L 的参数方程,其中 t 叫参数.

例 8.5.6 设圆柱面 $x^2+y^2=R^2$ 上有一动点 M,从点 $A(a,0,0)$ 出发$(a>0)$,它一方面以等角速度 ω 绕 z 轴旋转,另一方面又以等速 v_0 沿 z 轴正向移动,点 M 的轨迹线叫做螺旋线,如图 8.5.11 所示. 试建立其参数方程.

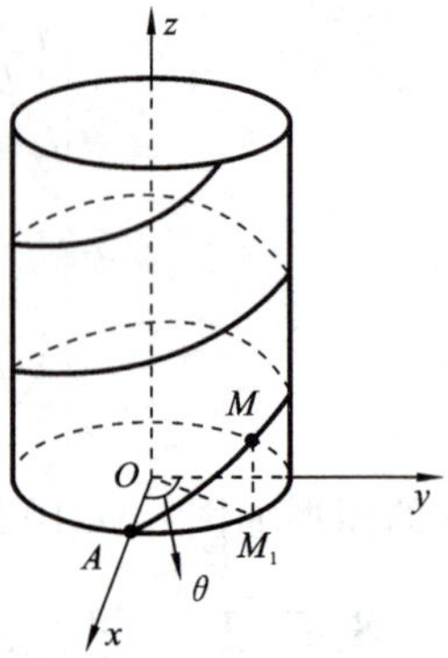

解 取时间 t 为参数,当 $t=0$ 时,设动点位于 $A(a,0,0)$ 处,经过时间 t,动点运动到 $M(x,y,z)$(见图 8.5.11). 记 M 在 xOy 面上的投影为 M_1,则 M_1 的坐标为 $(x,y,0)$. 记 M_1 点的极角 $\angle AOM_1$ 为 θ,由于动点在圆柱面上以角速度 ω 绕 z 轴旋转,故 $\theta=\omega t$,从而

$$\begin{cases} x=a\cos\theta=a\cos\omega t \\ y=a\sin\theta=a\sin\omega t \end{cases}$$

又因为动点同时以速度 v 沿 z 轴正向移动,故

$$z=M_1M=vt$$

因此螺旋线的参数方程为

$$\begin{cases} x=a\cos\omega t \\ y=a\sin\omega t \\ z=vt \end{cases}$$

图 8.5.11

如果令 $\omega t=\theta$,并记 $b=\dfrac{v}{\omega}$,则螺旋线的参数方程可写成

$$\begin{cases} x=a\cos\theta \\ y=a\sin\theta \\ z=b\theta \end{cases}$$

3. 空间曲线在坐标面上的投影

设空间曲线 L 的方程为

$$\begin{cases} F(x,y,z)=0 \\ G(x,y,z)=0 \end{cases} \tag{8.5.4}$$

要求它在 xOy 坐标面上的投影曲线方程,先通过曲线 L 上每一点作 xOy 面的垂线,这就相当于作一个母线平行于 z 轴且通过曲线 L 的柱面,这个柱面与 xOy 面的交线就是曲线 L 在 xOy 面上的投影曲线,柱面方程可由方程组(8.5.4)消去 z 而得

$$H(x,y)=0 \tag{8.5.5}$$

方程(8.5.5)缺 z,故表示一个母线平行于 z 轴的柱面,且此柱面一定包含曲线 L. 方程(8.5.5)就称为曲线 L 关于 xOy 面的投影柱面,它与 xOy 坐标面的交线就是空间曲线 L 在 xOy 面上的投影曲线,其方程为

$$\begin{cases} H(x,y)=0 \\ z=0 \end{cases}$$

同理,分别从方程(8.5.4)消去 x 或 y,再分别和 $x=0$ 或 $y=0$ 联立,就可得空间曲线 L 在 yOz 面或 zOx 面上的投影曲线方程.

例 8.5.7 求曲线 $L: \begin{cases} x^2+y^2+z^2=36 \\ y+z=0 \end{cases}$ 在 xOy 面和 yOz 面上的投影曲线方程.

解 先由所给方程组消去 z,有

$$x^2+2y^2=36$$

故 L 在 xOy 面上的投影曲线方程为 $\begin{cases} x^2+2y^2=36 \\ z=0 \end{cases}$

又由于 L 的第二个方程 $y+z=0$ 不含 x,故 L 在 yOz 面上的投影曲线为 $y+z=0$ 与 yOz 面的交线的一部分,即

$$\begin{cases} y+z=0 \\ x=0 \end{cases} \quad (-3\sqrt{2} \leqslant y \leqslant 3\sqrt{2})$$

习 题 8.5

1. 指出下列方程所表示的曲面.
 (1) $x^2-y^2=0$; (2) $x^2+y^2+z^2=0$;
 (3) $4x^2+y^2=1$; (4) $x^2+z^2=2x$.

2. 求出下列方程所表示的球面的球心坐标与半径:
 (1) $x^2+y^2+z^2-2x+2y-7=0$;
 (2) $2x^2+2y^2+2z^2-x=0$.

3. 一球面过 $(0,2,2)$、$(4,0,0)$ 两点,球心在 y 轴上,求它的方程.

4. 一柱面的母线平行 z 轴,准线为 xOy 面上的曲线 $x^2+y^2-2x=0$,求此柱面方程.

5. 求下列旋转曲面的方程.
 (1) xOz 平面上的抛物线 $z^2=5x$ 绕 x 轴旋转;

(2) yOz 平面上的椭圆 $\dfrac{y^2}{9}+\dfrac{z^2}{4}=1$ 绕 y 轴旋转;

(3) xOy 平面上的双曲线 $9x^2-4y^2=36$ 分别绕 x 轴和 y 轴旋转.

6. 指出下列方程组各表示什么曲线.

(1) $\begin{cases} y=3x+2 \\ y=2x-3 \end{cases}$ (2) $\begin{cases} x=3 \\ y=-2z^2 \end{cases}$

7. 分别求母线平行于 x 轴及 y 轴且通过曲线 $\begin{cases} 2x^2+y^2+z^2=16 \\ x^2-y^2+z^2=0 \end{cases}$ 的柱面方程.

8. 求曲线 $\begin{cases} x^2+y^2+z^2=a^2 \\ x^2+y^2=z^2 \end{cases}$ 在 xOy 面上的投影曲线.

9. 求空间曲线 $\begin{cases} 6x-6y-z+16=0 \\ 2x+5y+2z+3=0 \end{cases}$ 在三个坐标面上的投影方程.

10. 画出下列各组曲面所围立体图形.

(1) $z=x^2+y^2, z=0, x^2+y^2=1$;

(2) $x^2+y^2+z^2=1, z=x^2+y^2$;

(3) $z=\sqrt{x^2+y^2}, z=\sqrt{a^2-x^2-y^2}$;

(4) $x^2+y^2+z^2=1, x^2+y^2=x$.

8.6 平面与直线

空间中最简单的曲面和曲线分别是平面和空间直线.下面,我们将建立平面与直线的方程.

8.6.1 平面及其方程

1. 平面的点法式方程

在空间中通过一定点且与非零向量 $\boldsymbol{n}$ 垂直的平面 Π 是唯一确定的,称 $\boldsymbol{n}$ 为平面 Π 的**法向量**,如图 8.6.1 所示.

设 $M_0(x_0,y_0,z_0)$ 为平面 Π 上一定点,$M(x,y,z)$ 为平面 Π 上的一动点.在空间直角坐标系中,假设平面 Π 的法向量为 $\boldsymbol{n}=\{A,B,C\}$,则 $\overrightarrow{M_0M}$ 必与 $\boldsymbol{n}$ 垂直.即

$$\boldsymbol{n}\cdot\overrightarrow{M_0M}=0$$

即 $\{A,B,C\}\cdot\{x-x_0,y-y_0,z-z_0\}=0$

即 $A(x-x_0)+B(y-y_0)+C(z-z_0)=0$ (8.6.1)

而当点 $M(x,y,z)$ 不在平面 Π 上时,向量 $\overrightarrow{M_0M}$ 不垂直于 $\boldsymbol{n}$,

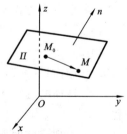

图 8.6.1

因此 M 的坐标 x,y,z 不满足上式,所以式(8.6.1)就是平面 Π 的方程.因为此方程是由 Π 上的已知点 $M_0(x_0,y_0,z_0)$ 和它的法向量 $\boldsymbol{n}=\{A,B,C\}$ 确定的,故把此方程称为平面的**点法式方程**.

例 8.6.1 求过点 $(1,-2,3)$ 且与向量 $\boldsymbol{n}=\{2,4,1\}$ 垂直的平面方程.

解 由点法式方程,得所求平面方程为
$$2(x-1)+4(y+2)+1(z-3)=0$$
即
$$2x+4y+z+3=0$$

例 8.6.2 求过三点 $M_1(2,-1,4)$,$M_2(-1,3,-2)$ 和 $M_3(0,2,3)$ 的平面方程.

解 先找出这平面的法向量 $\boldsymbol{n}$,由于向量 $\boldsymbol{n}$ 与向量 $\overrightarrow{M_1M_2}$、$\overrightarrow{M_1M_3}$ 都垂直,而 $\overrightarrow{M_1M_2}=\{-3,4,-6\}$,$\overrightarrow{M_1M_3}=\{-2,3,-1\}$,所以可取它们的向量积为 $\boldsymbol{n}$,即

$$\boldsymbol{n}=\overrightarrow{M_1M_2}\times\overrightarrow{M_1M_3}=\begin{vmatrix} \boldsymbol{i} & \boldsymbol{j} & \boldsymbol{k} \\ -3 & 4 & -6 \\ -2 & 3 & -1 \end{vmatrix}=14\boldsymbol{i}+9\boldsymbol{j}-\boldsymbol{k}=\{14,9,-1\}$$

根据平面的点法式方程,得所求平面的方程为
$$14(x-2)+9(y+1)-(z-4)=0$$
即
$$14x+9y-z-15=0$$

2. 平面的一般方程

在点法式方程
$$A(x-x_0)+B(y-y_0)+C(z-z_0)=0$$
中,若把该方程展开,得
$$Ax+By+Cz-(Ax_0+By_0+Cz_0)=0$$
若记 $-(Ax_0+By_0+Cz_0)$ 为 D,则方程就成为三元一次方程
$$Ax+By+Cz+D=0 \tag{8.6.2}$$
方程(8.6.2)称为平面的一般方程,其法向量为
$$\boldsymbol{n}=\{A,B,C\}$$

例如,方程 $2x-y-3z+6=0$ 表示一个平面,它的一个法向量为 $\boldsymbol{n}=\{2,-1,-3\}$.

特别:当 $D=0$ 时,$Ax+By+Cz=0$ 表示过原点的平面.

当 $C=0$ 时,因为法向量 $\boldsymbol{n}=\{A,B,0\}$ 垂直 z 轴,故方程 $Ax+By+D=0$ 表示平行于 z 轴的平面.

当 $B=C=0$ 时,因为法向量 $\boldsymbol{n}=\{A,0,0\}$ 同时垂直于 y 轴与 z 轴,故方程 $Ax+D=0$,即 $x=-\dfrac{D}{A}$ 表示平行于 yOz 面的平面,也就是垂直于 x 轴的平面.

例 8.6.3 求过 x 轴和点 $M_0(4,-3,-1)$ 的平面方程.

解 平面过 x 轴,故可设平面方程为
$$By+Cz=0$$

将点 $(4,-3,-1)$ 代入有 $-3B-C=0$,即 $C=-3B$,代入方程 $By+Cz=0$ 并消去 B 可得所求平面的方程

$$y-3z=0$$

例 8.6.4 设一平面与 x,y,z 三轴分别交于 $P(a,0,0)$, $Q(0,b,0),R(0,0,c)$ 三点(见图 8.6.2),求这平面的方程(其中 $a\neq0,b\neq0,c\neq0$).

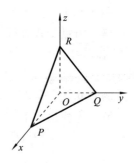

图 8.6.2

解 设所求平面的方程为

$$Ax+By+Cz+D=0 \qquad (8.6.2)$$

将 P、Q、R 三点坐标代入得

$$\begin{cases} Aa+D=0 \\ Bb+D=0 \\ Cc+D=0 \end{cases}$$

由此得 $A=-\dfrac{D}{a}$,$B=-\dfrac{D}{b}$,$C=-\dfrac{D}{c}$,代入方程(8.6.2),并除以 $D(D\neq0)$,便得所求平面方程

$$\frac{x}{a}+\frac{y}{b}+\frac{z}{c}=1 \qquad (8.6.3)$$

方程(8.6.3)叫做平面的截距式方程,而 a,b,c 依次叫做平面在 x 轴,y 轴,z 轴上的截距.

3. 两平面的相互关系

设有平面 $\Pi_1:A_1x+B_1y+C_1z+D_1=0$,平面 $\Pi_2:A_2x+B_2y+C_2z+D_2=0$. 它们的法向量分别为 $\boldsymbol{n}_1=\{A_1,B_1,C_1\}$,$\boldsymbol{n}_2=\{A_2,B_2,C_2\}$,则有

(1) Π_1 与 Π_2 平行 $\Leftrightarrow \dfrac{A_1}{A_2}=\dfrac{B_1}{B_2}=\dfrac{C_1}{C_2}$;

(2) Π_1 与 Π_2 重合 $\Leftrightarrow \dfrac{A_1}{A_2}=\dfrac{B_1}{B_2}=\dfrac{C_1}{C_2}=\dfrac{D_1}{D_2}$;

(3) Π_1 与 Π_2 相交时,称两平面法向量的夹角为两平面的夹角(通常取锐角),有

$$\cos\theta=\left|\frac{\boldsymbol{n}_1\cdot\boldsymbol{n}_2}{|\boldsymbol{n}_1||\boldsymbol{n}_2|}\right|=\frac{|A_1A_2+B_1B_2+C_1C_2|}{\sqrt{A_1^2+B_1^2+C_1^2}\cdot\sqrt{A_2^2+B_2^2+C_2^2}}$$

特别地, Π_1 与 Π_2 垂直 $\Leftrightarrow A_1A_2+B_1B_2+C_1C_2=0$

例 8.6.5 已知两平面分别为 $\Pi_1:x+3y+z+2=0$,$\Pi_2:x-y-3z-2=0$. 判定两平面的相互位置.

解 两平面的法向量分别为

$$\boldsymbol{n}_1=\{1,3,1\}, \quad \boldsymbol{n}_2=\{1,-1,-3\}$$

由于 $\boldsymbol{n}_1$ 与 $\boldsymbol{n}_2$ 不平行,所以两平面必相交,其夹角满足

$$\cos\theta = \frac{|1\times1+3\times(-1)+(-3)\times1|}{\sqrt{1^2+3^2+1^2}\sqrt{1^2+(-1)^2+(-3)^2}} = \frac{5}{11}$$

故两平面的夹角为 $\theta = \arccos\dfrac{5}{11}$.

4. 点到平面的距离

设 $M_0(x_0, y_0, z_0)$ 为平面 $\Pi: Ax+By+Cz+D=0$ 外一点，从 M_0 向所给平面作垂线，设垂足为 $M_1(x_1, y_1, z_1)$，则点 M_0 到平面 Π 的距离 $d = |\overrightarrow{M_1M_0}|$. 显然，平面 Π 的法向量 $\boldsymbol{n} = \{A, B, C\}$ 与 $\overrightarrow{M_1M_0}$ 平行，于是有

$$\overrightarrow{M_1M_0} \cdot \boldsymbol{n} = |\overrightarrow{M_1M_0}||\boldsymbol{n}|\cos(\widehat{\overrightarrow{M_1M_0}, \boldsymbol{n}}) = \pm|\overrightarrow{M_1M_0}||\boldsymbol{n}|$$

于是 $$d = |\overrightarrow{M_1M_0}| = \frac{|\overrightarrow{M_1M_0} \cdot \boldsymbol{n}|}{|\boldsymbol{n}|} = \frac{|A(x_0-x_1)+B(y_0-y_1)+C(z_0-z_1)|}{\sqrt{A^2+B^2+C^2}}$$

(8.6.4)

而点 M_1 在平面 $Ax+By+Cz+D=0$ 上，故有 $Ax_1+By_1+Cz_1+D=0$，即有

$$-Ax_1 - By_1 - Cz_1 = D$$

将此代入式(8.6.4)得

$$d = \frac{|Ax_0+By_0+Cz_0+D|}{\sqrt{A^2+B^2+C^2}} \tag{8.6.5}$$

式(8.6.5)就是点到平面的距离公式.

8.6.2 空间直线方程

1. 空间直线的一般式方程

空间直线可看成两平面 $\Pi_1: A_1x+B_1y+C_1z+D_1=0$ 和 $\Pi_2: A_2x+B_2y+C_2z+D_2=0$ 的交线，如图8.6.3所示.

$$\begin{cases} A_1x+B_1y+C_1z+D_1=0 \\ A_2x+B_2y+C_2z+D_2=0 \end{cases}$$

称为空间直线的一般式方程(也称为直线的交线式方程).

2. 空间直线的标准式方程

如果一非零向量 $\vec{s} = \{m, n, p\}$，平行于一条已知直线，这个向量称为这条直线的方向向量，而 $\vec{s}$ 的坐标 m, n, p 称为直线 L 的一组方向数.

已知直线 L 过点 $M_0(x_0, y_0, z_0)$，方向向量 $\vec{s} = \{m, n, p\}$，任意点 $M(x, y, z)$ 在 L 上，$\overrightarrow{M_0M} // \vec{s}$，如图

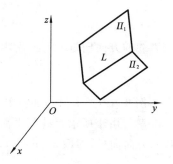

图 8.6.3

8.6.4所示. 而
$$\overrightarrow{M_0M} = \{x-x_0, y-y_0, z-z_0\}$$
故得
$$\frac{x-x_0}{m} = \frac{y-y_0}{n} = \frac{z-z_0}{p} \qquad (8.6.6)$$
称为空间直线的标准式方程或对称式方程或点向式方程.

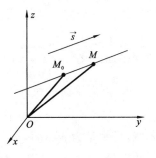

图 8.6.4

3. 空间直线的参数方程

在直线的标准式方程(8.6.6)中,设其比值为 t,于是
$$\frac{x-x_0}{l} = \frac{y-y_0}{m} = \frac{z-z_0}{n} = t$$
从而得
$$\begin{cases} x = x_0 + lt \\ y = y_0 + mt \\ z = z_0 + nt \end{cases} \qquad (8.6.7)$$
方程(8.6.7)称为空间直线的参数方程,t 称为参数. 对于 t 取不同值,由方程(8.6.7)所确定的点 $M(x,y,z)$ 就描出直线.

例 8.6.6 化直线的一般式方程 $\begin{cases} x+y+2z+1=0 \\ 2x-y+3z+4=0 \end{cases}$ 为标准式方程.

解 先找出直线上的一点 (x_0, y_0, z_0),例如,可取 $x_0 = 0$,代入原方程,得
$$\begin{cases} y+2z+1=0 \\ -y+3z+4=0 \end{cases}$$
解得 $y_0 = 1, z_0 = -1$,故 $(0,1,-1)$ 是直线上的一点.

其次,确定该直线的方向向量 s,由于该直线与这两平面的法向量 $n_1 = \{1,1,2\}$,$n_2 = \{2,-1,3\}$ 都垂直,所以可取
$$s = n_1 \times n_2 = \begin{vmatrix} i & j & k \\ 1 & 1 & 2 \\ 2 & -1 & 3 \end{vmatrix} = 5i + j - 3k$$
为直线的方向向量. 于是,所求直线的标准式方程为
$$\frac{x}{5} = \frac{y-1}{1} = \frac{z+1}{-3}$$

例 8.6.7 求过点 $M_0(2,-8,3)$ 且垂直于平面 $x+2y-3z-1=0$ 的直线方程.

解 由于所求直线与平面 $x+2y-3z-1=0$ 垂直,故可取平面的法向量为直线 L 的方向向量,即取 $s = n = \{1,2,-3\}$,可得直线 L 的标准式方程为
$$\frac{x-2}{1} = \frac{y+8}{2} = \frac{z-3}{-3}$$

即
$$x-2=\frac{y+8}{2}=\frac{z-3}{-3}$$

例 8.6.8 求通过点 $A(2,-3,4)$ 与 $B(4,-2,7)$ 的直线的参数式方程.

解 直线的方向向量可取为
$$\overrightarrow{AB}=\{2,1,3\}$$
故所求直线的标准式方程为
$$\frac{x-2}{2}=\frac{y+3}{1}=\frac{z-4}{3}$$
令
$$\frac{x-2}{2}=y+3=\frac{z-4}{3}=t$$
则
$$\begin{cases} x=2+2t \\ y=-3+t \\ z=4+3t \end{cases}$$
即为所求直线的参数式方程.

4. 两直线的夹角

两直线的方向向量的夹角(通常指锐角)叫做两直线的夹角.

设两直线的方程为
$$L_1: \frac{x-x_1}{m_1}=\frac{y-y_1}{n_1}=\frac{z-z_1}{p_1}$$
$$L_2: \frac{x-x_2}{m_2}=\frac{y-y_2}{n_2}=\frac{z-z_2}{p_2}$$

它们的方向向量分别为 $\boldsymbol{s}_1=\{m_1,n_1,p_1\}, \boldsymbol{s}_2=\{m_2,n_2,p_2\}$,那么 L_1 与 L_2 的夹角 $\varphi\left(0\leqslant\varphi\leqslant\frac{\pi}{2}\right)$ 应该是 $(\widehat{\boldsymbol{s}_1,\boldsymbol{s}_2})$ 和 $(\widehat{-\boldsymbol{s}_1,\boldsymbol{s}_2})=\pi-(\widehat{\boldsymbol{s}_1,\boldsymbol{s}_2})$ 两者中的锐角,故 $\cos\varphi=|\cos(\widehat{\boldsymbol{s}_1,\boldsymbol{s}_2})|$. 则
$$\cos\varphi=|\cos(\widehat{\boldsymbol{s}_1,\boldsymbol{s}_2})|=\frac{|\boldsymbol{s}_1\cdot\boldsymbol{s}_2|}{|\boldsymbol{s}_1||\boldsymbol{s}_2|}$$
即
$$\cos\varphi=\frac{|m_1m_2+n_1n_2+p_1p_2|}{\sqrt{m_1^2+n_1^2+p_1^2}\cdot\sqrt{m_2^2+n_2^2+p_2^2}}$$

特别有:
$$L_1\perp L_2\Leftrightarrow \boldsymbol{s}_1\perp\boldsymbol{s}_2\Leftrightarrow m_1m_2+n_1n_2+p_1p_2=0$$
$$L_1/\!/L_2\Leftrightarrow \boldsymbol{s}_1/\!/\boldsymbol{s}_2\Leftrightarrow \frac{m_1}{m_2}=\frac{n_1}{n_2}=\frac{p_1}{p_2}$$

5. 直线与平面的夹角

当直线与平面不垂直时,直线和它在平面上的投影直线的夹角 $\varphi\left(0\leqslant\varphi\leqslant\frac{\pi}{2}\right)$ 称

为直线与平面的夹角,如图 8.6.5 所示.当直线与平面垂直时,规定直线与平面的夹角为 $\frac{\pi}{2}$.

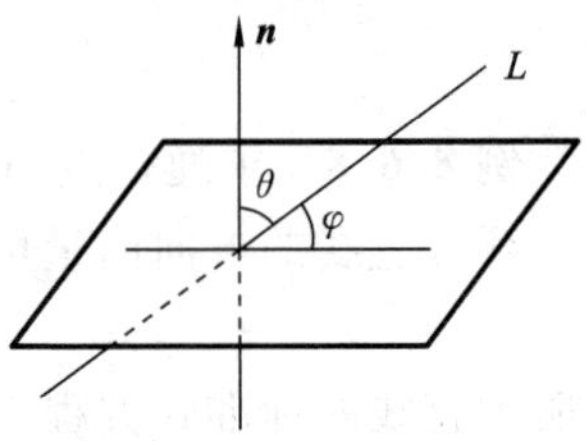

设直线的方向向量为 $\boldsymbol{s}=\{m,n,p\}$,平面的法向量为 $\boldsymbol{n}=\{A,B,C\}$,直线与平面的夹角为 φ,直线与法向量 $\boldsymbol{n}$ 的夹角为 θ,$\theta+\varphi=\frac{\pi}{2}$,则

$$\sin\varphi=\cos\theta=\frac{|\boldsymbol{s}\cdot\boldsymbol{n}|}{|\boldsymbol{s}||\boldsymbol{n}|}=\frac{|mA+nB+pC|}{\sqrt{m^2+n^2+p^2}\sqrt{A^2+B^2+C^2}}$$

图 8.6.5

特别有:

当直线与平面垂直时,$\frac{m}{A}=\frac{n}{B}=\frac{p}{C}(\boldsymbol{s}\parallel\boldsymbol{n})$.

当直线与平面平行时,$mA+nB+pC=0(\boldsymbol{s}\perp\boldsymbol{n})$.

例 8.6.9 求直线 $L_1:\frac{x-1}{1}=\frac{y}{-2}=\frac{z+4}{7}$ 与直线 $L_2:\frac{x+6}{5}=\frac{y-2}{1}=\frac{z-3}{-1}$ 的夹角的余弦.

解 直线 L_1 的方向向量 $\boldsymbol{s}_1=\{1,-2,7\}$,直线 L_2 的方向向量 $\boldsymbol{s}_2=\{5,1,-1\}$.设直线 L_1 和 L_2 的夹角为 φ,则

$$\cos\varphi=\frac{|1\times5+(-2)\times1+7\times(-1)|}{\sqrt{1^2+(-2)^2+7^2}\times\sqrt{5^2+1^2+(-1)^2}}=\frac{2\sqrt{2}}{27}$$

例 8.6.10 求直线 $\frac{x+3}{3}=\frac{y+2}{-2}=z$ 与平面 $x+2y+2z=6$ 的交点和夹角.

解 将直线的参数式方程

$$\begin{cases}x=-3+3t\\y=-2-2t\\z=t\end{cases}$$

代入平面方程得

$$-3+3t+2(-2-2t)+2t=6$$

得

$$t=13$$

故所求交点为 $(36,-28,13)$.

另外,直线的方向向量为 $\boldsymbol{s}=\{3,-2,1\}$,平面的法向量为 $\boldsymbol{n}=\{1,2,2\}$,若设直线与平面的夹角为 φ,则

$$\sin\varphi=\frac{|3\times1+(-2)\times2+1\times2|}{\sqrt{3^2+(-2)^2+1^2}\times\sqrt{1^2+2^2+2^2}}=\frac{1}{3\sqrt{14}}$$

即

$$\varphi=\arcsin\frac{1}{3\sqrt{14}}$$

6. 过直线的平面簇

我们在处理平面与直线之间的问题时,还有一种平面簇的方法能给我们带来方便.

设直线 L 由方程组 $\begin{cases} A_1x+B_1y+C_1z+D_1=0 \\ A_2x+B_2y+C_2z+D_2=0 \end{cases}$ 所确定,其中系数 A_1,B_1,C_1 与 A_2,B_2,C_2 不成比例. 令

$$\mu_1(A_1x+B_1y+C_1z+D_1)+\mu_2(A_2x+B_2y+C_2z+D_2)=0 \qquad (8.6.8)$$

其中 μ_1,μ_2 为任意常数,且 $\mu_1^2+\mu_2^2\neq 0$. 式(8.6.8)表示一个平面,若某一点在直线 L 上,则点的坐标必满足直线的一般方程,因而也满足式(8.6.8),故式(8.6.8)表示过直线 L 的平面,且对应不同的 μ_1,μ_2 值时表示通过 L 的不同平面. 反之,通过直线 L 的任何平面都包含在式(8.6.8)所表示的一簇平面内. 通过定直线的所有平面的全体称为平面簇,式(8.6.8)就作为通过直线 L 的平面簇方程.

为了计算的方便,因为 $\mu_1^2+\mu_2^2\neq 0$,不妨假设 $\mu_1\neq 0$. 式(8.6.8)可变为

$$(A_1x+B_1y+C_1z+D_1)+\frac{\mu_2}{\mu_1}(A_2x+B_2y+C_2z+D_2)=0$$

令 $\dfrac{\mu_2}{\mu_1}=\lambda$,则

$$A_1x+B_1y+C_1z+D_1+\lambda(A_2x+B_2y+C_2z+D_2)=0$$

即为通过 L 的平面簇方程.

例 8.6.11 求直线 $\begin{cases} 2x-4y+z=0 \\ 3x-y-2z-9=0 \end{cases}$ 在平面 $4x-y+z=1$ 上的投影直线方程.

解 过直线 $\begin{cases} 2x-4y+z=0 \\ 3x-y-2z-9=0 \end{cases}$ 的平面簇的方程为

$$2x-4y+z+\lambda(3x-y-2z-9)=0$$

即

$$(2+3\lambda)x+(-4-\lambda)y+(1-2\lambda)z-9\lambda=0 \qquad (8.6.9)$$

其中 λ 为待定常数. 该平面与平面 $4x-y+z=1$ 垂直的条件是

$$(2+3\lambda)\times 4+(-4-\lambda)\times(-1)+(1-2\lambda)\times 1=0$$

得

$$\lambda=-\frac{13}{11}$$

代入式(8.6.9)得投影平面的方程为

$$17x+31y-37z-117=0$$

所以投影直线的方程为

$$\begin{cases} 2x-4y+z=0 \\ 17x+31y-37z-117=0 \end{cases}$$

习 题 8.6

1. 求过点 $A(2,-1,3)$ 和 $B(4,3,-5)$，且垂直于 $\overrightarrow{AB}$ 的平面方程.

2. 指出下列平面位置的特点，并画出图形.

   (1) $x=1$；　　(2) $y+z=1$；　　(3) $2x-3y-6=0$；　　(4) $\dfrac{x}{1}+\dfrac{y}{2}+\dfrac{z}{3}=1$.

3. 求过点 $M(1,1,-1)$ 且平行于平面 $x-y+2z+5=0$ 的平面方程.

4. 求过点 $P(1,-1,-1)$ 和点 $Q(2,2,4)$ 且与平面 $x+y-z=0$ 垂直的平面方程.

5. 求过 z 轴且过点 $(2,3,-1)$ 的平面方程.

6. 求过 $(1,1,-1),(-2,-2,2)$ 和 $(1,-1,2)$ 三点的平面方程.

7. 求平面 $2x-2y+z+5=0$ 与各坐标面的夹角的余弦.

8. 一平面过点 $(1,1,1)$，且同时垂直于平面 $\Pi_1:x-y+z=7$ 与平面 $\Pi_2:3x+2y-12z+5=0$，求此平面方程.

9. 求点 $(1,2,1)$ 到平面 $x+2y+2z-10=0$ 的距离.

10. 求过点 $(3,-2,-1)$ 与点 $(5,4,5)$ 的直线方程.

11. 求过点 $(2,-3,4)$ 且垂直于平面 $3x-y+2z=4$ 的直线方程.

12. 求过点 $(0,2,4)$ 且与两平面 $x+2z=1$ 和 $y-3z=2$ 平行的直线方程.

13. 求直线 $L_1:\dfrac{x-1}{1}=\dfrac{y}{-4}=\dfrac{z+3}{1}$ 和直线 $L_2:\dfrac{x}{2}=\dfrac{y+2}{-2}=\dfrac{z}{-1}$ 的夹角.

14. 求直线 $\dfrac{x-2}{1}=\dfrac{y-3}{1}=\dfrac{z-4}{2}$ 与平面 $2x+y+z-6=0$ 的交点与夹角.

15. 若直线过点 $(-1,0,4)$ 且与平面 $3x-4y+z-10=0$ 平行，又与直线 $\dfrac{x+1}{1}=\dfrac{y-3}{1}=\dfrac{z}{2}$ 相交，求该直线方程.

16. 证明：直线 $\dfrac{x}{1}=\dfrac{y-1}{2}=\dfrac{z+2}{-1}$ 与直线 $\dfrac{x-1}{2}=\dfrac{y}{1}=\dfrac{z-3}{4}$ 垂直相交.

*8.7　Matlab 软件简单应用

esh(Z)语句可以给出矩阵 Z 元素的三维消隐图，网络表面由 Z 坐标点定义，与前面叙述的 x-y 平面的线格相同，图形由邻近的点连接而成. 它可用来显示用其他方式难以输出的包含大量数据的大型矩阵，也可用来绘制 Z 变量函数. Matlab 软件具体使用方法可参考本书的附录 A.

显示两变量的函数 $Z=f(x,y)$，第一步需产生特定的行和列的 x-y 矩阵，然后计算函数在各网格点上的值,最后用 mesh 函数输出.

例 8.7.1 判断平面 $2x-y-3z+11=0$,球 $(x-3)^2+(y+5)^2+(z+2)^2=60^2$,椭球 $\dfrac{(x+30)^2}{40^2}+\dfrac{(y-20)^2}{100^2}+\dfrac{(z-100)^2}{10^2}=1$ 之间的位置关系.

```
x=-60:1:60;
y=-60:1:60;
[x,y]=meshgrid(x,y);
z=1/3*(2*x-y+11);
surf(x,y,z)
hold on
surf(x2,y2,z2)
[u,v]=meshgrid(0:0.1:2*pi);
x1=60*cos(u).*sin(v)+3;
y1=60*sin(u).*sin(v)-5;
z1=60*cos(v)-2;
surf(x1,y1,z1)
hold on
x2=40*cos(u).*sin(v)-30;
y2=100*sin(u).*sin(v)+20;
z2=10*cos(v)+100;
surf(x2,y2,z2)
```

plot3 命令将绘制二维图形的函数 plot 的特性扩展到三维空间图形.函数格式除了包括第三维的信息(比如 Z 方向)之外,与二维函数 plot 相同.plot3 一般语法调用格式是 plot3(x,y,z,S),这里 x,y 和 z 是向量或矩阵,s 是可选的字符串,用来指定颜色、标记符号和/或线形(s 可以省略).

plot3 可画出空间曲线,如图 8.7.1 所示.

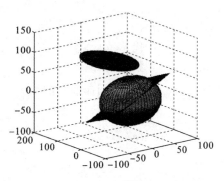

图 8.7.1

```
t=linspace(0,20*pi,501);
plot3(t.*sin(t),t.*cos(t),t);     % 注意用点乘 .*
```

亦可同时画出两条空间曲线,分别如图 8.7.2 和图 8.7.3 所示.

```
t=linspace(0,10*pi,501);
plot3(t.*sin(t),t.*cos(t),t,t.*sin(t),t.*cos(t),-t);
```

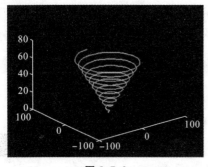
图 8.7.2

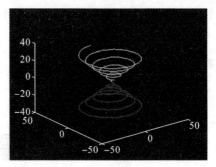
图 8.7.3

本 章 小 结

一、内容纲要

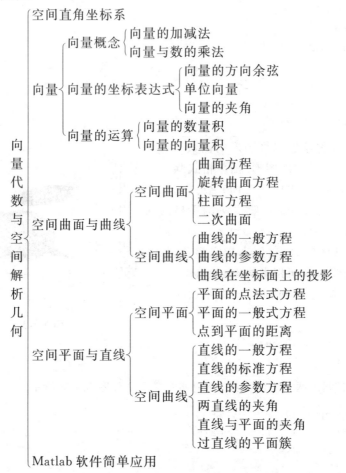

二、部分重难点内容分析

（1）本章内容可看成两大块：空间解析几何与向量代数。这两部分内容是相互渗透的。对于向量代数，应理解向量的概念，了解向量的运算及性质。特别要熟悉向量的坐标表达式及在向量坐标表示下的加减运算、数乘运算、点乘运算、叉乘运算；向量的模、单位向量、向量的方向角、方向余弦；两向量的夹角、两向量垂直、平行的充要条件等。

（2）应了解空间曲面与曲线方程的概念；知道以坐标轴为旋转轴的旋转曲面及母线平行于坐标轴的柱面的方程及图形；知道常用的二次曲面方程及其图形，特别是圆锥面、球面、椭球面、椭圆抛物面的方程和图形；要能依据它们的方程画出图形，在较简单的情况下能画出它们之间的交线，并会确定其交线在坐标面上的投影曲线及方程。对于空间曲线的方程，一般理解为空间两个曲面面的交线较为简单。

（3）空间平面与直线是本章的重点，也是难点。平面方程常见的有两种：一般方程 $Ax+By+Cz+D=0$ 和点法式方程 $A(x-x_0)+B(y-y_0)+C(z-z_0)=0$，其中 $M_0(x_0,y_0,z_0)$ 是平面上的一已知点；$\boldsymbol{n}=(A,B,C)$ 是平面的一个法向量。点法式方程是最常见的，也是最重要的。知道平面上的一个点与平面的一个法向量就可得到平面方程，很方便。平面的一般式方程很容易化为点法式方程。直线方程常见的有三种：一般式方程、标准式方程（也称点向式方程）、参数式方程。标准式方程是重点，知道一个点、一个方向向量就可得到直线的标准式方程。$\dfrac{x-x_0}{l}=\dfrac{y-y_0}{m}=\dfrac{z-z_0}{n}$，其中 $M_0(x_0,y_0,z_0)$ 是直线上一已知点，$\boldsymbol{s}=(l,m,n)$ 是直线的一方向向量，其他两类直线方程都易化为标准式方程。

（4）两平面的位置关系、两直线的位置关系、两直线的平行与垂直、平面与直线的位置关系以及平面与直线相互平行与垂直等知识点是我们必须能正确回答的。

（5）有关平面、直线的题目很多，有的简单，有的困难，我们在解决此类问题时，一要熟悉平面、直线的各种方程，二要了解它们的位置关系，三要熟悉向量代数的有关知识，在此基础上，依据题意，画出图形，分析已知、所求的关系，那么一般问题都是不难解决的。在做题的过程中要总结经验、开阔思路、提高解题能力。

复习题 8

一、填空题

1. 设 $|\boldsymbol{a}+\boldsymbol{b}|=|\boldsymbol{a}-\boldsymbol{b}|$，$\boldsymbol{a}=\{3,-5,8\}$，$\boldsymbol{b}=\{-1,-1,z\}$，则 $z=$ _____．

2. 已知向量 $\boldsymbol{a},\boldsymbol{b}$ 的夹角等于 $\dfrac{\pi}{3}$，且 $|\boldsymbol{a}|=2$，$|\boldsymbol{b}|=5$，则 $(\boldsymbol{a}-2\boldsymbol{b})\cdot(\boldsymbol{a}+3\boldsymbol{b})=$ _____．

3. 已知 $A(3,5,2), B(1,7,4), C(2,8,0)$，则 $\overrightarrow{AB} \cdot \overrightarrow{AC}=$ _____.

4. 平面方程 $\frac{x}{a}+\frac{y}{b}+\frac{z}{c}=1$ 的法向量 $\boldsymbol{n}=$ _____. a,b,c 的几何意义是 _____.

5. 以点 $(1,3,-2)$ 为球心，且通过坐标原点的球面方程为 _____.

6. 坐标面 xOz 面上的曲线 $x^2+z^2-10z+9=0$ 绕坐标轴 z 轴旋转一周得到的曲面方程是 _____.

7. 经过 $P(3,2,-1)$ 且平行 z 轴的直线方程是 _____.

8. 母线平行 z 轴，准线为 $\begin{cases} x^2+4y^2=z \\ z=25 \end{cases}$ 的柱面方程是 _____.

二、选择题

1. 对任意向量 $\boldsymbol{a}$ 与 $\boldsymbol{b}$，下列表达式中错误的是（   ）.
   A. $|\boldsymbol{a}|=|-\boldsymbol{a}|$
   B. $|\boldsymbol{a}|+|\boldsymbol{b}|>|\boldsymbol{a}+\boldsymbol{b}|$
   C. $|\boldsymbol{a}|\cdot|\boldsymbol{b}|\geqslant|\boldsymbol{a}\cdot\boldsymbol{b}|$
   D. $|\boldsymbol{a}|\cdot|\boldsymbol{b}|\geqslant|\boldsymbol{a}\times\boldsymbol{b}|$

2. 原点 $O(0,0,0)$ 到平面 $x+2y+3z=6$ 的距离是（   ）.
   A. $\frac{2}{5}$　　　B. $\frac{3\sqrt{14}}{7}$　　　C. 6　　　D. 1

3. 与直线 $l: x-1=y+2=z+1$ 平行且经过点 $A(2,5,2)$ 的直线是（   ）.
   A. $x+2=y+5=z+2$
   B. $x-2=y-5=z-2$
   C. $\frac{x+2}{1}=\frac{y+5}{7}=\frac{z+2}{3}$
   D. $\frac{x-2}{1}=\frac{y-5}{7}=\frac{z-2}{3}$

4. 下列平面中与直线 $\frac{x-2}{3}=\frac{y+2}{-1}=\frac{z}{-2}$ 垂直的是（   ）.
   A. $x-5y+4z-12=0$
   B. $2x-y-z-6=0$
   C. $3x-y-2z+11=0$
   D. $3x+y+2z-17=0$

5. 曲线 $\frac{x^2}{3^2}+\frac{y^2}{4^2}-\frac{z^2}{5^2}=1$ 与平面 $y=4$ 相交，得到的图形是（   ）.
   A. 一个椭圆　　B. 一条双曲线　　C. 两条相交直线　D. 一条抛物线

三、计算题

1. 已知两点 $M_1(2,2,\sqrt{2})$ 与 $M_2(1,3,0)$，计算向量 $\overrightarrow{M_1M_2}$ 的模、方向余弦和方向角.

2. 已知 $\boldsymbol{a},\boldsymbol{b}$ 为两非零不共线向量，求证：$(\boldsymbol{a}-\boldsymbol{b})\times(\boldsymbol{a}+\boldsymbol{b})=2(\boldsymbol{a}\times\boldsymbol{b})$.

3. 求过点 $(3,0,-1)$ 且与平面 $3x-7y+5z-12=0$ 平行的平面方程.

4. 求过 $(1,1,-1),(-2,-2,2)$ 和 $(1,-1,2)$ 三点的平面方程.

5. 求通过直线 $\frac{x-1}{2}=\frac{y+2}{-3}=\frac{z-2}{2}$ 且垂直于平面 $3x+2y-z-5=0$ 的平面方程.

6. 设平面过原点及$(6,-3,2)$，且与平面$4x-y+2z=8$互相垂直，求此平面方程.

7. 求过点$M_1(3,-2,1)$和$M_2(-1,0,2)$的直线方程.

8. 求直线$\begin{cases}5x-3y+3z-9=0\\3x-2y+z-1=0\end{cases}$与直线$\begin{cases}2x+2y-z=-23\\3x+8y+z=18\end{cases}$的夹角的余弦.

9. 求过点$(0,2,4)$且与两平面$x+2z=1$和$y-3z=2$平行的直线方程.

10. 设一直线过点$A(2,-3,4)$，且与y轴垂直相交，求其方程.

11. 求直线$\dfrac{x-2}{1}=\dfrac{y-3}{1}=\dfrac{z-4}{2}$与平面$2x+y+z=6$的交点.

12. 求过点$(-1,0,4)$且平行于平面$3x-4y+z-10=0$，又与直线$\dfrac{x+1}{1}=\dfrac{y-3}{1}=\dfrac{z}{2}$相交的直线的方程.

第9章 多元函数微分法及其应用

前面我们讨论的函数都是只有一个自变量的函数,这样的函数叫做一元函数.在实际问题中,经常会涉及多个因素,反映到数学上,就是一个变量依赖于多个变量,即多元函数.本章将在一元函数微分法的基础上,讨论多元函数微分法及其应用.由于多元函数是一元函数的推广,因此它也具有一元函数的许多性质,同时,由于自变量的增加,也就产生了一些新的问题.因此,我们在接下来的学习中要注意区别.本章讨论中以二元函数为主,二元以上函数的情况可以类推.

9.1 多元函数的基本概念

9.1.1 区域

讨论一元函数时,经常用到邻域和区间的概念.为了讨论多元函数,首先要把邻域和区间的概念加以推广,同时还需涉及一些其他概念.

1. 邻域

设 $P_0(x_0, y_0)$ 是 xOy 平面上的一个点,以 P_0 点为中心,以 $\delta>0$ 为半径的圆内所有点的全体,称为点 P_0 的 δ 邻域,记为 $\bigcup(P_0, \delta)$,即点集

$$\bigcup(P_0, \delta) = \{(x, y) \mid (x-x_0)^2 + (y-y_0)^2 < \delta^2\}$$

点 P_0 的去心邻域,记作 $\overset{\circ}{\bigcup}(P_0, \delta)$,且

$$\overset{\circ}{\bigcup}(P_0, \delta) = \{(x, y) \mid 0 < (x-x_0)^2 + (y-y_0)^2 < \delta^2\}$$

如果不需要强调邻域的半径 δ,则用 $\bigcup(P_0)$ 表示点 P_0 的某个邻域,点 P_0 的去心邻域记作 $\overset{\circ}{\bigcup}(P_0)$.

利用邻域的概念,可以描述平面上的点与点集之间的关系.设 E 为平面 xOy 面上的点集,P 为 xOy 平面上的任一点,则 P 与 E 之间的关系有以下三种.

(1) 内点:若存在 $\delta>0$,使得 $\bigcup(P_0, \delta) \subset E$,则称 P_0 为 E 的内点(图 9.1.1 所示中 P_1 为 E 的内点).

(2) 外点:若存在 $\delta>0$,使得 $\bigcup(P_0, \delta) \cap E = \varnothing$,则称 P_0 为 E 的外点(图 9.1.1 所示中 P_2 为 E 的外点).

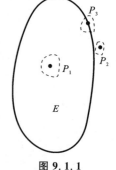

图 9.1.1

(3) 边界点:如果点 P_0 的任一邻域内既有属于 E 的点,又有不属于 E 的点(点 P_0 本身可以属于 E,也可以不属于 E),则称 P_0 为 E 的边界点. E 的边界点的全体称为 E 的边界(图 9.1.1 所示中的 P_3 为 E 的边界点).

由上述定义可知: E 的内点必属于 E; E 的外点必不属于 E;而 E 的边界点可能属于 E,也可能不属于 E.

2. 开集、闭集

开集:如果点集 E 的任一点都是内点,则称 E 为开集.

闭集:如果点集 E 的边界点都是 E 中的点,则称 E 为闭集.

例如: $E=\{(x,y)\mid 2<x^2+y^2<4\}$ 是开集, $E=\{(x,y)\mid 2\leqslant x^2+y^2\leqslant 4\}$ 是闭集,而 $E\{(x,y)\mid 2<x^2+y^2\leqslant 4\}$ 既非开集,也非闭集.

3. 开区域、闭区域

开区域:设 E 是开集,若对于 E 内任意两点都可用折线连接起来,且该折线上的点都属于 E,则称开集 E 是连通的,连通的开集称为区域或开区域.

闭区域:开区域连同它的边界称为闭区域.

例如: $\{(x,y)\mid x+y>2\}$, $\{(x,y)\mid 2<x^2+y^2<4\}$ 都是开区域,而 $\{(x,y)\mid 2\leqslant x^2+y^2\leqslant 4\}$, $\{(x,y)\mid x+y\geqslant 2\}$ 都是闭区域.

对于点集 E,如果存在正数 M,使一切点 $P\in E$ 与某一固定点 A 间的距离 $|AP|\leqslant M$,则称 E 为有界点集,否则称为无界点集.例如: $\{(x,y)\mid 2\leqslant x^2+y^2\leqslant 4\}$ 是有界闭区域, $\{(x,y)\mid x^2+y^2>2\}$ 是无界区域.

9.1.2 多元函数的定义

一元函数用于研究一个变量对因变量的影响.在许多实际问题,特别是经济问题中,往往要研究多个自变量对因变量的影响,此时有必要引入多元函数的概念.

定义 9.1.1 设 D 是 xOy 平面上的一个点集,如果对于 D 中的任意点 (x,y),变量 z 按照某个确定的法则总有确定的、唯一的值与之对应,则称变量 z 是变量 x 和 y 的二元函数,记为

$$z=f(x,y),\quad (x,y)\in D$$

其中, D 称为该二元函数的定义域,数集 $\{z\mid z=f(x,y),(x,y)\in D\}$ 称为该二元函数的值域, x,y 称为该二元函数的自变量, z 称为该二元函数的因变量.

与一元函数类似,当自变量 x,y 分别取值 x_0,y_0 时,因变量 z 的对应值 z_0 称为函数 $z=f(x,y)$ 当 $x=x_0,y=y_0$ 时的函数值,记做 $z_0=f(x_0,y_0)$ 或 $z\big|_{\substack{x=x_0\\y=y_0}}$.

类似地,可以定义三元、四元、…、n 元函数.例如,三元函数 $u=f(x,y,z)$.二元以及二元以上的函数统称为多元函数.

与一元函数类似,二元函数的定义域是以使得这个算式有意义的自变量 x 与 y

的取值构成的平面上的点集. 例如函数 $z=\dfrac{1}{x+y}$ 的定义域为 $\{(x,y)|x+y\neq 0\}$；又如函数 $z=\ln(x+y)$ 的定义域为 $\{(x,y)|x+y>0\}$.

图 9.1.2 所示是一个无界开区域.

若从实际问题出发建立一个多元函数,则该函数的自变量有其实际意义,其取值范围(亦即函数的定义域)要符合实际.

一般地,一元函数 $y=f(x)$ 在平面直角坐标系中表示一条曲线. 对于二元函数 $z=f(x,y)$,可以取一个空间直角坐标系 $Oxyz$,定义域 D 是 xOy 平面中的一个区域,D 中每一点 $P(x,y)$ 与所对应的函数值 z 一起组成一个三元有序数组 (x,y,z),对应于空间一点 P',当 (x,y) 取遍 D 中所有点时,三元有序数组 (x,y,z) 对应的点的集合一般表示空间中的一个曲面,而曲面的方程即 $z=f(x,y)$,如图 9.1.3 所示.

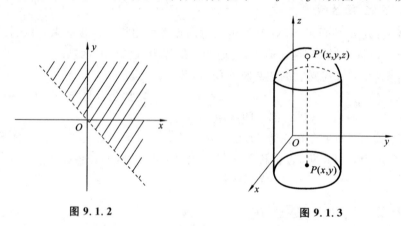

图 9.1.2   图 9.1.3

我们通常也说二元函数的图形是一张曲面. 例如,线性函数 $z=ax+by+c$ 的图形是一张平面,函数 $z=\sqrt{1-x^2-y^2}$ 的图形是位于 xOy 面上方、中心在坐标原点的单位半球面,$z=x^2+y^2$ 的图形是旋转抛物面.

而有一些二元函数的图形是无法用曲面表示的,例如

$$z=\begin{cases} 1 & x,y \text{ 都是有理数} \\ -1 & x,y \text{ 都是无理数} \\ 0 & x,y \text{ 中一个是有理数,另一个是无理数} \end{cases}$$

9.1.3 二元函数的极限

现讨论二元函数 $z=f(x,y)$,当 $x\to x_0, y\to y_0$,即 $P(x,y)\to P_0(x_0,y_0)$ 时的极限.

定义 9.1.2 设二元函数 $z=f(x,y)$ 在点 $P_0(x_0,y_0)$ 的某一去心邻域内有定义. 如果当点 $P(x,y)$ 以任意方式趋近于点 $P_0(x_0,y_0)$(即 $|PP_0|=\sqrt{(x-x_0)^2-(y-y_0)^2}\to$

0)时,$f(x,y)$ 趋向于某一个确定的常数 A,那么就称 A 为二元函数 $f(x,y)$ 当 $P(x,y)$ 趋向于 $P_0(x_0,y_0)$ 时的极限,记为

$$\lim_{\substack{x \to x_0 \\ y \to y_0}} f(x,y) = A \quad \text{或} \quad \lim_{(x,y) \to (x_0,y_0)} f(x,y) = A \quad \text{或} \quad \lim_{P \to P_0} f(x,y) = A$$

我们把二元函数的极限叫二重极限,以上二元函数的极限概念可推广到多元函数上去.

与一元函数类似,并不是所有的二元函数都存在极限. 如果当点 $P(x,y)$ 以不同的方式趋向于 $P_0(x_0,y_0)$ 时,函数 $f(x,y)$ 趋向于不同的值,就可以断定这个函数当 $P(x,y) \to P_0(x_0,y_0)$ 时其极限不存在. 例如,函数 $f(x,y) = \begin{cases} \dfrac{xy}{x+y} & (x,y) \neq (0,0) \\ 0 & (x,y) = (0,0) \end{cases}$,当点 $P(x,y)$ 沿 x 轴(即 $y=0$)趋向于点 $P_0(0,0)$ 时,有

$$\lim_{\substack{(x,y) \to (0,0) \\ y=0}} f(x,y) = \lim_{x \to 0} f(x,0) = 0$$

当点 $P(x,y)$ 沿着曲线 $y = x^2 - x$ 趋向于点 $P_0(0,0)$ 时,有

$$\lim_{\substack{x \to 0 \\ y = x^2 - x \to 0}} f(x,y) = \lim_{x \to 0} \frac{x(x^2-x)}{x + x^2 - x} = \lim_{x \to 0} \frac{x^3 - x^2}{x^2} = -1$$

可见,存在不同的路线,使得 $(x,y) \to (0,0)$ 时 $f(x,y)$ 的极限不同. 因此 $\lim\limits_{(x,y) \to (0,0)} f(x,y)$ 不存在.

例 9.1.1 求 $\lim\limits_{(x,y) \to (2,0)} \dfrac{\sin xy}{y}$.

解 原式 $= \lim\limits_{(x,y) \to (2,0)} \dfrac{\sin xy}{xy} \cdot x = 1 \times 2 = 2$

例 9.1.2 设函数 $f(x,y) = \begin{cases} \dfrac{xy}{x^2+y^2} & (x,y) \neq (0,0) \\ 0 & (x,y) = (0,0) \end{cases}$,证明 $\lim\limits_{(x,y) \to (0,0)} f(x,y)$ 不存在.

证明 当点 $P(x,y)$ 沿 x 轴($y=0$)趋向于 $P_0(0,0)$ 时,$\lim\limits_{\substack{x \to 0 \\ y = 0}} f(x,y) = \lim\limits_{x \to 0} f(x,0) = 0$.

当点 $P(x,y)$ 沿 $y = kx$ 趋向于 $P_0(0,0)$ 时有

$$\lim_{\substack{x \to 0 \\ y = kx \to 0}} \frac{xy}{x^2 + y^2} = \lim_{x \to 0} \frac{kx^2}{x^2 + k^2 x^2} = \frac{k}{1+k^2}$$

为 k 的函数,随 k 值的不同而不同,故 $\lim\limits_{(x,y) \to (0,0)} f(x,y)$ 不存在.

9.1.4 二元函数的连续性

与一元函数的情形类似,二元函数的连续性与二元函数的极限有关.

定义 9.1.3 设函数 $z=f(x,y)$ 在点 P_0 的某邻域内有定义,如果当点 $P(x,y)$ 趋向于点 $P_0(x_0,y_0)$ 时,函数 $z=f(x,y)$ 的极限存在,且等于函数在点 P_0 处的函数值,即

$$\lim_{\substack{x \to x_0 \\ y \to y_0}} f(x,y) = f(x_0, y_0) \quad \text{或} \quad \lim_{P \to P_0} f(P) = f(P_0)$$

则称函数 $z=f(x,y)$ 在点 $P_0(x_0,y_0)$ 处连续.

如果函数 $f(x,y)$ 在开区域(或闭区域)D 内每一点都连续,则称函数 $f(x,y)$ 在 D 内连续,或称 $f(x,y)$ 是 D 内的连续函数.

如果 $z=f(x,y)$ 在点 $P_0(x_0,y_0)$ 不连续,则称点 $P_0(x_0,y_0)$ 为函数 $z=f(x,y)$ 的间断点.

由定义可知:如果函数 $z=f(x,y)$ 在 $P_0(x_0,y_0)$ 无定义,或虽有定义但当 P 趋向于 P_0 时函数的极限不存在,或虽极限存在但极限值不等于该点的函数值,则 $P_0(x_0,y_0)$ 均为函数 $z=f(x,y)$ 的间断点.

例如,$(0,0)$ 是函数 $f(x,y)=\dfrac{1}{x^2+y^2}$ 的间断点,$x+y=0$ 是函数 $f(x,y)=\dfrac{xy}{x+y}$ 的间断线.

类似地,可定义 n 元函数的连续性与间断点.

与一元函数类似,二元函数在有界闭区域上有如下性质.

(1) **最值定理**. 定义在有界闭区域 D 上的二元连续函数在 D 上一定有最大值和最小值.

(2) **介值定理**. 定义在有界闭区域 D 上的二元连续函数,如果 $P_1, P_2 \in D$,$f(P_1) \neq f(P_2)$,又 ξ 为介于 $f(P_1)$ 与 $f(P_2)$ 之间的任意值,则存在 $P \in D$,使 $f(P) = \xi$.

特殊地,若 ξ 是函数在 D 上的最小值 m 与最大值 M 之间任一个数,则在 D 上至少有一点 Q,使 $f(Q) = \xi$.

和一元函数一样,利用二元函数的极限运算法则可以证明,多元连续函数的和、差、积、商(分母不为零)仍是连续函数,多元连续函数的复合函数也是连续函数.

与一元函数类似,可以将二元初等函数定义为能用一个算式所表达的二元函数,而这个式子是由常量及基本初等函数经过有限次的四则运算和复合运算所构成的. 所有二元初等函数在其定义区域内都是连续的.

例如,$P_0(x_0,y_0)$ 是二元初等函数 $z=f(x,y)$ 的定义区域内的点,则有

$$\lim_{\substack{x \to x_0 \\ y \to y_0}} f(x,y) = f(x_0, y_0).$$

例 9.1.3 求极限 $\lim\limits_{\substack{x \to 1 \\ y \to 2}} \dfrac{xy-2}{\sqrt{xy+2}-2}$.

解 因为 $\lim\limits_{\substack{x \to 1 \\ y \to 2}} \dfrac{xy-2}{\sqrt{xy+2}-2} = \lim\limits_{\substack{x \to 1 \\ y \to 2}} (\sqrt{xy+2}+2)$,而函数 $\sqrt{xy+2}+2$ 在点 $(1,2)$ 处

连续,故
$$\lim_{\substack{x\to 1\\y\to 2}}\frac{xy-2}{\sqrt{xy+2}-2}=\lim_{\substack{x\to 1\\y\to 2}}(\sqrt{xy+2}+2)=\sqrt{1\times 2+2}+2=4$$

习 题 9.1

1. 已知函数 $f(x,y)=\dfrac{2xy}{x^2+y^2}$,求 $f(y,x),f(tx,ty),f\left(1,\dfrac{y}{x}\right)$.

2. 求下列函数的定义域并画出定义域的图形.

   (1) $z=\sqrt{x-\sqrt{y}}$;
   (2) $z=\dfrac{1}{\sqrt{R^2-(x^2+y^2+z^2)}}$;

   (3) $z=\dfrac{1}{\sqrt{x+y}}+\dfrac{1}{\sqrt{x-y}}$;
   (4) $z=\arcsin\dfrac{y}{x}$;

   (5) $z=\ln(y-x)+\dfrac{\sqrt{x}}{\sqrt{1-x^2-y^2}}$;
   (6) $z=\dfrac{\sqrt{x}}{x^2+y^2}$.

3. 已知函数 $f(u,v)=u^v$,求 $f(xy,x+y)$.

4. 求下列各极限:

   (1) $\lim\limits_{\substack{x\to 0\\y\to 1}}\dfrac{1-xy}{x^2+y^2}$;
   (2) $\lim\limits_{\substack{x\to 0\\y\to 0}}\dfrac{\tan(xy^2)}{y}$;

   (3) $\lim\limits_{\substack{x\to 0\\y\to 0}}\dfrac{\sqrt{xy+4}-2}{xy}$;
   (4) $\lim\limits_{\substack{x\to 0\\y\to 0}}(1+xy)^{\frac{1}{x}}$.

5. 函数 $z=\dfrac{y^2+x}{y^2-x}$ 在何处是间断的?

6. 证明极限 $\lim\limits_{\substack{x\to 0\\y\to 0}}\dfrac{x+y}{x-y}$ 不存在.

7. 函数 $f(x,y)=\begin{cases}\dfrac{xy}{x^2+y^2} & (x^2+y^2\neq 0)\\ 0 & (x^2+y^2=0)\end{cases}$ 在点 $(0,0)$ 处是否连续?

8. 若 $z=f(x,y)$ 在 $P_0(x_0,y_0)$ 处连续,那么两个一元函数 $f(x,y_0)$ 和 $f(x_0,y)$ 分别在 $x=x_0$ 和 $y=y_0$ 处是否连续?反过来呢?

9.2 偏导数与全微分

9.2.1 偏导数的概念

一元函数中,我们研究了函数的变化率,引入了导数的概念.在实际问题中,我们往往需要研究多元函数的变化率. 以二元函数 $z=f(x,y)$ 为例,如果只有自变量 x 变化,而自变量 y 固定(即看作常量),这时它就是 x 的一元函数,这时函数 $f(x,y)$ 对 x 的导数就称为二元函数 $z=f(x,y)$ 对于 x 的偏导数. 同理,当自变量 x 固定,只有自变量 y 变化时,函数 $f(x,y)$ 对 y 的导数就称为函数 $f(x,y)$ 对 y 的偏导数. 因此,多元函数的偏导数实质上也是一个一元函数的导数,所谓"偏",是指对其中的一个自变量而言的.

定义 9.2.1 设二元函数 $z=f(x,y)$ 在点 $P_0(x_0,y_0)$ 的某邻域内有定义,当 y 固定在 y_0 而 x 在 x_0 处有增量 Δx 时,相应的函数有偏增量,记为 $\Delta_x z$:
$$\Delta_x z=f(x_0+\Delta x,y_0)-f(x_0,y_0)$$
如果 $\Delta x\to 0$ 时比值 $\dfrac{\Delta_x z}{\Delta x}$ 的极限存在,即 $\lim\limits_{\Delta x\to 0}\dfrac{f(x_0+\Delta x,y_0)-f(x_0,y_0)}{\Delta x}$ 存在,则称此极限值为函数 $z=f(x,y)$ 在点 (x_0,y_0) 处对 x 的偏导数,记为
$$f_x(x_0,y_0) \text{ 或 } \left.\frac{\partial f}{\partial x}\right|_{(x_0,y_0)},\left.\frac{\partial z}{\partial x}\right|_{(x_0,y_0)},\left.z_x\right|_{(x_0,y_0)}$$

类似地,可以定义函数 $z=f(x,y)$ 在点 $P_0(x_0,y_0)$ 处对 y 的偏导数为
$$\lim_{\Delta y\to 0}\frac{\Delta_y z}{\Delta y}=\lim_{\Delta y\to 0}\frac{f(x_0,y_0+\Delta y)-f(x_0,y_0)}{\Delta y}$$
记为
$$f_y(x_0,y_0) \text{ 或 } \left.\frac{\partial f}{\partial y}\right|_{(x_0,y_0)},\left.\frac{\partial z}{\partial y}\right|_{(x_0,y_0)},\left.z_y\right|_{(x_0,y_0)}$$

这里的 $\left.\dfrac{\partial f}{\partial x}\right|_{(x_0,y_0)}$ 还可记为 $\left.\dfrac{\partial f}{\partial x}\right|_{\substack{x=x_0\\y=y_0}}$,其他类似.

如果函数 $z=f(x,y)$ 在平面区域 D 内每一点 $P(x,y)$ 处对 x 的偏导数都存在,那么这个偏导数仍是关于 x,y 的函数,称这个函数为 $z=f(x,y)$ 对自变量 x 的偏导函数(简称偏导数),记为
$$f_x(x,y) \text{ 或 } \frac{\partial f}{\partial x},\frac{\partial z}{\partial x},z_x$$
即
$$f_x(x,y)=\lim_{\Delta x\to 0}\frac{f(x+\Delta x,y)-f(x,y)}{\Delta x}$$

类似地,可以定义函数 $z=f(x,y)$ 对自变量 y 的偏导函数,记为
$$f_y(x,y) \text{ 或 } \frac{\partial f}{\partial y},\frac{\partial z}{\partial y},z_y$$
即
$$f_y(x,y)=\lim_{\Delta y\to 0}\frac{f(x,y+\Delta y)-f(x,y)}{\Delta y}$$

偏导数的概念可以推广到二元以上的函数. 如三元函数 $u=f(x,y,z)$ 在点 (x,y,z) 处对 x 的偏导数定义为 $f_x(x,y,z)=\lim\limits_{\Delta x\to 0}\dfrac{f(x+\Delta x,y,z)-f(x,y,z)}{\Delta x}$,对 y,z 的偏导数类似.

9.2.2 偏导数的计算

由偏导数的定义可知,求多元函数的偏导数并不需要什么新的方法和技巧.在对多元函数的某一个自变量求偏导数时,只需视其他变量为常数,根据一元函数的求导公式和求导法则求导即可.

例 9.2.1 求 $z=xy^2+x^2$ 在 $P_0(1,2)$ 处的偏导数.

解 求 z 对 x 的偏导数时,把 y 看做常量,$\dfrac{\partial z}{\partial x}=y^2+2x$,$\dfrac{\partial z}{\partial x}\Big|_{(1,2)}=6$;

求 z 对 y 的偏导数时,把 x 看做常量,$\dfrac{\partial z}{\partial y}=2xy$,$\dfrac{\partial z}{\partial y}\Big|_{(1,2)}=4$.

例 9.2.2 求函数 $z=x^y(x>0)$ 的偏导数.

解 把 y 看做常量,所给函数即为 x 的幂函数,故 $\dfrac{\partial z}{\partial x}=yx^{y-1}$;

把 x 看做常量,所给函数即为 y 的指数函数,故 $\dfrac{\partial z}{\partial y}=x^y\ln x$.

例 9.2.3 理想气体的状态方程为 $PV=RT$(R 为常量),求证:$\dfrac{\partial P}{\partial V}\cdot\dfrac{\partial V}{\partial T}\cdot\dfrac{\partial T}{\partial P}=-1$.

证明 由 $P=\dfrac{RT}{V}$ 知,$\dfrac{\partial P}{\partial V}=-\dfrac{RT}{V^2}$

由 $V=\dfrac{RT}{P}$ 知,$\dfrac{\partial V}{\partial T}=\dfrac{R}{P}$

由 $T=\dfrac{PV}{R}$ 知,$\dfrac{\partial T}{\partial P}=\dfrac{V}{R}$

故 $\dfrac{\partial P}{\partial V}\cdot\dfrac{\partial V}{\partial T}\cdot\dfrac{\partial T}{\partial P}=-\dfrac{RT}{V^2}\cdot\dfrac{R}{P}\cdot\dfrac{V}{R}=-\dfrac{RT}{PV}=-1$

此例表明,偏导数记号是一个整体符号,不能像一元函数的导数那样可看做函数的微分之商,即不能看做分子与分母之商.

例 9.2.4 求函数 $f(x,y)=\begin{cases}\dfrac{xy}{x^2+y^2} & (x^2+y^2\neq 0)\\ 0 & (x^2+y^2=0)\end{cases}$ 在点 $(0,0)$ 处的偏导数.

解 函数 $f(x,y)$ 在点 $(0,0)$ 处对 x 的偏导数为

$$f_x(0,0)=\lim_{\Delta x\to 0}\dfrac{f(0+\Delta x,0)-f(0,0)}{\Delta x}=\lim_{\Delta x\to 0}0=0$$

同样还有

$$f_y(0,0)=\lim_{\Delta y\to 0}\dfrac{f(0,0+\Delta y)-f(0,0)}{\Delta y}=\lim_{\Delta y\to 0}0=0$$

即函数在 $(0,0)$ 处的偏导数为 $f_x(0,0)=0$,$f_y(0,0)=0$.

在例 9.1.2 中,我们已证明 $\lim\limits_{(x,y)\to(0,0)} f(x,y)$ 不存在,即 $f(x,y)$ 在点 $(0,0)$ 处不连续.由此说明:二元函数在某一点处偏导数存在,但不一定在该点处连续.

9.2.3 偏导数的几何意义

设 $M(x_0,y_0,f(x_0,y_0))$ 为曲面 $z=f(x,y)$ 上一点,过 M 作平面 $y=y_0$,截曲面得一曲线,此曲线在平面 $y=y_0$ 上,方程为 $z=f(x,y_0)$,则偏导 $f_x(x_0,y_0)$ 即导数 $\dfrac{\mathrm{d}}{\mathrm{d}x}f(x,y_0)\Big|_{x=x_0}$ 为曲线 $\begin{cases} z=f(x,y_0) \\ y=y_0 \end{cases}$ 在点 M 处的切线对 x 轴的斜率.类似地,偏导数 $f_y(x_0,y_0)=\dfrac{\mathrm{d}}{\mathrm{d}y}f(x_0,y)\Big|_{y=y_0}$ 的几何意义是曲面 $z=f(x,y)$ 被平面 $x=x_0$ 所截得曲线 $z=f(x_0,y)$ 在 M 点处的切线对 y 轴的斜率,如图 9.2.1 所示.

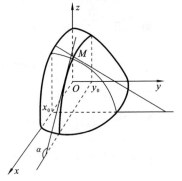

图 9.2.1

9.2.4 高阶偏导数

与一元函数的高阶导数类似,我们可以定义多元函数的高阶偏导数.

设函数 $z=f(x,y)$ 在区域 D 内具有偏导数

$$\frac{\partial z}{\partial x}=f_x(x,y), \quad \frac{\partial z}{\partial y}=f_y(x,y)$$

可见在 D 内 $f_x(x,y), f_y(x,y)$ 仍然都是关于 x,y 的函数.如果这两个函数的偏导数也存在,则称它们是函数 $z=f(x,y)$ 的二阶偏导数.将 $f_x(x,y), f_y(x,y)$ 分别对 x,y 求偏导,按照不同的次序有下列 4 个二阶偏导数:

(1) $\dfrac{\partial}{\partial x}\left(\dfrac{\partial z}{\partial x}\right)\xlongequal{\text{记为}}\dfrac{\partial^2 z}{\partial x^2}$ 或 $f_{xx}(x,y)$ 　　(2) $\dfrac{\partial}{\partial y}\left(\dfrac{\partial z}{\partial x}\right)\xlongequal{\text{记为}}\dfrac{\partial^2 z}{\partial x\partial y}$ 或 $f_{xy}(x,y)$

(3) $\dfrac{\partial}{\partial x}\left(\dfrac{\partial z}{\partial y}\right)\xlongequal{\text{记为}}\dfrac{\partial^2 z}{\partial y\partial x}$ 或 $f_{yx}(x,y)$ 　　(4) $\dfrac{\partial}{\partial y}\left(\dfrac{\partial z}{\partial y}\right)\xlongequal{\text{记为}}\dfrac{\partial^2 z}{\partial y^2}$ 或 $f_{yy}(x,y)$

其中,式(2)和式(3)称为混合偏导数.

类似地,可定义三阶、四阶及更高阶的偏导数.二阶及二阶以上的偏导数统称为高阶偏导数.

例 9.2.5 设 $z=x^3y^2-xy^3+3xy-1$,求此函数的二阶偏导数.

解
$$\frac{\partial z}{\partial x}=3x^2y^2-y^3+3y, \quad \frac{\partial z}{\partial y}=2x^3y-3xy^2+3x$$

$$\frac{\partial^2 z}{\partial x^2}=\frac{\partial}{\partial x}\left(\frac{\partial z}{\partial x}\right)=6xy^2, \quad \frac{\partial^2 z}{\partial x\partial y}=\frac{\partial}{\partial y}\left(\frac{\partial z}{\partial x}\right)=6x^2y-3y^2+3$$

$$\frac{\partial^2 z}{\partial y \partial x} = \frac{\partial}{\partial x}\left(\frac{\partial z}{\partial y}\right) = 6x^2 y - 3y^2 + 3, \quad \frac{\partial^2 z}{\partial y^2} = \frac{\partial}{\partial y}\left(\frac{\partial z}{\partial y}\right) = 2x^3 - 6xy$$

从上例中可明显观察到,两个混合偏导数相同,这并非偶然,对此,我们有如下定理.

定理 1 如果函数 $z = f(x,y)$ 的两个二阶混合偏导数 $\dfrac{\partial^2 z}{\partial x \partial y}$ 及 $\dfrac{\partial^2 z}{\partial y \partial x}$ 在区域 D 内连续,那么在该区域内这两个二阶混合偏导数必相等. 即

$$\frac{\partial^2 z}{\partial x \partial y} = \frac{\partial^2 z}{\partial y \partial x}$$

证明从略.

例 9.2.6 若函数 $z = \ln \sqrt{x^2 + y^2}$,验证 $\dfrac{\partial^2 z}{\partial x^2} + \dfrac{\partial^2 z}{\partial y^2} = 0$.

证明 由于 $z = \ln \sqrt{x^2 + y^2} = \dfrac{1}{2} \ln(x^2 + y^2)$,故

$$\frac{\partial z}{\partial x} = \frac{x}{x^2 + y^2}, \quad \frac{\partial z}{\partial y} = \frac{y}{x^2 + y^2}$$

$$\frac{\partial^2 z}{\partial x^2} = \frac{(x^2 + y^2) - x \cdot 2x}{(x^2 + y^2)^2} = \frac{y^2 - x^2}{(x^2 + y^2)^2}$$

$$\frac{\partial^2 z}{\partial y^2} = \frac{(x^2 + y^2) - y \cdot 2y}{(x^2 + y^2)^2} = \frac{x^2 - y^2}{(x^2 + y^2)^2}$$

因此

$$\frac{\partial^2 z}{\partial x^2} + \frac{\partial^2 z}{\partial y^2} = \frac{y^2 - x^2}{(x^2 + y^2)^2} + \frac{x^2 - y^2}{(x^2 + y^2)^2} = 0$$

9.2.5 全微分及其应用

1. 全微分的定义

前面我们学习了一元函数 $y = f(x)$ 的微分概念,知道

$$\mathrm{d}y = f'(x) \Delta x, \quad \Delta y = \mathrm{d}y + o(\Delta x)$$

上述式子表明:$\mathrm{d}y$ 关于 Δx 是线性的;微分 $\mathrm{d}y$ 是函数增量 Δy 的一个近似,它们之间的差是 Δx 的高阶无穷小. 对于二元函数,也有类似的关系.

设函数 $z = f(x, y)$,如果 x, y 分别有改变量 $\Delta x, \Delta y$,那么相应的函数值 z 的改变量为

$$\Delta z = f(x + \Delta x, y + \Delta y) - f(x, y)$$

称 Δz 为函数 $z = f(x, y)$ 的全增量.

定义 9.2.2 如果函数 $z = f(x, y)$ 的全增量 $\Delta z = f(x + \Delta x, y + \Delta y) - f(x, y)$ 可表示为

$$\Delta z = A \Delta x + B \Delta y + o(\rho) \tag{9.2.1}$$

其中 A, B 不依赖于 $\Delta x, \Delta y$,而仅与 x, y 有关,$\rho = \sqrt{(\Delta x)^2 + (\Delta y)^2}$,则称函数 $z =$

$f(x,y)$ 在点 $P(x,y)$ 处可微分(简称可微),而 $A\Delta x+B\Delta y$ 称为函数 $z=f(x,y)$ 在点 $P(x,y)$ 处的全微分,记为 $\mathrm{d}z$,即 $\mathrm{d}z=A\Delta x+B\Delta y$.

如果函数在区域 D 内的每一点均可微分,则称函数在区域 D 内可微分,或称函数为区域 D 内的可微函数.

我们知道,多元函数在某点各个偏导数都存在,并不能保证函数在该点连续. 从上面关于多元函数可微的定义不难知道,如果函数 $z=f(x,y)$ 在点 $P(x,y)$ 处可微,则函数在 P 点必连续. 事实上,因为函数在 P 点可微,由式(9.2.1)有

$$\lim_{\substack{\Delta x\to 0\\ \Delta y\to 0}}\Delta z=\lim_{\substack{\Delta x\to 0\\ \Delta y\to 0}}(A\Delta x+B\Delta y+o(\rho))=0,$$

从而有 $\lim\limits_{\substack{\Delta x\to 0\\ \Delta y\to 0}}f(x+\Delta x,y+\Delta y)=f(x,y)$,因此函数 $z=f(x,y)$ 在点 $P(x,y)$ 处连续.

2. 可微与偏导数的关系

定理 2(可微分的必要条件) 如果函数 $z=f(x,y)$ 在点 (x,y) 处可微分,那么函数 $z=f(x,y)$ 在点 (x,y) 处的偏导数 $f'_x(x,y)$,$f'_y(x,y)$ 存在,且函数 $z=f(x,y)$ 在点 (x,y) 处的全微分为 $\mathrm{d}z=f'_x(x,y)\Delta x+f'_y(x,y)\Delta y\left(\text{或 } \mathrm{d}z=\dfrac{\partial z}{\partial x}\Delta x+\dfrac{\partial z}{\partial y}\Delta y\right)$.

证明从略.

与一元函数中情况类似,我们规定自变量的微分等于自变量的增量,即 $\mathrm{d}x=\Delta x$,$\mathrm{d}y=\Delta y$,于是全微分便可记为

$$\mathrm{d}z=\frac{\partial z}{\partial x}\mathrm{d}x+\frac{\partial z}{\partial y}\mathrm{d}y$$

在一元函数中,可微与可导是等价的. 在多元函数中此结论不再成立. 当函数的各偏导数都存在时,虽然形式上能写出 $f_x(x,y)\Delta x+f_y(x,y)\Delta y$,但它与 Δz 的差不一定是较 $\rho=\sqrt{(\Delta x)^2+(\Delta y)^2}$ 高阶的无穷小,因此它就不一定是函数的全微分. 换句话说,各偏导数存在只是全微分存在的必要条件而不是充分条件. 例如,函数

$$z=f(x,y)=\begin{cases}\dfrac{xy}{\sqrt{x^2+y^2}} & (x,y)\neq(0,0)\\ 0 & (x,y)=(0,0)\end{cases}$$

在点 $(0,0)$ 处有 $f_x(0,0)=f_y(0,0)=0$,而

$$\lim_{\rho\to 0}\frac{\Delta z-(f_x(0,0)\Delta x+f_y(0,0)\Delta y)}{\rho}=\lim_{\rho\to 0}\frac{\Delta x\cdot\Delta y}{(\Delta x)^2+(\Delta y)^2}\neq 0$$

即

$$\Delta z-(f_x(0,0)\Delta x+f_y(0,0)\Delta y)\neq o(\rho)$$

由可微的定义可知该函数在点 $(0,0)$ 处不可微.

那么,函数的偏导数满足什么样的条件时,能使得函数一定可微分呢? 我们给出如下的定理.

定理 3(函数可微的充分条件) 如果二元函数 $z=f(x,y)$ 的一阶偏导数

$f_x(x,y)$ 与 $f_y(x,y)$ 在点 $P(x,y)$ 处连续,则函数 $z=f(x,y)$ 在点 $P(x,y)$ 处可微.

证明从略.

全微分的概念及存在条件可以推广到二元以上的函数.

例 9.2.7 计算函数 $z=x^2y+y^2$ 在点 $(2,-1)$ 处当 $\Delta x=0.02$, $\Delta y=-0.01$ 时的全增量和全微分.

解 $\Delta z = f(x+\Delta x, y+\Delta y) - f(x,y)$
$= [(2+0.02)^2 \times (-1-0.01) + (-1-0.01)^2] - [2^2 \times (-1) + (-1)^2]$
$= -0.101104$

$\dfrac{\partial z}{\partial x} = 2xy, \dfrac{\partial z}{\partial y} = x^2 + 2y$ 均为全平面上的连续函数,故函数在点 $(2,-1)$ 处可微.

$$\left.\dfrac{\partial z}{\partial x}\right|_{\substack{x=2\\y=-1}} = -4, \quad \left.\dfrac{\partial z}{\partial y}\right|_{\substack{x=2\\y=-1}} = 2,$$

$$\mathrm{d}z = \dfrac{\partial z}{\partial x}\Delta x + \dfrac{\partial z}{\partial y}\Delta y = -0.08 - 0.02 = -0.1.$$

例 9.2.8 计算 $z = \mathrm{e}^{xy}$ 在 $(1,2)$ 处的全微分.

解 因 $\dfrac{\partial z}{\partial x} = y\mathrm{e}^{xy}, \dfrac{\partial z}{\partial y} = x\mathrm{e}^{xy}$,有

$$\left.\dfrac{\partial z}{\partial x}\right|_{\substack{x=1\\y=2}} = 2\mathrm{e}^2, \quad \left.\dfrac{\partial z}{\partial y}\right|_{\substack{x=1\\y=2}} = \mathrm{e}^2$$

故

$$\left.\mathrm{d}z\right|_{\substack{x=1\\y=2}} = 2\mathrm{e}^2 \mathrm{d}x + \mathrm{e}^2 \mathrm{d}y$$

例 9.2.9 求函数 $u = \sin\dfrac{x}{2} + x^{yz}$ ($x>0, x \neq 1$) 的全微分.

解 因 $\dfrac{\partial u}{\partial x} = \dfrac{1}{2}\cos\dfrac{x}{2} + yzx^{yz-1}, \quad \dfrac{\partial u}{\partial y} = zx^{yz}\ln x, \quad \dfrac{\partial u}{\partial z} = yx^{yz}\ln x$

故

$$\mathrm{d}u = \left(\dfrac{1}{2}\cos\dfrac{x}{2} + yzx^{yz-1}\right)\mathrm{d}x + zx^{yz}\ln x\mathrm{d}y + yx^{yz}\ln x\mathrm{d}z$$

3. 全微分在近似计算中的应用

由二元函数的全微分定义及全微分存在的充分条件知,当 $z=f(x,y)$ 在点 (x,y) 处的两个偏导数 $f_x(x,y), f_y(x,y)$ 连续,并且 $|\Delta x|, |\Delta y|$ 较小时,有

$$\Delta z \approx \mathrm{d}z = f_x(x,y)\Delta x + f_y(x,y)\Delta y \tag{9.2.2}$$

上式亦可写成

$$f(x+\Delta x, y+\Delta y) \approx f(x,y) + f_x(x,y)\Delta x + f_y(x,y)\Delta y \tag{9.2.3}$$

与一元函数微分近似运算相类似,可以利用上述二个式子对二元函数做近似计算.

例 9.2.10 计算 $(1.04)^{2.02}$ 的近似值.

解 设 $f(x,y) = x^y$,则 $(1.04)^{2.02}$ 可看作 $f(1.04, 2.02)$.由式 (9.2.3) 知,可取

$x=1, y=2, \Delta x=0.04, \Delta y=0.02$. 则
$$(1.04)^{2.02} = f(1,2) + f_x(1,2) \times 0.04 + f_y(1,2) \times 0.02$$
$$= 1 + 2 \times 0.04 + 0 \times 0.02$$
$$= 1.08$$

例 9.2.11 某企业的成本 C 与产品 A 和 B 的数量 x, y 之间的关系为 $C = x^2 - 0.5xy + y^2$, 现 A 的产量从 100 增加到 105, B 的产量由 50 增加到 52, 求成本需增加多少?

解 因为 $\Delta C \approx dC = C_x \Delta x + C_y \Delta y = (2x - 0.5y)\Delta x + (2y - 0.5x)\Delta y$
而 $\qquad x = 100, \quad \Delta x = 5, \quad y = 50, \quad \Delta y = 2$, 则
$$\Delta C \approx (2 \times 100 - 0.5 \times 50) \times 5 + (2 \times 50 - 0.5 \times 100) \times 2 = 975$$
即成本需增加 975.

习 题 9.2

1. 设 $f(x,y) = x^2 + (y-1)\arcsin\sqrt{\dfrac{x}{y}}$, 求 $f_x(1,1), f_x(x,1)$.

2. 求下列函数的偏导数.

(1) $z = x^2 y + x$; (2) $z = \sqrt{\ln(xy)}$;

(3) $z = \dfrac{y}{\sqrt{x^2 + y^2}}$; (4) $z = \ln\tan\dfrac{x}{y}$;

(5) $z = (1+xy)^x$; (6) $z = \arcsin(xy)$;

(7) $z = \displaystyle\int_x^y e^{-t^2} dt$; (8) $u = (xy)^z$.

3. 设 $z = \ln(\sqrt{x} + \sqrt{y})$, 求证 $x\dfrac{\partial z}{\partial x} + y\dfrac{\partial z}{\partial y} = \dfrac{1}{2}$.

4. 求下列函数的 $\dfrac{\partial^2 z}{\partial x^2}, \dfrac{\partial^2 z}{\partial y^2}$ 和 $\dfrac{\partial^2 z}{\partial x \partial y}$.

(1) $z = \arctan\dfrac{y}{x}$; (2) $z = x^2 + xy + y^2$;

(3) $z = y^{\ln x}$.

5. 验证 $r = \sqrt{x^2 + y^2 + z^2}$ 满足 $r_{xx} + r_{yy} + r_{zz} = \dfrac{z}{r}$.

6. 求下列函数的全微分.

(1) $z = x^y$; (2) $z = e^{x^2 - 2y}$;

(3) $z = (xy)^x$; (4) $z = \ln(\sqrt{x^2 + y^2})$.

7. 求下列函数在给定条件下的全微分.

(1) $z=x^3y, \Delta x=0.1, \Delta y=-0.2$；
(2) $z=e^{x^2y}, x=1, y=2, \Delta x=0.1, \Delta y=0.15$.

8. 利用全微分求下列各题的近似值.

(1) $1.02^{2.01}$；   (2) $\sqrt{1.01^3+1.98^3}$.

9.3 多元函数的微分法

9.3.1 多元复合函数的求导法则

对于由 $y=f(u), u=\varphi(x)$ 所构成的一元复合函数 $y=f[\varphi(x)]$ 的求导,我们有 $\dfrac{dy}{dx}=\dfrac{dy}{du}\cdot\dfrac{du}{dx}$,故我们在求一元复合函数 $y=f[\varphi(x)]$ 的导数 $\dfrac{dy}{dx}$ 时,只需分别求出 $\dfrac{dy}{du}$ 和 $\dfrac{du}{dx}$,然后将两者相乘即可. 对多元复合函数也有类似的求导法则,只是比一元函数的情况要复杂一些.

定理 9.3.1 如果函数 $u=\varphi(x,y)$ 及 $v=\psi(x,y)$ 都在点 (x,y) 具有对 x 及对 y 的偏导数,函数 $z=f(u,v)$ 在对应点 (u,v) 具有连续偏导数,那么复合函数 $z=f[\varphi(x,y),\psi(x,y)]$ 在点 (x,y) 的两个偏导数都存在,且有

$$\frac{\partial z}{\partial x}=\frac{\partial z}{\partial u}\cdot\frac{\partial u}{\partial x}+\frac{\partial z}{\partial v}\cdot\frac{\partial v}{\partial x} \tag{9.3.1}$$

$$\frac{\partial z}{\partial y}=\frac{\partial z}{\partial u}\cdot\frac{\partial u}{\partial y}+\frac{\partial z}{\partial v}\cdot\frac{\partial v}{\partial y} \tag{9.3.2}$$

证明 对于任意固定的 x, y 取得一个改变量 Δy,则得到 u 和 v 的改变量 $\Delta u, \Delta v$ 为

$$\Delta u=u(x,y+\Delta y)-u(x,y)$$
$$\Delta v=v(x,y+\Delta y)-v(x,y)$$
$$\Delta z=f(u+\Delta u,v+\Delta v)-f(u,v)$$

由于 $f(u,v)$ 在对应点 (u,v) 有连续偏导数,即 $f(u,v)$ 可微分,则有

$$\Delta z=\frac{\partial z}{\partial u}\Delta u+\frac{\partial z}{\partial v}\Delta v+o(\rho), \quad \rho=\sqrt{(\Delta u)^2+(\Delta v)^2}$$

故

$$\lim_{\Delta y\to 0}\frac{\Delta z}{\Delta y}=\lim_{\Delta y\to 0}\left(\frac{\partial z}{\partial u}\cdot\frac{\Delta u}{\Delta y}\right)+\lim_{\Delta y\to 0}\left(\frac{\partial z}{\partial v}\cdot\frac{\Delta v}{\Delta y}\right)+\lim_{\Delta y\to 0}\left(\frac{o(\rho)}{\rho}\cdot\frac{\rho}{\Delta y}\right)$$

$$=\frac{\partial z}{\partial u}\lim_{\Delta y\to 0}\frac{\Delta u}{\Delta y}+\frac{\partial z}{\partial v}\lim_{\Delta y\to 0}\frac{\Delta v}{\Delta y}+\lim_{\Delta y\to 0}\frac{o(\rho)}{\rho}\cdot\lim_{\Delta y\to 0}\sqrt{\left(\frac{\Delta u}{\Delta y}\right)^2+\left(\frac{\Delta v}{\Delta y}\right)^2}$$

$$=\frac{\partial z}{\partial u}\cdot\frac{\partial u}{\partial y}+\frac{\partial z}{\partial v}\cdot\frac{\partial v}{\partial y}+o$$

即
$$\frac{\partial z}{\partial y} = \frac{\partial z}{\partial u} \cdot \frac{\partial u}{\partial y} + \frac{\partial z}{\partial v} \cdot \frac{\partial v}{\partial y}$$

同理可证
$$\frac{\partial z}{\partial x} = \frac{\partial z}{\partial u} \cdot \frac{\partial u}{\partial x} + \frac{\partial z}{\partial v} \cdot \frac{\partial v}{\partial x}$$

注意：(1) 上述定理可推广到多元复合函数中有任意多个中间变量和自变量的情形.

(2) 我们可以通过画出变量关系图来直观理解多元复合函数求导法则. 以 $z=f(u,v)$, $u=\varphi(x,y)$, $v=\psi(x,y)$ 所构成的复合函数 $z=f(\varphi(x,y),\psi(x,y))$ 的偏导数为例，其变量关系图为 z 到 x 的通路有两条，则 $\frac{\partial z}{\partial x}$ 就是两项之和，每一项由每一段的导数的乘积构成. 如通路 z—u—x 由 z—u 和 u—x 这两段连成，所以对应的项为 $\frac{\partial z}{\partial u} \cdot \frac{\partial u}{\partial x}$，在图 9.3.1 所示中，$z$ 到 x 有两条通路，每条通路都由两段连成，故可得

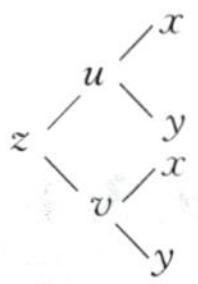

图 9.3.1

$$\frac{\partial z}{\partial x} = \frac{\partial z}{\partial u} \cdot \frac{\partial u}{\partial x} + \frac{\partial z}{\partial v} \cdot \frac{\partial v}{\partial x} \tag{9.3.3}$$

同理可得
$$\frac{\partial z}{\partial y} = \frac{\partial z}{\partial u} \cdot \frac{\partial u}{\partial y} + \frac{\partial z}{\partial v} \cdot \frac{\partial v}{\partial y} \tag{9.3.4}$$

利用变量关系图，可以快速、准确地得到各种情形的多元复合函数求导公式.

例如，设 $z=f(u,v)$, $u=\varphi(x)$, $v=\psi(y)$，求复合函数 $z=f(\varphi(x),\psi(y))$ 的偏导数时，其变量关系如图 9.3.2 所示. 则有

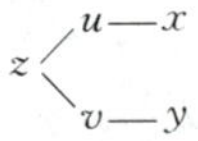

$$\frac{\partial z}{\partial x} = \frac{\partial z}{\partial u} \cdot \frac{\mathrm{d}u}{\mathrm{d}x}$$

图 9.3.2

$\left(\text{因这里 } u=\varphi(x) \text{ 是一元函数，故 } u \text{ 对 } x \text{ 的导数为全导数} \frac{\mathrm{d}u}{\mathrm{d}x}.\right)$

$$\frac{\partial z}{\partial y} = \frac{\partial z}{\partial v} \cdot \frac{\mathrm{d}v}{\mathrm{d}y}$$

例如，$z=f(u,v,y)$, $u=\varphi(x,y)$, $v=\psi(x,y)$，则复合函数 $z=f[\varphi(x,y),\psi(x,y),y]$ 的偏导数可用如下方法来求：

由图 9.3.3 所示变量关系得

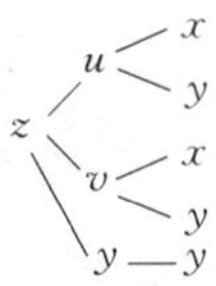

$$\frac{\partial z}{\partial x} = \frac{\partial z}{\partial u} \cdot \frac{\partial u}{\partial x} + \frac{\partial z}{\partial v} \cdot \frac{\partial v}{\partial x}$$

$$\frac{\partial z}{\partial y} = \frac{\partial z}{\partial u} \cdot \frac{\partial u}{\partial y} + \frac{\partial z}{\partial v} \cdot \frac{\partial v}{\partial y} + \frac{\partial f}{\partial y}$$

图 9.3.3

这里的 $\frac{\partial z}{\partial y}$ 与 $\frac{\partial f}{\partial y}$ 是不同的，$\frac{\partial z}{\partial y}$ 表示把复合函数 $z=$

$f[\varphi(x,y), \psi(x,y), y]$ 中的 x 看做不变而对 y 的偏导数;$\dfrac{\partial f}{\partial y}$ 表示把三元函数 $z=f(u,v,y)$ 中的 u 与 v 看做不变而对 y 的偏导数.

例 9.3.1 设 $z=u^v, u=1+xy, v=x+y$,求 $\dfrac{\partial z}{\partial x}, \dfrac{\partial z}{\partial y}$.

解 $\dfrac{\partial z}{\partial x}=\dfrac{\partial z}{\partial u}\cdot\dfrac{\partial u}{\partial x}+\dfrac{\partial z}{\partial v}\cdot\dfrac{\partial v}{\partial x}$

$=v\cdot u^{v-1}\cdot y+u^v\ln u\cdot 1$

$=(x+y)\cdot(1+xy)^{x+y-1}\cdot y+(1+xy)^{x+y}\cdot\ln(1+xy)$

$=(1+xy)^{x+y}\left[\dfrac{xy+y^2}{1+xy}+\ln(1+xy)\right]$

同理 $\dfrac{\partial z}{\partial y}=(1+xy)^{x+y}\left[\dfrac{xy+x^2}{1+xy}+\ln(1+xy)\right]$

例 9.3.2 设 $z=\mathrm{e}^{\frac{x}{y}}\cdot\sin(2x-y)$,求 $\dfrac{\partial z}{\partial x}, \dfrac{\partial z}{\partial y}$.

解 令 $u=\dfrac{x}{y}, v=2x-y$,则 $z=\mathrm{e}^u\cdot\sin v$

$\dfrac{\partial z}{\partial x}=\dfrac{\partial z}{\partial u}\cdot\dfrac{\partial u}{\partial x}+\dfrac{\partial z}{\partial v}\cdot\dfrac{\partial v}{\partial x}=\mathrm{e}^u\cdot\sin v\cdot\dfrac{1}{y}+\mathrm{e}^u\cos v\cdot 2$

$=\dfrac{1}{y}\mathrm{e}^{\frac{x}{y}}\sin(2x-y)+2\mathrm{e}^{\frac{x}{y}}\cos(2x-y)$

$\dfrac{\partial z}{\partial y}=\dfrac{\partial z}{\partial u}\cdot\dfrac{\partial u}{\partial y}+\dfrac{\partial z}{\partial v}\cdot\dfrac{\partial v}{\partial y}=\mathrm{e}^u\cdot\sin v\cdot\left(-\dfrac{x}{y^2}\right)+\mathrm{e}^u\cos v\cdot(-1)$

$=-\dfrac{x}{y^2}\mathrm{e}^{\frac{x}{y}}\sin(2x-y)-\mathrm{e}^{\frac{x}{y}}\cos(2x-y)$

例 9.3.3 设 $z=f(u,v)$ 有一阶连续偏导数,$u=xy, v=x+y$,求 $\dfrac{\partial z}{\partial x}, \dfrac{\partial z}{\partial y}$.

解 $\dfrac{\partial z}{\partial x}=\dfrac{\partial z}{\partial u}\cdot\dfrac{\partial u}{\partial x}+\dfrac{\partial z}{\partial v}\cdot\dfrac{\partial v}{\partial x}=\dfrac{\partial z}{\partial u}\cdot y+\dfrac{\partial z}{\partial v}\cdot 1=y\dfrac{\partial z}{\partial u}+\dfrac{\partial z}{\partial v}$

$\dfrac{\partial z}{\partial y}=\dfrac{\partial z}{\partial u}\cdot\dfrac{\partial u}{\partial y}+\dfrac{\partial z}{\partial v}\cdot\dfrac{\partial v}{\partial y}=\dfrac{\partial z}{\partial u}\cdot x+\dfrac{\partial z}{\partial v}\cdot 1=x\dfrac{\partial z}{\partial u}+\dfrac{\partial z}{\partial v}$

这里 $\dfrac{\partial z}{\partial u}$ 可以写成 f_1',$\dfrac{\partial z}{\partial v}$ 可以写成 f_2',即

$$\dfrac{\partial z}{\partial x}=yf_1'+f_2', \quad \dfrac{\partial z}{\partial y}=xf_1'+f_2'$$

例 9.3.4 设 $z=f(x,y,t)$ 有一阶连续偏导数,$x=x(t), y=y(t)$,求 $\dfrac{\mathrm{d}z}{\mathrm{d}t}$.

解 $\dfrac{\mathrm{d}z}{\mathrm{d}t}=\dfrac{\partial z}{\partial x}\cdot\dfrac{\mathrm{d}x}{\mathrm{d}t}+\dfrac{\partial z}{\partial y}\cdot\dfrac{\mathrm{d}y}{\mathrm{d}t}+\dfrac{\partial f}{\partial t}$

例 9.3.5 设 $u=f(x+xy+xyz)$ 有一阶连续偏导数,求 $\dfrac{\partial u}{\partial x}$.

解 令 $v=x+xy+xyz$, $\dfrac{\partial u}{\partial x}=\dfrac{\mathrm{d}u}{\mathrm{d}v}\cdot\dfrac{\partial v}{\partial x}=f'(v)\cdot(1+y+yz)=(1+y+yz)\cdot f'$

例 9.3.6 设 $w=f(x+y+z, xyz)$ 具有二阶连续偏导数,求 $\dfrac{\partial w}{\partial x}, \dfrac{\partial^2 w}{\partial x\partial y}$.

解 令 $u=x+y+z, v=xyz$, 则 $w=f(u,v)$.

$$\frac{\partial w}{\partial x}=\frac{\partial w}{\partial u}\cdot\frac{\partial u}{\partial x}+\frac{\partial w}{\partial v}\cdot\frac{\partial v}{\partial x}=f'_1\cdot 1+f'_2\cdot yz=f'_1+yzf'_2$$

$$\frac{\partial^2 w}{\partial x\partial y}=\frac{\partial}{\partial y}\left(\frac{\partial w}{\partial x}\right)=\frac{\partial f'_1}{\partial y}+\frac{\partial}{\partial y}(yzf'_2)$$

$$=\frac{\partial f'_1}{\partial u}\cdot\frac{\partial u}{\partial y}+\frac{\partial f'_1}{\partial v}\cdot\frac{\partial v}{\partial y}+zf'_2+yz\frac{\partial f'_2}{\partial y}$$

$$=f''_{11}\cdot 1+f''_{12}\cdot xz+zf'_2+yz\left(\frac{\partial f'_2}{\partial u}\cdot\frac{\partial u}{\partial y}+\frac{\partial f'_2}{\partial v}\cdot\frac{\partial v}{\partial y}\right)$$

$$=f''_{11}+f''_{12}\cdot xz+zf'_2+yz(f''_{21}\cdot 1+f''_{22}\cdot xz)$$

$$=f''_{11}+xzf''_{12}+zf'_2+yzf''_{21}+xyz^2 f''_{22}$$

$$=f''_{11}+(x+y)zf''_{12}+zf'_2+xyz^2 f''_{22}$$

全微分形式不变性 设函数 $z=f(u,v)$ 具有连续偏导数,则有全微分

$$\mathrm{d}z=\frac{\partial z}{\partial u}\mathrm{d}u+\frac{\partial z}{\partial v}\mathrm{d}v$$

若 u,v 又是 x,y 的函数 $u=\varphi(x,y), v=\psi(x,y)$,且这两个函数也具有连续偏导数,则复合函数 $z=f[\varphi(x,y),\psi(x,y)]$ 的全微分为 $\mathrm{d}z=\dfrac{\partial z}{\partial x}\mathrm{d}x+\dfrac{\partial z}{\partial y}\mathrm{d}y$.

由式(9.3.1)与式(9.3.2)知

$$\frac{\partial z}{\partial x}=\frac{\partial z}{\partial u}\cdot\frac{\partial u}{\partial x}+\frac{\partial z}{\partial v}\cdot\frac{\partial v}{\partial x}, \quad \frac{\partial z}{\partial y}=\frac{\partial z}{\partial u}\cdot\frac{\partial u}{\partial y}+\frac{\partial z}{\partial v}\cdot\frac{\partial v}{\partial y}$$

故

$$\mathrm{d}z=\left(\frac{\partial z}{\partial u}\cdot\frac{\partial u}{\partial x}+\frac{\partial z}{\partial v}\cdot\frac{\partial v}{\partial x}\right)\mathrm{d}x+\left(\frac{\partial z}{\partial u}\cdot\frac{\partial u}{\partial y}+\frac{\partial z}{\partial v}\cdot\frac{\partial v}{\partial y}\right)\mathrm{d}y$$

$$=\frac{\partial z}{\partial u}\cdot\frac{\partial u}{\partial x}\mathrm{d}x+\frac{\partial z}{\partial v}\cdot\frac{\partial v}{\partial x}\mathrm{d}x+\frac{\partial z}{\partial u}\cdot\frac{\partial u}{\partial y}\mathrm{d}y+\frac{\partial z}{\partial v}\cdot\frac{\partial v}{\partial y}\mathrm{d}y$$

$$=\frac{\partial z}{\partial u}\left(\frac{\partial u}{\partial x}\mathrm{d}x+\frac{\partial u}{\partial y}\mathrm{d}y\right)+\frac{\partial z}{\partial v}\left(\frac{\partial v}{\partial x}\mathrm{d}x+\frac{\partial v}{\partial y}\mathrm{d}y\right)$$

$$=\frac{\partial z}{\partial u}\mathrm{d}u+\frac{\partial z}{\partial v}\mathrm{d}v$$

由此可知,无论 z 是自变量 u,v 的函数或是中间变量 u,v 的函数,它的全微分形式是相同的.这个性质叫做全微分形式不变性.

例 9.3.7 利用全微分形式不变性解例 9.3.1.

解
$$dz = d(u^v) = vu^{v-1}du + u^v \ln u \, dv$$
$$du = d(1+xy) = ydx + xdy$$
$$dv = d(x+y) = dx + dy$$

故 $dz = (x+y)(1+xy)^{x+y-1}(ydx+xdy) + (1+xy)^{x+y}\ln(1+xy)(dx+dy)$

$$= (1+xy)^{x+y}\left[\frac{xy+y^2}{1+xy} + \ln(1+xy)\right]dx$$
$$+ (1+xy)^{x+y}\left[\frac{xy+x^2}{1+xy} + \ln(1+xy)\right]dy$$

将它与公式 $dz = \frac{\partial z}{\partial x}dx + \frac{\partial z}{\partial y}dy$ 比较，就可以同时得到偏导数 $\frac{\partial z}{\partial x}$ 和 $\frac{\partial z}{\partial y}$。

9.3.2 隐函数的求导公式

在一元函数中，给出了不经过显化，直接由方程

$$F(x,y) = 0 \tag{9.3.5}$$

所确定的隐函数的导数的方法。现在由多元复合函数的求导法则导出隐函数的导数公式。相对于一元函数中直接由方程(9.3.3)求 $\frac{dy}{dx}$ 的方法，这里又给出了另一种求隐函数导数的方法。

设方程 $F(x,y) = 0$ 确定了函数 $y = f(x)$，且 $F(x,y)$ 存在连续偏导数，则当 $F_y \neq 0$ 时将方程 $F(x,y) = 0$ 两边对 x 求导，得

$$F_x + F_y \cdot \frac{dy}{dx} = 0$$

故
$$\frac{dy}{dx} = -\frac{F_x}{F_y} \tag{9.3.6}$$

例 9.3.8 求由方程 $xy + e^x - e^y = 0$ 所确定的隐函数 $y = y(x)$ 的导数 $\frac{dy}{dx}$。

解 设 $F(x,y) = xy + e^x - e^y$，则
$$F_x = y + e^x, \quad F_y = x - e^y$$
$$\frac{dy}{dx} = -\frac{F_x}{F_y} = -\frac{y+e^x}{x-e^y} = \frac{y+e^x}{e^y - x}$$

如果因变量 z 与自变量 x, y 之间的函数关系 $z = f(x,y)$ 由方程 $F(x,y,z) = 0$ 所确定，则此二元函数 $z = f(x,y)$ 叫二元隐函数。

将方程 $F(x,y,z) = 0$ 两边分别对 x, y 求偏导数，得 $F_x + F_z \cdot \frac{\partial z}{\partial x} = 0$，$F_y + F_z \cdot \frac{\partial z}{\partial y} = 0$。当 $F_z \neq 0$ 时，有

$$\frac{\partial z}{\partial x} = -\frac{F_x}{F_z}, \quad \frac{\partial z}{\partial y} = -\frac{F_y}{F_z} \tag{9.3.7}$$

例 9.3.9 方程 $x^2+y^2+z^2-4z=0$ 确定了 $z=f(x,y)$，求 $\dfrac{\partial z}{\partial x}, \dfrac{\partial^2 z}{\partial x^2}$.

解 设 $F(x,y,z)=x^2+y^2+z^2-4z$，则 $F_x=2x, F_y=2y, F_z=2z-4$. 当 $F_z\neq 0$ 时，有

$$\frac{\partial z}{\partial x}=-\frac{F_x}{F_z}=\frac{x}{2-z}$$

$$\frac{\partial^2 z}{\partial x^2}=\frac{\partial}{\partial x}\left(\frac{\partial z}{\partial x}\right)=\frac{1\times(2-z)-x\cdot\left(-\dfrac{\partial z}{\partial x}\right)}{(2-z)^2}=\frac{(2-z)^2+x^2}{(2-z)^3}$$

例 9.3.10 设函数 $z=f(x,y)$ 由方程 $\mathrm{e}^z=xyz$ 确定，求 $\dfrac{\partial z}{\partial x}, \dfrac{\partial z}{\partial y}$.

解法一 将方程 $\mathrm{e}^z=xyz$ 两边分别对 x 求导，得

$$\mathrm{e}^z\frac{\partial z}{\partial x}=yz+xy\frac{\partial z}{\partial x}$$

$$\frac{\partial z}{\partial x}=\frac{yz}{\mathrm{e}^z-xy}=\frac{yz}{xyz-xy}=\frac{z}{xz-x}$$

同理可得

$$\frac{\partial z}{\partial y}=\frac{z}{yz-y}$$

解法二 由 $\mathrm{e}^z=xyz$ 得 $\mathrm{de}^z=\mathrm{d}xyz$，即

$$\mathrm{e}^z\mathrm{d}z=yz\mathrm{d}x+xz\mathrm{d}y+xy\mathrm{d}z$$

$$(\mathrm{e}^z-xy)\mathrm{d}z=yz\mathrm{d}x+xz\mathrm{d}y$$

$$\mathrm{d}z=\frac{yz}{\mathrm{e}^z-xy}\mathrm{d}x+\frac{xz}{\mathrm{e}^z-xy}\mathrm{d}y$$

故

$$\frac{\partial z}{\partial x}=\frac{yz}{\mathrm{e}^z-xy}, \quad \frac{\partial z}{\partial y}=\frac{xz}{\mathrm{e}^z-xy}$$

解法三 设 $F(x,y,z)=\mathrm{e}^z-xyz$，则 $F_x=-yz, F_y=-xz, F_z=\mathrm{e}^z-xy$.

$$\frac{\partial z}{\partial x}=-\frac{F_x}{F_z}=\frac{yz}{\mathrm{e}^z-xy}, \quad \frac{\partial z}{\partial y}=-\frac{F_y}{F_z}=\frac{xz}{\mathrm{e}^z-xy}$$

在解法一中要注意，e^z 为以 z 为中间变量、以 x,y 为自变量的函数，求导时应注意复合函数求导法则，对 xyz 中的 z 亦如此.

习　题　9.3

1. 求下列各函数的一阶偏导数.

(1) $z=\mathrm{e}^{uv}, u=\ln\sqrt{x^2+y^2}, v=\arctan\dfrac{y}{x}$；

(2) $z=x^2\ln y, x=\dfrac{v}{u}, y=3v-2u$.

2. 设 $u = e^x(y-z), x = t, y = \sin t, z = \cos t$,求 $\dfrac{du}{dt}$.

3. 求下列函数的一阶偏导数(其中 f 具有一阶连续偏导数).

(1) $z = f(x^2 - y^2)$; 　　　　(2) $z = f\left(x, \dfrac{x}{y}\right)$;

(3) $z = f(\cos x, xy)$.

4. 求下列方程所确定的隐函数的导数或偏导数.

(1) $\sin y + e^x - xy^2 = 0$,求 $\dfrac{dy}{dx}$;　　(2) $\dfrac{x}{z} = \ln\dfrac{z}{y}$,求 $\dfrac{\partial z}{\partial x}$ 和 $\dfrac{\partial z}{\partial y}$;

(3) $y = x^y$,求 $\dfrac{dy}{dx}$;　　(4) $x + y + z = e^{x+y+z}$,求 $\dfrac{\partial z}{\partial x}$ 和 $\dfrac{\partial z}{\partial y}$.

5. 设 $2\sin(x + 2y - 3z) = x + 2y - 3z$,证明 $\dfrac{\partial z}{\partial x} + \dfrac{\partial z}{\partial y} = 1$.

6. 设 $\begin{cases} xu - yv = 0 \\ yu + xv = 1 \end{cases}$,求 $\dfrac{\partial u}{\partial x}, \dfrac{\partial u}{\partial y}, \dfrac{\partial v}{\partial x}$ 与 $\dfrac{\partial v}{\partial y}$.

9.4　多元函数的极值

9.4.1　多元函数的无条件极值与最值

在许多实际问题中,我们经常会遇到多元函数的最大值与最小值问题. 与一元函数类似,多元函数的最大值、最小值与极大值、极小值问题有着密切的关系. 二元函数的极值理论在经济管理中有着广泛的应用,因此,我们以二元函数为例,先来讨论多元函数的极值.

定义 9.4.1　设二元函数 $z = f(x, y)$ 在点 $P_0(x_0, y_0)$ 的某邻域内有定义,如果对该邻域内任何异于 P_0 的点 $P(x, y)$ 恒有不等式
$$f(x, y) < f(x_0, y_0) (\text{或 } f(x, y) > f(x_0, y_0))$$
成立,则称函数在点 $P_0(x_0, y_0)$ 处有极大值 $f(x_0, y_0)$(或极小值 $f(x_0, y_0)$). 极大值、极小值统称为**极值**,使函数取得极值的点称为**极值点**.

例如,函数 $z = -x^2 - y^2$ 在点 $(0,0)$ 处取得极大值;函数 $z = x^2 + y^2$ 在点 $(0,0)$ 处取得极小值;$z = xy$ 在点 $(0,0)$ 处既不取得极大值,也不取得极小值.

与一元函数类似,二元函数极值也是一个局部性的概念.

定理 9.4.1(必要条件)　设二元函数 $z = f(x, y)$ 在点 (x_0, y_0) 处存在偏导数,且在点 (x_0, y_0) 处有极值,则有
$$f'_x(x_0, y_0) = 0, \quad f'_y(x_0, y_0) = 0$$

证明　不妨设 $f(x, y)$ 在 (x_0, y_0) 处有极大值,则在点 (x_0, y_0) 的某个邻域内异于

(x_0, y_0) 的任何点 (x,y), 恒有 $f(x_0, y_0) > f(x,y)$. 特别对该邻域内的点 $(x, y_0) \neq (x_0, y_0)$ 有
$$f(x, y_0) < f(x_0, y_0)$$
上式表明, 一元函数 $f(x, y_0)$ 在点 $x = x_0$ 处取得极大值, 由一元函数取得极值的必要条件知 $f_x(x_0, y_0) = 0$. 类似可得 $f_y(x_0, y_0) = 0$.

与一元函数类似, 称使 $f'_x(x,y) = 0, f'_y(x,y) = 0$ 同时成立的点为函数 $z = f(x,y)$ 的**驻点**.

由定理 9.4.1 可知, 具有偏导数的函数的极值点一定是驻点, 反之函数的驻点不一定是极值点. 例如, 函数 $z = xy$ 的驻点是 $(0,0)$, 但 $(0,0)$ 并不是该函数的极值点. 另外, 一阶偏导数不存在的点也可能是极值点. 例如, 函数 $z = \sqrt{x^2 + y^2}$ 在点 $(0,0)$ 处偏导数不存在, 但 $f(0,0) = 0$ 是极小值. 综合来看, 函数 $z = f(x,y)$ 的极值点来自其驻点和一阶偏导数不存在的点.

如何判定一个驻点是否是极值点呢? 用下面的定理 9.4.2.

定理 9.4.2 (充分条件) 设二元函数 $z = f(x,y)$ 在其驻点 (x_0, y_0) 的某邻域内连续且有一阶及二阶连续偏导数, 记
$$A = f_{xx}(x_0, y_0), \quad B = f_{xy}(x_0, y_0), \quad C = f_{yy}(x_0, y_0)$$
$$\Delta = AC - B^2$$
则 $f(x,y)$ 在 (x_0, y_0) 处取得极值条件如下:

(1) $\Delta > 0$ 时有极值, 且当 $A < 0$ 时, $f(x_0, y_0)$ 是极大值, 当 $A > 0$ 时, $f(x_0, y_0)$ 是极小值.

(2) $\Delta < 0$ 时, $f(x_0, y_0)$ 不是极值.

(3) $\Delta = 0$ 时, $f(x_0, y_0)$ 可能是极值, 也可能不是极值, 需讨论.

证明从略.

具有二阶连续偏导数的函数 $z = f(x,y)$ 的极值求法步骤如下:

① 解方程组 $f'_x(x,y) = 0, f'_y(x,y) = 0$, 求出所有实数解, 即所有驻点.

② 对每个驻点 (x_0, y_0), 求出其对应的 $A = f''_{xx}(x_0, y_0), B = f''_{xy}(x_0, y_0), C = f''_{yy}(x_0, y_0)$.

③ 确定 $\Delta = AC - B^2$ 符合的条件, 再判断 $f(x_0, y_0)$ 是否是极值, 是极大值还是极小值.

例 9.4.1 求函数 $f(x,y) = x^3 - y^3 + 3x^2 + 3y^2 - 9x$ 的极值.

解 解方程组
$$\begin{cases} f_x(x,y) = 3x^2 + 6x - 9 = 0 \\ f_y(x,y) = -3y^2 + 6y = 0 \end{cases}$$
求得驻点 $(1,0), (1,2), (-3,0), (-3,2)$.

又 $\quad A = f_{xx} = 6x + 6, \quad B = f_{xy} = 0, \quad C = f_{yy} = -6y + 6.$

对点 $(1,0)$，$A=12, B=0, C=6, \Delta=72>0$，又 $A>0$，故有极小值 $f(1,0)=-5$.

对点 $(1,2)$，$A=12, B=0, C=-6, \Delta=-72<0$，故 $f(1,2)$ 不是极值.

对点 $(-3,0)$，$A=-12, B=0, C=6, \Delta=-72<0$，故 $f(-3,0)$ 不是极值.

对点 $(-3,2)$，$A=-12, B=0, C=-6, \Delta=72>0$，又 $A<0$，故有极大值 $f(-3,2)=31$.

由二元函数极值的定义可知，极值只是一个局部性的概念，二元函数的极值不一定是所讨论区域上的最大(小)值. 故必须考察函数 $f(x,y)$ 在有界闭区域 D 内的所有驻点、不可导点，并将这些点处的函数值与区域边界上驻点、不可导点以及边界的端点处的函数值进行比较，取其中的最大(小)者，即为函数 $f(x,y)$ 在有界闭区域 D 上的最大(小)值. 求 $f(x,y)$ 在 D 的边界上的最大(小)值时比较复杂，一般有两种方法：一种是将二元函数 $f(x,y)$ 利用边界参数方程化为一元函数的最值问题，另外一种就是利用条件极值(后面将会讲到)的方法去求. 在实际问题中，如果根据问题的意义可以判断函数的最大(小)值一定在区域 D 的内部取得，且函数在 D 内可微并只有一个驻点，那么可以肯定该驻点处的函数值就是函数 $f(x,y)$ 在 D 上的最大(小)值.

例 9.4.2 求函数 $z=xy(4-x-y)$ 在 $x=1, y=0, x+y=6$ 所围闭区域 D 的最大值与最小值.

解 闭区域 D 如图 9.4.1 所示.

(1) 在 D 的内部区域 $D_1: x>1, y>0, x+y<6$. 令
$$\begin{cases} z_x=4y-2xy-y^2=0 \\ z_y=4x-x^2-2xy=0 \end{cases}$$
解得开区域 D_1 内的驻点为 $\left(\dfrac{4}{3}, \dfrac{4}{3}\right)$.

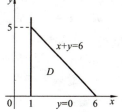

图 9.4.1

(2) 在边界 $x=1(0\leqslant y\leqslant 5)$ 上，函数 z 可变成 y 的一元函数 $z=3y-y^2(0\leqslant y\leqslant 5)$. 由 $\dfrac{dz}{dy}=3-2y$ 可知在 $(0,5)$ 内的驻点 $y=\dfrac{3}{2}$，此时 $x=1$.

(3) 在边界 $y=0(1\leqslant x\leqslant 6)$ 上，函数 z 的值恒为 0.

(4) 在边界 $x+y=6(1\leqslant x\leqslant 6)$ 上，函数 z 可变成 x 的一元函数 $z=2x^2-12x$ $(1\leqslant x\leqslant 6)$. 由 $\dfrac{dz}{dx}=4x-12$ 可知在 $(1,6)$ 内的驻点 $x=3$，此时 $y=3$.

综上所述，在区域 D 上函数 z 取得最值的点一定在 $\left(\dfrac{4}{3}, \dfrac{4}{3}\right)$、$\left(1, \dfrac{3}{2}\right)$、$(3,3)$、$(1,5)$、$(1,0)$、$(6,0)$ 中产生.

又 $f\left(\dfrac{4}{3}, \dfrac{4}{3}\right)=\dfrac{64}{27}, f\left(1, \dfrac{3}{2}\right)=\dfrac{9}{4}, f(3,3)=-18, f(1,5)=-10, f(1,0)=f(6,0)=0$，故函数所求最大值为 $f\left(\dfrac{4}{3}, \dfrac{4}{3}\right)=\dfrac{64}{27}$，最小值为 $f(3,3)=-18$.

例 9.4.3 用铁片做成一个体积为 $2\ \mathrm{m}^3$ 的有盖长方体形状的箱子,怎样选取它的长、宽、高,才能用料最省?

解 设箱子的长、宽、高分别为 x,y,z,则表面积为
$$S=2(xy+yz+zx) \quad (x>0,y>0,z>0)$$
已知 $xyz=2$,即有 $z=\dfrac{2}{xy}$,代入上式得
$$S=2\left(xy+\dfrac{2}{x}+\dfrac{2}{y}\right) \quad (x>0,y>0)$$
令
$$\begin{cases} S_x=2\left(y-\dfrac{2}{x^2}\right)=0 \\ S_y=2\left(x-\dfrac{2}{y^2}\right)=0 \end{cases}$$
得
$$x=y=\sqrt[3]{2}$$

由问题的实际意义可知,函数 S 一定在开区域 $D:x>0,y>0$ 内取得最小值,又函数 S 在 D 内只有一个驻点 $(\sqrt[3]{2},\sqrt[3]{2})$,故可断定当 $x=y=\sqrt[3]{2}$,高 $z=\dfrac{2}{xy}=\sqrt[3]{2}$ 时,S 有最小值,即箱子的长、宽、高均为 $\sqrt[3]{2}$ m 时,所用料最省.

例 9.4.4 设某工厂生产 A、B 两种产品,其销售价格分别为 $P_1=12,P_2=18$(单位:元),总成本(单位:万元)是两种产品产量 x 和 y(单位:千件)的函数:$C(x,y)=2x^2+xy+2y^2$. 当两种产品的产量为多少时,可获得最大利润,最大利润为多少?

解 总收入函数 $\qquad R(x,y)=12x+18y$
总利润函数 $\qquad L(x,y)=R(x,y)-C(x,y)$
$$=12x+18y-2x^2-xy-2y^2 \quad (x>0,y>0)$$
令
$$\begin{cases} L_x=12-4x-y=0 \\ L_y=18-x-4y=0 \end{cases}$$
得驻点 $(2,4)$.

根据问题的实际意义,最大利润一定存在,且在开区域 $D:x>0,y>0$ 内只有一个驻点,故当 $x=2$ 千件,$y=4$ 千件时可获得最大利润,最大利润 $L(2,4)=48$ 万元.

9.4.2 条件极值、拉格朗日乘数法

前面所讨论的极值问题,目标函数中自变量除了有函数定义域的限制之外,没有其他条件约束,这类极值问题叫做无条件极值问题.在实际问题中,会经常遇到对函数的自变量有附加条件的极值问题.例如,求表面积为定值而体积最大的长方体体积问题:设长方体三边为 x,y,z,求 xyz 在 $2(xy+yz+xz)$ 为定值的条件下的最大值.这类附有约束条件的极值问题叫条件极值问题.

条件极值问题有时可转化为无条件极值问题,例如从 $\varphi(x,y,z)=0$ 中解出 $z=$

$z(x,y)$ 代入 $f(x,y,z)$ 中就化为求二元函数 $u=f[x,y,z(x,y)]$ 的无条件极值问题了. 例 9.4.3 就是采用了这种方法. 但是,对于复杂的情况,可能从 $\varphi(x,y,z)=0$ 中解不出 z (或 x 或 y),或即使解出来也很复杂. 为此,我们介绍另一种方法——拉格朗日乘数法.

设函数 $z=f(x,y)$,现要求 $z=f(x,y)$ 满足约束条件 $\varphi(x,y)=0$ 的条件极值,步骤如下(证明从略):

(1) 构造辅助函数(拉格朗日函数)$F(x,y,\lambda)=f(x,y)+\lambda\varphi(x,y)$,其中 λ 称为拉格朗日乘数.

(2) 解方程组
$$\begin{cases} F_x=f_x(x,y)+\lambda\varphi_x(x,y)=0 \\ F_y=f_y(x,y)+\lambda\varphi_y(x,y)=0 \\ F_\lambda=\varphi(x,y)=0 \end{cases}$$

得函数 $F(x,y,\lambda)$ 的驻点 (x,y,λ),函数可能在对应点 (x,y) 处取得极值. 至于函数是否一定在该点取得极值,在实际问题中往往可根据问题本身的实际意义加以判定.

此方法可推广到自变量多于两个而附加条件多于一个的情形.

例 9.4.5 求表面积为 a^2 而体积最大的长方体的体积.

解 设长方体的三棱长分别为 x,y,z,则长方体的体积为
$$V=xyz \quad (x>0, y>0, z>0)$$
且有
$$2(xy+yz+xz)=a^2$$
作辅助函数 $F(x,y,z,\lambda)=xyz+\lambda(2xy+2yz+2xz-a^2)$

令
$$\begin{cases} F_x=yz+2\lambda(y+z)=0 \\ F_y=xz+2\lambda(x+z)=0 \\ F_z=xy+2\lambda(x+y)=0 \\ F_\lambda=2xy+2yz+2xz-a^2=0 \end{cases}$$

解得
$$x=y=z=\frac{\sqrt{6}}{6}a$$

此时
$$V=\frac{\sqrt{6}}{36}a^3$$

根据问题的实际意义,体积的最大值一定存在,且在开区域 $D: x>0, y>0, z>0$ 内只有一个驻点,故当长方体的长、宽、高均为 $\frac{\sqrt{6}}{6}a$ 时,体积最大,最大值为 $\frac{\sqrt{6}}{36}a^3$.

例 9.4.6 设某电视机厂生产一台电视机的成本为 C,每台电视机的销售价格为 P,销售量为 Q. 假设该厂的生产处于平衡状态,即电视机的生产量等于销售量,根据市场预测,销售量 Q 与销售价格 P 之间有下面的关系:
$$Q=Me^{-aP} \quad (M>0, a>0) \tag{9.4.1}$$
其中 M 为市场最大需求量,a 是价格系数. 同时,生产部门根据生产环节的分析,对

每台电视机的生产成本 C 有如下测算：
$$C = C_0 - k\ln Q \quad (k>0, Q>1) \tag{9.4.2}$$
其中 C_0 是只生产一台电视机时的成本，k 是规模系数.

根据上述条件，应如何确定电视机的售价 P，才能使该厂获得最大利润？

解 设厂家获得的利润为 L，每台电视机售价为 P，每台生产成本为 C，销售量为 Q，则
$$L = (P-C)Q$$
于是问题化为求利润函数 $L=(P-C)Q$ 在附加条件式(9.4.1)和式(9.4.2)下的极值问题.

作辅助函数
$$F(Q,P,C,\lambda,\mu) = (P-C)Q + \lambda(Q-Me^{-aP}) + \mu(C-C_0+k\ln Q)$$

令
$$\begin{cases} F'_Q = P - C + \lambda + k\dfrac{\mu}{Q} = 0 \\ F'_P = Q + \lambda a M e^{-aP} = 0 \\ F'_C = -Q + \mu = 0 \\ F'_\lambda = Q - M e^{-aP} = 0 \\ F'_\mu = C - C_0 + k\ln Q = 0 \end{cases}$$

解得
$$P = \frac{C_0 - k\ln M + \dfrac{1}{a} - k}{1-ak}$$

由问题的实际意义可知最优价格必定存在，所以这个 P 就是电视机的最优价格.

9.4.3 最小二乘法

在科学实验、经济问题中，常常要根据实验数据去找到变量间的函数关系. 一般可根据实验数据找到的近似表达公式叫做**经验公式**，即依据实验或观测所得数据而建立的表达函数关系的近似公式. 公式建立后，就可以把生产或实验中所积累的某些经验提高到理论并加以分析. 最小二乘法是利用多元函数极值理论构造线性经验公式的一种有效方法.

假设变量 x,y 之间存在一定关系，对它们进行 n 次测量（实验或调查）得到 n 组数据 $(x_1,y_1),(x_2,y_2),\cdots,(x_n,y_n)$，再将这些数据看做是平面直角坐标系 xOy 中的点 $A_1(x_1,y_1),A_2(x_2,y_2),\cdots,A_n(x_n,y_n)$，并在直角坐标系中画出这些点，如图 9.4.2 所示，称此为散点图. 如果这些散点大致呈直线分布，则认为 x 与 y 之间存在线性关系. 假设 x 与 y 之间的方程为 $y=ax+b$. 其中 a 与 b 为待定参数.

设直线 $y=ax+b$ 上与点 $A_i(i=1,2,\cdots,n)$ 的横坐标 x_i 相同的点为 B_i，即 B_i 坐标为 $B_i(x_i,ax_i+b)$ $(i=1,2,\cdots,n)$. A_i 与 B_i 的距离

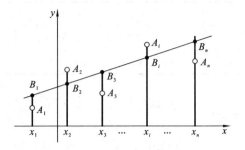

图 9.4.2

$$d_i = |ax_i + b - y_i| \quad (i=1,2,\cdots,n)$$

称为实测值与估计值的误差. 显然,当 $\sum_{i=1}^{n} d_i = \sum_{i=1}^{n} |ax_i + b - y_i|$ 最小时,所选取的 a,b 最理想. 故考虑使得误差的平方和 $S = \sum_{i=1}^{n}(ax_i + b - y_i)^2$ 最小的 a 与 b 即为待求参数. 这种确定参数的方法叫**最小二乘法**.

因 S 是 a 与 b 的二元函数,所以由极值存在的必要条件有

$$S_a = 2\sum_{i=1}^{n}(ax_i + b - y_i)x_i = 0,$$

$$S_b = 2\sum_{i=1}^{n}(ax_i + b - y_i) = 0.$$

将上式整理,得关于 a,b 的方程组

$$\begin{cases} \left(\sum_{i=1}^{n} x_i^2\right)a + \left(\sum_{i=1}^{n} x_i\right)b = \sum_{i=1}^{n} x_i y_i \\ \left(\sum_{i=1}^{n} x_i\right)a + nb = \sum_{i=1}^{n} y_i \end{cases}$$

解方程得

$$a = \frac{\sum_{i=1}^{n} x_i y_i - n\bar{x}\bar{y}}{\sum_{i=1}^{n} x_i^2 - n\bar{x}^2}, \quad b = \bar{y} - a\bar{x}$$

其中

$$\bar{x} = \frac{1}{n}\sum_{i=1}^{n} x_i, \quad \bar{y} = \frac{1}{n}\sum_{i=1}^{n} y_i.$$

这样得到的经验公式 $y = ax + b$ 也称为回归直线方程.

例 9.4.7 某地区收集到人均收入 x(千元)和平均每百户拥有电脑台数 y 的统计资料,如下表所示. 试根据表中数据确定 x 与 y 之间的线性经验公式.

i	1	2	3	4	5	6	7	8	9
x_i/千元	1.5	1.8	2.4	3.0	3.5	3.9	4.4	4.8	5.0
y_i/台	4.8	5.7	7.0	8.3	10.9	12.4	13.1	13.6	15.3

解
$$\bar{x} = \frac{1}{9}\sum_{i=1}^{9} x_i \approx 3.3667,\quad \bar{y} = \frac{1}{9}\sum_{i=1}^{9} y_i \approx 10.1222$$
$$\sum_{i=1}^{9} x_i^2 = 115.11,\quad \sum_{i=1}^{9} x_i y_i = 345.09$$
$$a \approx \frac{9 \times 345.09 - 30.3 \times 91.1}{9 \times 115.11 - 30.3 \times 30.3} \approx 2.9303$$
$$b \approx 10.1222 - 2.9303 \times 3.3667 \approx 0.2568$$

故
$$y = 2.9303x + 0.2568$$

习 题 9.4

1. 求函数 $f(x,y) = 4(x-y) - x^2 - y^2$ 的极值.
2. 求函数 $z = e^{2x}(x + 2y + y^2)$ 的极值.
3. 求函数 $z = xy$ 在条件 $x + y = 1$ 下的极值.
4. 求斜边长度为 l 的直角三角形的最大周长.
5. 求函数 $z = x^2 - y^2$ 在闭区域 $x^2 + 4y^2 \leqslant 4$ 上的最大值和最小值.
6. 将周长为 $2l$ 的矩形绕它的一边旋转而构成一个圆柱体,问矩形的边长各为多少时才可使圆柱体的体积最大?
7. 讨论函数 $z = x^3 + y^3$ 及 $z = (x^2 + y^2)^2$ 在点 $(0,0)$ 处是否取得极值.

*9.5 Matlab 软件简单应用

高等数学中最基本的计算就是函数的极限与微分的计算,下面将分别介绍 Matlab 关于多元函数的极限与导数的应用与求解. Matlab 软件具体使用方法可参考本书的附录 A.

9.5.1 多元函数的求极限

函数 limit

格式 limit(F,x,a)   %计算符号表达式 F=F(x) 当 x→a 时的极限值.

　　limit(F,a)   % 用命令 findsym(F)确定 F 中的自变量,设为变量 x,再计算 F 当 x→a 时的极限值.

```
limit(F)    % 用命令 findsym(F) 确定 F 中的自变量,设为变量 x,再计算 F 当
x→0 时的极限值.
```

求多元函数的极限可以嵌套使用 limit() 函数,其调用格式为:limit(limit(f,x,x0),y,y0) 或 limit(limit(f,y,y0),x,x0).

例 9.5.1 求极限:$\lim\limits_{\substack{x\to 0\\ y\to 3}}\dfrac{\sin(xy)}{x}$.

解 编程如下:

```
>> syms x y;f= sin(x* y)/x;limit(limit(f,x,0),y,3)
ans =
3
```

注:如果 x_0 或 y_0 不是确定的值,而是另一个变量的函数,如 $x\to g(y)$,则上述的极限求取顺序不能交换.

例 9.5.2 求极限:$\lim\limits_{\substack{x\to 0\\ y\to 0}}\dfrac{2-\sqrt{xy+4}}{xy}$.

解 编程如下:

```
>> syms x y;f= (2- sqrt(x* y+ 4))/(x* y);limit(limit(f,x,0),y,0)
```

回车后可得:

```
ans =
- 1/4
```

9.5.2 多元函数的求导

函数 diff (differential)

格式 diff(S,ʹvʹ)、diff(S,sym(ʹvʹ))   ％对表达式 S 中指定符号变量 v 计算 S 的一阶导数.

diff(S)   ％对表达式 S 中的符号变量 v 计算 S 的一阶导数,其中 v＝findsym(S).

diff(S,n)   ％对表达式 S 中的符号变量 v 计算 S 的 n 阶导数,其中 v＝findsym(S).

diff(S,ʹvʹ,n)   ％对表达式 S 中指定的符号变量 v 计算 S 的 n 阶导数.

例 9.5.3 计算 $\dfrac{\partial^2(y^2\sin x^2)}{\partial x^2}$,$\dfrac{\partial}{\partial y}\left(\dfrac{\partial^2}{\partial x^2}y^2\sin x^2\right)$,$(t^6)^{(6)}$.

解 编程如下:

```
>> syms x y t
>> D1 = diff(sin(x^2)* y^2,2)
>> D2 =  diff(D1,y)
>> D3 = diff(t^6,6)
```

计算结果为:

```
D1 =
- 4* sin(x^2)* x^2* y^2+ 2* cos(x^2)* y^2
D2 =
- 8* sin(x^2)* x^2* y+ 4* cos(x^2)* y
D3 =
720
```

Matlab 的符号运算工具箱中并未提供求取偏导数的专门函数,这些偏导数仍然可以通过 diff() 函数直接实现. 假设已知二元函数 $f(x,y)$,若想求 $\partial^{m+n}f/(\partial x^m \partial y^n)$,则可以用下面的函数求出:

```
f= diff(diff(f,x,m),y,n)或 f= diff(diff(f,y,n),x,m)
```

例 9.5.4 已知函数 $z=x^2\sin 2y$,求 $\dfrac{\partial^2 z}{\partial x \partial y}$,$\dfrac{\partial^2 z}{\partial y \partial x}$.

解 编程如下:

```
>> syms x y
>> D1 = diff(diff(x^2* sin(2* y),x),y)
>> D2 = diff(diff(x^2* sin(2* y),y),x)
```

回车后得:

```
D1 =
  4* x* cos(2* y)
D2 =
  4* x* cos(2* y)
```

例 9.5.5 设 $f(x,y)=3xy-2y+5x^2y^2$,求 Z_{xx}, Z_{yy}, Z_{xy}.

解 编程如下:

```
>> syms x y
>> zxx = diff(3* x* y- 2* y+ 5* x^2* y^2,x,2)
>> zyy = diff(3* x* y- 2* y+ 5* x^2* y^2,y,2)
>> Dxy = diff(diff(3* x* y- 2* y+ 5* x^2* y^2,x),y)
```

回车后得:

```
zxx =
  10* y^2
zyy =
  10* x^2
Dxy =
  20* x* y+ 3
```

本 章 小 结

一、内容纲要

$$
\text{多元函数微分法及其应用}\begin{cases}\text{多元函数的概念}\begin{cases}\text{多元函数的定义}\\ \text{多元函数的极限}\\ \text{多元函数连续定义及多元初等函数的连续性}\\ \text{有界闭区域上连续函数的性质}\end{cases}\\ \text{偏导数}\begin{cases}\text{显函数的偏导数的定义及计算方法}\\ \text{复合函数偏导数的链式法则}\\ \text{隐函数的偏导数}\end{cases}\\ \text{全微分}\begin{cases}\text{定义及性质}\\ \text{可微的必要与充分条件}\\ \text{全微分用于近似计算}\end{cases}\\ \text{多元函数的极值}\begin{cases}\text{定义}\\ \text{必要条件与充分条件}\\ \text{最大值与最小值问题}\\ \text{条件极值与拉格朗日乘数法}\\ \text{最小二乘法}\end{cases}\\ \text{Matlab 软件简单应用}\end{cases}
$$

二、部分重、难点内容分析

(1) 对多元函数概念的理解可与一元函数概念加以比较. 从一元函数到多元函数有许多理论、方法都是可以类推的, 在多元函数问题的解决过程中, 我们应该注意共性与区别.

在讨论多元函数时, 常以二元函数为代表. 因为从二元函数到多元函数, 基本都是形式上的类推. 一般来说, 二元函数所具有的理论、性质、方法, 更多元的函数也都具有, 只是变量的增加、取值空间的不同, 计算方法上几乎没有差异.

(2) 二重极限的计算一般是比较困难的, 我们通常按下面两种方法来求一些简单的二重极限.

方法(一): 用类似于一元函数求极限的一些方法和技巧, 比如利用初等函数的连续性、利用极限的四则运算及有界量与无穷小量之积为无穷小量、利用夹逼定理等求出二重极限的值.

方法(二): 若能通过变量代换化为一元函数的极限, 则可用一元函数求极限的方法解出此二重极限.

若要证明 $\lim\limits_{\substack{x\to x_0\\ y\to y_0}} f(x,y)$ 不存在, 则一般用取特殊路径的方法.

当 (x,y) 沿两条不同路径 $y=\varphi_1(x)$ 与 $y=\varphi_2(x)$ 趋向于 (x_0,y_0) 时（这里有 $\lim\limits_{x\to x_0}\varphi_1(x)=y_0$, $\lim\limits_{x\to x_0}\varphi_2(x)=y_0$），若存在极限

$$\lim_{\substack{x\to x_0 \\ y=\varphi_1(x)\to y_0}} f(x,y)=\lim_{x\to x_0}f[x,\varphi_1(x)]=A$$

与

$$\lim_{\substack{x\to x_0 \\ y=\varphi_2(x)\to y_0}} f(x,y)=\lim_{x\to x_0}f[x,\varphi_2(x)]=B$$

且 $A\neq B$（或 A、B 中有一个不存在），则 $\lim\limits_{\substack{x\to x_0 \\ y\to y_0}}f(x,y)$ 不存在．

但不能用取特殊路径的方法证明二重极限 $\lim\limits_{\substack{x\to x_0 \\ y\to y_0}}f(x,y)$ 存在．因为此极限若存在，那么点 (x,y) 在平面上沿任何曲线路径趋于 (x_0,y_0) 时的所有极限值都必须存在且相等，而这样的路径有无穷多条，是取不完的．

(3) 对于求解多元函数的偏导数，本质上就是一元函数求导．例如求多元函数对 x 的偏导数，可依据多元函数偏导数的概念将其余变量视作常数，利用一元函数的求导公式和求导法则就可以了．

对于多元复合函数的求导，简单情形下，可选择合并成一个式子，再求偏导数；也可画出变量间的关系图，然后按照"同线相乘，分线相加"的链式法则计算．若复合关系比较复杂，则应尽量使用复合函数求导的链式法则，特别是对含抽象函数的多元复合函数，应明确变量间的函数关系，分清中间变量与自变量，画出变量间的函数关系图，再利用链式法则求偏导数．对于中间变量与自变量共存的情况，要特别注意．例如，$u=f(x,y,z)$，$z=z(x,y)$，则函数关系为 $u\begin{smallmatrix}x-x\\y\\z\end{smallmatrix}$，则有

$$\frac{\partial u}{\partial x}=\frac{\partial f}{\partial x}+\frac{\partial f}{\partial z}\cdot\frac{\partial z}{\partial x}\left(\text{或}\frac{\partial u}{\partial x}=f'_1+f'_3\cdot\frac{\partial z}{\partial x}\right)$$

$$\frac{\partial u}{\partial y}=\frac{\partial f}{\partial y}+\frac{\partial f}{\partial z}\cdot\frac{\partial z}{\partial y}\left(\text{或}\frac{\partial u}{\partial y}=f'_2+f'_3\cdot\frac{\partial z}{\partial y}\right)$$

(4) 多元函数的几个概念之间的关系如下图所示．
函数 $z=f(x,y)$ 在点 $P(x,y)$ 处

$$\frac{\partial f}{\partial x},\frac{\partial f}{\partial y}\text{连续}\Rightarrow f(x,y)\text{可微}\begin{array}{c}\nearrow f(x,y)\text{连续}\\ \searrow \frac{\partial f}{\partial x},\frac{\partial f}{\partial y}\text{存在}\end{array}$$

(5) 隐函数的求导主要运用下面两组求导公式．
① 若 $y=y(x)$ 是由方程 $F(x,y)=0$ 所确定的隐函数，则

$$\frac{\mathrm{d}y}{\mathrm{d}x}=-\frac{F_x}{F_y}$$

这里 F_x，F_y 是二元函数 $F(x,y)$ 分别对 x,y 的偏导数．

② 若 $z=z(x,y)$ 是由方程 $F(x,y,z)=0$ 所确定的隐函数,则

$$\frac{\partial z}{\partial x}=-\frac{F_x}{F_z},\quad \frac{\partial z}{\partial y}=-\frac{F_y}{F_z}$$

这里 F_x, F_y, F_z 是三元函数 $F(x,y,z)$ 分别对 x, y, z 的偏导数.

(6) 多元函数的极值可能在驻点及偏导数不存在的点取得. 本教材给出了二元函数极值的充分条件,可依据该条件求二元函数的无条件极值. 对于条件极值,一般用拉格朗日乘数法求解或者将条件代入后用无条件极值的方法求解.

例如,求函数 $z=f(x,y)$ 在条件 $\varphi(x,y)=0$ 下的极值,可先由 $\varphi(x,y)=0$ 解得 $y=y(x)$,然后代入 $z=f(x,y)$ 中得 $z=f(x,y(x))$,将其变为一元函数,最后利用一元函数求极值的方法求之. 也可用拉格朗日乘数法,令 $L(x,y,\lambda)=f(x,y)+\lambda\varphi(x,y)$,然后求之. 三元函数的条件极值可类似地求解.

(7) 多元函数的最值的概念及求法在实际问题中是很有用的,一般求二元函数在有界闭区域 D 上最值的步骤如下:

① 求出开区域内可能的最值点(驻点或不可导点);

② 求出边界上可能的最值点(将边界曲线的参数方程代入得到一元函数,可疑点为驻点、不可导点或端点);

③ 比较上述各点的函数值,其中最大(小)者就是函数在该区域上的最大(小)值.

实际问题中,若求得的可能最值点是唯一的,则可根据问题的实际意义知该点即为所求最值点.

复习题 9

1. 设 $f(x,y)=\dfrac{x^2+y^2}{2xy}$,求 $f(2,-3), f(x-y,x+y), f\left(1,\dfrac{b}{a}\right), f(x,xy)$.

2. 求下列函数的定义域.

(1) $z=\dfrac{1}{\sqrt{x+y}}-\dfrac{1}{\sqrt{y-x}}$;

(2) $z=\sqrt{(1-x^2)(y^2-4)}$;

(3) $z=\sqrt{xy}+\ln(x+y)$;

(4) $u=\sqrt{R^2-x^2-y^2-z^2}+\dfrac{1}{\sqrt{x^2+y^2+z^2-r^2}}$ $(R>r>0)$.

3. 证明 $\lim\limits_{\substack{x\to 0\\y\to 0}}\dfrac{3x-4y}{x+y}$ 不存在.

4. 求下列各极限.

(1) $\lim\limits_{\substack{x\to 0\\y\to 0}}\dfrac{1}{x^2+y^2}$; (2) $\lim\limits_{\substack{x\to 0\\y\to 0}}\dfrac{\sin(xy)}{x}$; (3) $\lim\limits_{\substack{x\to 0\\y\to 1}}\dfrac{x-y}{x+y}$.

5. 求下列各函数的偏导数.

(1) $z=\ln(x+\ln y)$; (2) $z=x^3y-y^3x$; (3) $u=z^{xy}$.

6. 设 $f(x,y)=(xy+1)^2$,求 $f'_x(2,2)$.

7. 求下列函数的 $\dfrac{\partial^2 z}{\partial x^2},\dfrac{\partial^2 z}{\partial y^2}$ 和 $\dfrac{\partial^2 z}{\partial x\partial y}$.

(1) $z=x^4-2x^2y^2+y^4$; (2) $z=x^{2y}$.

8. 设 $f(x,y,z)=xy^2+yz^2+zx^2$,求 $f_{xx}(0,0,1)$ 和 $f_{xy}(1,0,2)$.

9. 求下列函数的全微分.

(1) $z=x^4+y^4-4x^2y^2$; (2) $z=\dfrac{y}{\sqrt{x^2+y}}$.

10. 已知 $z=u^2\ln v, u=\dfrac{x}{y}, v=3x-2y$,求 $\dfrac{\partial z}{\partial x}$ 和 $\dfrac{\partial z}{\partial y}$.

11. 设 $z=\dfrac{v}{u}$,而 $u=\ln x, v=e^x$,求 $\dfrac{dz}{dx}$.

12. 设 $f(u,v)$ 有二阶连续偏导数,求 $\dfrac{\partial z}{\partial x},\dfrac{\partial^2 z}{\partial x\partial y}$.

(1) $z=f(x^2-y^2,xy)$; (2) $z=f\left(2x,\dfrac{x}{y}\right)$.

13. 求下列方程所确定的隐函数的全导数或偏导数.

(1) 设 $xy-\ln y=e$,求 $\dfrac{dy}{dx}$;

(2) 设 $x^2+y^2+z^2-6xz=0$,求 $\dfrac{\partial z}{\partial x},\dfrac{\partial z}{\partial y}$.

14. 求函数 $f(x,y)=x^3-y^3+3x^2+3y^2-9x$ 的极值.

15. 求函数 $z=xy(4-x-y)$ 在 $x=1, y=0, x+y=6$ 所围闭区域上的最大值与最小值.

16. 设某企业生产两种不同的产品,其数量为 x,y,总成本函数为
$$C(x,y)=3x^2+5y^2-2xy+2$$

(1) 求两种不同产品的边际成本;

(2) 产品限制数量为 $x+y=30$,求最小成本.

17. 某公司生产一种产品分别投放在两地市场销售,售价分别为 P_1 和 P_2,销售量分别为 q_1 和 q_2,需求函数分别为 $q_1=48-0.4P_1, q_2=20-0.1P_2$;总成本函数为 $C=35+40(q_1+q_2)$.为了使总利润最大,公司应如何确定两地市场的售价?

第 10 章 二 重 积 分

在一元函数积分学中,我们讨论了定积分,其被积函数是一元函数,积分范围是一个闭区间.定积分是一种特定形式的和式的极限,一般只能解决非均匀分布在某一区间上量的求和问题.实际问题中遇到的是大量非均匀分布在平面区域上的某种量的求和问题,我们只须把一元函数积分学中这种和式的极限的概念推广到定义在平面区域上的多元函数的情形,便得到二重积分的概念、计算方法及应用.

10.1 二重积分的概念与性质

10.1.1 二重积分的概念

我们以计算曲顶柱体的体积和平面薄片的质量为例,给出二重积分的定义.

1. 曲顶柱体的体积

设有一空间立体 Ω,它的底是 xOy 面上的有界闭区域 D,它的侧面是以 D 的边界曲线为准线而母线平行于 z 轴的柱面,它的顶是曲面 $z=f(x,y)$. $f(x,y)$ 在 D 上连续且 $f(x,y)\geqslant 0$. 这种立体称为曲顶柱体.那么,如何计算这个柱体的体积呢?

这个问题与求曲边梯形的面积问题类似,可以用与解决定积分问题类似的方法(即分割、近似代替、求和、取极限的方法)来解决.

(1) 分割:用任意一组曲线网将闭区域 D 分成 n 个小闭区域:$\Delta\sigma_1,\Delta\sigma_2,\cdots,\Delta\sigma_n$ 表示各小区域的面积.以这些小闭区域的边界曲线为准线,作母线平行于 z 轴的柱面,这些柱面将原来的曲顶柱体 Ω 划分成 n 个小曲顶柱体 $\Delta\Omega_1,\Delta\Omega_2,\cdots,\Delta\Omega_n$,并同时表示各小曲顶柱体的体积,从而有

$$V = \sum_{i=1}^{n} \Delta\Omega_i$$

(2) 近似代替:小曲顶柱体的体积 $\Delta\Omega_i$ 仍无法求得.但是,由于 $f(x,y)$ 在 D 上连续,所以当小区域 $\Delta\sigma_i$ 的直径(指小区域上任意两点间距离的最大值)很小时,小曲顶柱体的高 $f(x,y)$ 变化很小,因此,可以将小曲顶柱体近似地看作是平顶柱体,于是,在小区域 $\Delta\sigma_i$ 上任取一点 (ξ_i,η_i),第 i 个小曲顶柱体的体积用高为 $f(\xi_i,\eta_i)$,底面积为 $\Delta\sigma_i$ 的平顶柱体(见图 10.1.1)的体积近似代替:

$$\Delta\Omega_i \approx f(\xi_i,\eta_i)\Delta\sigma_i \quad (i=1,2,\cdots,n)$$

(3) 求和:整个曲顶柱体的体积近似值

$$V \approx \sum_{i=1}^{n} \Delta \Omega_i = \sum_{i=1}^{n} f(\xi_i, \eta_i) \cdot \Delta \sigma_i$$

(4) 求极限:用 λ 表示各小区域直径的最大值. 当 $\lambda \to 0$ 时(可理解为 $\Delta \sigma_i$ 几乎缩为一点),上述和式的极限就是曲顶柱体的体积,即

$$V = \lim_{\lambda \to 0} \sum_{i=1}^{n} f(\xi_i, \eta_i) \cdot \Delta \sigma_i$$

2. 平面薄片的质量

设有一平面薄片在 xOy 平面上占有区域 D,它在点 (x,y) 处的面密度为 $\rho(x,y)$(这里 $\rho(x,y) > 0$)且在 D 上连续. 现在我们来计算该薄片的质量 M.

先将 D 任意分成 n 个小区域:$\Delta \sigma_1, \Delta \sigma_2, \cdots, \Delta \sigma_n$,其中 $\Delta \sigma_i$ 既代表第 i 个小闭区域又代表其面积. 当 $\Delta \sigma_i$ 的直径很小时,这些小块可分别近似地看成均匀薄片. 在 $\Delta \sigma_i$ 上任取一点 (ξ_i, η_i)(见图 10.1.2),则有第 i 块小闭区域的质量近似等于

$$\Delta M_i = \rho(\xi_i, \eta_i) \cdot \Delta \sigma_i \quad (i = 1, 2, \cdots, n)$$

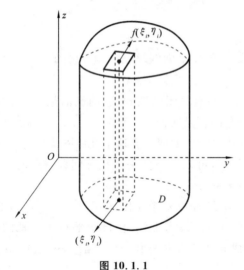
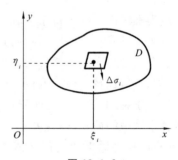

图 10.1.1　　　　　　　　　　　图 10.1.2

再通过求和、取极限,有

$$M = \lim_{\lambda \to 0} \sum_{i=1}^{n} \rho(\xi_i, \eta_i) \cdot \Delta \sigma_i$$

上面两个例子的实际意义完全不同,但本质上都是把一个平面区域分成许多很小的区域,让函数值在每个小区域中几乎可以当成常数,最终归结为同一形式的和式的极限问题. 因此,撇开这类极限问题的实际背景,就得到了一个更广泛、更抽象的数学概念——二重积分.

定义 设 $f(x,y)$ 是定义在 xOy 平面上的有界闭区域 D 上的有界函数,将区域 D 任意分成 n 个小区域:$\Delta \sigma_1, \Delta \sigma_2, \cdots, \Delta \sigma_n$. 其中 $\Delta \sigma_i$ 表示第 i 个小闭区域,同时也表

示该小闭区域的面积. 在每个 $\Delta\sigma_i$ 上任取一点 (ξ_i,η_i),作乘积 $f(\xi_i,\eta_i)\Delta\sigma_i$,并作和式 $\sum_{i=1}^{n}f(\xi_i,\eta_i)\Delta\sigma_i$. 如果当各小闭区域的直径的最大值 λ 趋于零,且这个和式的极限存在,则称此极限为函数 $f(x,y)$ 在闭区域 D 上的二重积分,记做 $\iint\limits_{D}f(x,y)\mathrm{d}\sigma$,即

$$\iint\limits_{D}f(x,y)\mathrm{d}\sigma = \lim_{\lambda\to 0}\sum_{i=1}^{n}f(\xi_i,\eta_i)\Delta\sigma_i \tag{10.1.1}$$

其中,$f(x,y)$ 叫做**被积函数**,$f(x,y)\mathrm{d}\sigma$ 叫做**被积表达式**,$\mathrm{d}\sigma$ 叫做**面积元素**,x,y 叫做**积分变量**,D 叫做**积分区域**,$\sum_{i=1}^{n}f(\xi_i,\eta_i)\Delta\sigma_i$ 叫做**积分和式**(简称**积分和**).

关于二重积分的几点说明.

(1) 二重积分的存在定理. 若 $f(x,y)$ 在闭区域 D 上连续,则 $f(x,y)$ 在 D 上的二重积分存在. 在以后的讨论中,我们总假定被积函数在积分区域上连续. 如果函数 $f(x,y)$ 在闭区域 D 上二重积分存在,则称二元函数 $f(x,y)$ 在区域 D 上可积.

(2) 二重积分是一个数值,这个数值的大小仅与被积函数 $f(x,y)$ 和积分区域 D 有关,与积分变量的记号无关. 如 $\iint\limits_{D}f(x,y)\mathrm{d}\sigma = \iint\limits_{D}f(u,v)\mathrm{d}\sigma$.

(3) $\iint\limits_{D}f(x,y)\mathrm{d}\sigma$ 中的面积元素 $\mathrm{d}\sigma$ 对应着积分和式中的 $\Delta\sigma_i$. 由于 $\Delta\sigma_i$ 是对 D 进行任意分割得到的,故我们可以在直角坐标系中用平行于 x 轴和 y 轴的直线网来划分 D. 这样得到的小区域 $\Delta\sigma_i$ 中除包含边界点的一些小闭区域外,其余小闭区域都是矩形闭区域,设矩形闭区域 $\Delta\sigma_i$ 的边长为 Δx_j 和 Δy_k,则 $\Delta\sigma_i = \Delta x_j \Delta y_k$,因此在直角坐标系中可把面积元素 $\mathrm{d}\sigma$ 记为 $\mathrm{d}x\mathrm{d}y$,而二重积分也可记为 $\iint\limits_{D}f(x,y)\mathrm{d}x\mathrm{d}y$.

由二重积分的定义可知,曲顶柱体的体积 V 可表示为

$$V = \iint\limits_{D}f(x,y)\mathrm{d}\sigma$$

平面薄片的质量 M 等于其面密度 $\rho(x,y)$ 在区域 D 上的二重积分:

$$M = \iint\limits_{D}\rho(x,y)\mathrm{d}\sigma$$

10.1.2 二重积分的几何意义

与定积分类似,二重积分 $\iint\limits_{D}f(x,y)\mathrm{d}\sigma$ 的几何意义可以如下解释.

(1) 若在闭区域 D 上 $f(x,y)\geqslant 0$,则二重积分 $\iint\limits_{D}f(x,y)\mathrm{d}\sigma$ 表示以闭区域 D 为

底、以曲面 $z=f(x,y)$ 为曲顶的曲顶柱体的体积,即 $\iint\limits_{D}f(x,y)\mathrm{d}\sigma=V$.

(2) 若在闭区域 D 上 $f(x,y)\leqslant 0$,则二重积分 $\iint\limits_{D}f(x,y)\mathrm{d}\sigma$ 表示以闭区域 D 为底、以曲面 $z=f(x,y)$ 为曲顶的曲顶柱体(在坐标面 xOy 面下方)的体积的负值,即 $\iint\limits_{D}f(x,y)\mathrm{d}\sigma=-V$.

(3) 若 $f(x,y)$ 在 D 的某些子区域上为正,在另一些子区域上为负,则 $\iint\limits_{D}f(x,y)\mathrm{d}\sigma$ 表示在这些子区域上曲顶柱体体积的代数和(xOy 面上方的曲顶柱体与 xOy 面下方的曲顶柱体体积之差).

10.1.3 二重积分的性质

若 $f(x,y)$ 在闭区域 D 上是可积的,则由定义可以证明二重积分具有以下性质.

性质 1 被积函数的常数因子可以提到二重积分号的外边,即

$$\iint\limits_{D}kf(x,y)\mathrm{d}\sigma=k\iint\limits_{D}f(x,y)\mathrm{d}\sigma \quad (k \text{ 为常数})$$

性质 2 有限个函数和(或差)的二重积分等于各个函数的二重积分的和(或差),即

$$\iint\limits_{D}[f(x,y)\pm g(x,y)]\mathrm{d}\sigma=\iint\limits_{D}f(x,y)\mathrm{d}\sigma\pm\iint\limits_{D}g(x,y)\mathrm{d}\sigma$$

性质 3 如果有界闭区域 D 被有限条曲线分成有限个部分闭区域,则函数在 D 上的二重积分等于在各个部分区域上的二重积分之和.比如 D 分成两个闭区域 D_1 和 D_2,且 D_1 与 D_2 除边界外无公共点,则

$$\iint\limits_{D}f(x,y)\mathrm{d}\sigma=\iint\limits_{D_1}f(x,y)\mathrm{d}\sigma+\iint\limits_{D_2}f(x,y)\mathrm{d}\sigma$$

这表示二重积分对积分区域具有可加性.

性质 4 如果在闭区域 D 上有 $f(x,y)\equiv 1$,D 的面积为 σ,则

$$\sigma=\iint\limits_{D}1\mathrm{d}\sigma=\iint\limits_{D}\mathrm{d}\sigma$$

性质 5 如果在闭区域 D 上有 $f(x,y)\leqslant g(x,y)$,则有

$$\iint\limits_{D}f(x,y)\mathrm{d}\sigma\leqslant\iint\limits_{D}g(x,y)\mathrm{d}\sigma$$

性质 6 在闭区域 D 上有

$$\left|\iint\limits_{D}f(x,y)\mathrm{d}\sigma\right|\leqslant\iint\limits_{D}|f(x,y)|\mathrm{d}\sigma$$

证明 由于 $-|f(x,y)| \leqslant f(x,y) \leqslant |f(x,y)|$，根据性质 5 有

$$\iint\limits_D (-|f(x,y)|)\mathrm{d}\sigma \leqslant \iint\limits_D f(x,y)\mathrm{d}\sigma \leqslant \iint\limits_D |f(x,y)|\mathrm{d}\sigma$$

即

$$\left|\iint\limits_D f(x,y)\mathrm{d}\sigma\right| \leqslant \iint\limits_D |f(x,y)|\mathrm{d}\sigma$$

性质 7（估值不等式） 设 M 与 m 分别是 $f(x,y)$ 在有界闭区域 D 上的最大值与最小值，σ 是 D 的面积，则有

$$m\sigma \leqslant \iint\limits_D f(x,y)\mathrm{d}\sigma \leqslant M\sigma$$

证明 由于 $m \leqslant f(x,y) \leqslant M$，有

$$m\sigma = m\iint\limits_D \mathrm{d}\sigma = \iint\limits_D m\mathrm{d}\sigma \leqslant \iint\limits_D f(x,y)\mathrm{d}\sigma \leqslant \iint\limits_D M\mathrm{d}\sigma = M\iint\limits_D \mathrm{d}\sigma = M\sigma$$

性质 8（二重积分的中值定理） 设 $f(x,y)$ 在有界闭区域 D 上连续，σ 是 D 的面积，则 D 上至少存在一点 (ξ,η)，使得

$$\iint\limits_D f(x,y)\mathrm{d}\sigma = f(\xi,\eta)\sigma$$

证明 由性质 7 有

$$m\sigma \leqslant \iint\limits_D f(x,y)\mathrm{d}\sigma \leqslant M\sigma$$

即

$$m \leqslant \frac{\iint\limits_D f(x,y)\mathrm{d}\sigma}{\sigma} \leqslant M$$

由闭区域上连续函数的介值定理知，D 上至少存在一点 (ξ,η)，使得

$$\frac{1}{\sigma}\iint\limits_D f(x,y)\mathrm{d}\sigma = f(\xi,\eta)$$

即

$$\iint\limits_D f(x,y)\mathrm{d}\sigma = f(\xi,\eta)\sigma$$

如果把二重积分看成是曲顶柱体的体积（$f(x,y) \geqslant 0$），那么积分中值定理可理解为：以 D 为底、以曲面 $z=f(x,y)$ 为顶的曲顶柱体体积等于同底而高为 $f(\xi,\eta)$ 的平顶柱体的体积。数值 $\frac{1}{\sigma}\iint\limits_D f(x,y)\mathrm{d}\sigma$ 叫做函数 $f(x,y)$ 在 D 上的**平均值**。

例 10.1.1 估计二重积分 $I = \iint\limits_D (x^2+4y^2+9)\mathrm{d}\sigma$ 的值，D 是圆域 $x^2+y^2 \leqslant 4$.

解 设 $z=f(x,y)=x^2+4y^2+9$。先求出函数 $f(x,y)$ 在 D 上的最大值与最小值，分别为 $M=25, m=9$；而 D 的面积 $\sigma = \pi \times 2^2 = 4\pi$。由性质 7 可得

$$36\pi \leqslant \iint\limits_D (x^2+4y^2+9)\mathrm{d}\sigma \leqslant 100\pi$$

习 题 10.1

1. 利用二重积分的几何意义,确定下列二重积分的值:

(1) $\iint\limits_{D} \mathrm{d}\sigma$ $D:1 \leqslant x^2 + y^2 \leqslant 4$;

(2) $\iint\limits_{D}(4-\sqrt{x^2+y^2})\mathrm{d}\sigma$ $D:x^2+y^2 \leqslant 4$.

2. 根据二重积分的性质,比较下列积分的大小.

(1) $\iint\limits_{D}(x+y)^2\mathrm{d}\sigma$ 与 $\iint\limits_{D}(x+y)^3\mathrm{d}\sigma$,其中 D 是由坐标轴及直线 $x+y=1$ 所围成;

(2) $\iint\limits_{D}\ln(x+y)\mathrm{d}\sigma$ 与 $\iint\limits_{D}[\ln(x+y)]^2\mathrm{d}\sigma$,其中 D 是三角形闭区域,三顶点分别为 $(1,0),(1,1),(2,0)$.

3. 利用二重积分的性质,估计下列积分的值.

(1) $I=\iint\limits_{D}xy(x+y)\mathrm{d}\sigma$,其中 $D:0 \leqslant x \leqslant 1, 0 \leqslant y \leqslant 1$;

(2) $I=\iint\limits_{D}\mathrm{e}^{x^2+y^2}\mathrm{d}\sigma$,其中 $D:1 \leqslant x^2+y^2 \leqslant 4$.

4. 设函数 $f(x,y)$ 在有界闭区域 D 上连续,$g(x,y)$ 在 D 内可积且恒不变号,则至少存在一点 $(\xi,\eta) \in D$,使

$$\iint\limits_{D}f(x,y)g(x,y)\mathrm{d}\sigma = f(\xi,\eta)\iint\limits_{D}g(x,y)\mathrm{d}\sigma.$$

10.2 二重积分的计算

二重积分的定义给出了二重积分的计算方法,但仅限于少数特别简单的情形,对一般的被积函数和积分区域来说是行不通的,必须寻找计算二重积分的有效方法.本节将重点介绍如何在直角坐标系和极坐标系下把二重积分化为两次定积分来进行计算.

10.2.1 二重积分在直角坐标系中的计算

由二重积分的几何意义,我们来讨论二重积分 $\iint\limits_{D}f(x,y)\mathrm{d}\sigma$ 在直角坐标系中的计算问题.

设函数 $f(x,y)$ 在 D 上连续且 $f(x,y) \geqslant 0$,在直角坐标系下二重积分的面积元

素 dσ 可表示为 dxdy，于是
$$\iint_D f(x,y)\mathrm{d}\sigma = \iint_D f(x,y)\mathrm{d}x\mathrm{d}y$$

若区域 D 可用不等式 $a \leqslant x \leqslant b, \varphi_1(x) \leqslant y \leqslant \varphi_2(x)$ 表示，其中 $\varphi_1(x), \varphi_2(x)$ 在 $[a,b]$ 上连续，如图 10.2.1 所示，此时，称积分区域 D 为 X-型区域.

根据二重积分的几何意义，当 $f(x,y) \geqslant 0$ 时，$\iint_D f(x,y)\mathrm{d}\sigma$ 的值等于以 D 为底、以曲面 $z = f(x,y)$ 为顶的曲顶柱体（见图 10.2.2）的体积. 用定积分的应用中计算平行截面面积为已知的立体体积的方法来计算此曲顶柱体的体积.

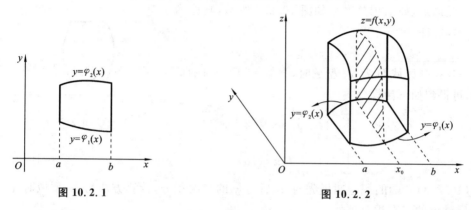

图 10.2.1　　　　　　图 10.2.2

在区间 $[a,b]$ 上任取一点 x_0，作平行于 yOz 面的平面 $x = x_0$，截曲顶柱体所得截面为一个以 $[\varphi_1(x_0), \varphi_2(x_0)]$ 为底、以曲线 $z = f(x_0, y)$ 为曲边的曲边梯形（见图 10.2.2 中阴影部分）. 由定积分的几何意义知该截面的面积为
$$A(x_0) = \int_{\varphi_1(x_0)}^{\varphi_2(x_0)} f(x_0, y)\mathrm{d}y$$
由 x_0 的任意性，一般地对任意的 $x \in [a,b]$，过点 $(x,0,0)$ 作垂直于 x 轴的平面，平面截曲顶柱体所得截面的面积为
$$A(x) = \int_{\varphi_1(x)}^{\varphi_2(x)} f(x,y)\mathrm{d}y$$
由计算平行截面面积为已知的立体体积公式有
$$V = \int_a^b A(x)\mathrm{d}x = \int_a^b \left[\int_{\varphi_1(x)}^{\varphi_2(x)} f(x,y)\mathrm{d}y\right]\mathrm{d}x$$
由此可得二重积分的计算公式为
$$\iint_D f(x,y)\mathrm{d}\sigma = \iint_D f(x,y)\mathrm{d}x\mathrm{d}y = \int_a^b \left[\int_{\varphi_1(x)}^{\varphi_2(x)} f(x,y)\mathrm{d}y\right]\mathrm{d}x \quad (10.2.1)$$
其中积分区域 D 为确定的 X-型域.

式(10.2.1)右端的积分叫做先对 y、后对 x 的二次积分. 先把 x 看做常数，把

$f(x,y)$ 只看做 y 的函数,并对 y 计算定积分,得到关于 x 的函数,并把此函数作为对 x 的积分的被积函数,再对 x 计算 $[a,b]$ 上的积分,得到一确定的数值,即为 $\iint\limits_{D} f(x,y)\mathrm{d}\sigma$ 的结果.

为了计算的方便,式(10.2.1)亦可写成

$$\iint\limits_{D} f(x,y)\mathrm{d}\sigma = \int_a^b \left[\int_{\varphi_1(x)}^{\varphi_2(x)} f(x,y)\mathrm{d}y\right]\mathrm{d}x = \int_a^b \mathrm{d}x \int_{\varphi_1(x)}^{\varphi_2(x)} f(x,y)\mathrm{d}y \quad (10.2.2)$$

在上述讨论中假设 $f(x,y) \geqslant 0$,实际上式(10.2.1)的成立不受此条件限制,只要 $f(x,y)$ 在 D 上连续,式(10.2.1)均成立.

类似地,如果积分区域如图 10.2.3 所示,则称为 Y-型域.即

$$c \leqslant y \leqslant d, \quad \psi_1(y) \leqslant x \leqslant \psi_2(y)$$

当积分区域 D 为 Y-型域时,类似 X-型域时的情形,可得到如下计算公式

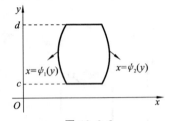

图 10.2.3

$$\iint\limits_{D} f(x,y)\mathrm{d}\sigma = \int_c^d \left[\int_{\psi_1(y)}^{\psi_2(y)} f(x,y)\mathrm{d}x\right]\mathrm{d}y$$
$$= \int_c^d \mathrm{d}y \int_{\psi_1(y)}^{\psi_2(y)} f(x,y)\mathrm{d}x \quad (10.2.3)$$

式(10.2.3)右端的积分叫做先对 x,后对 y 的二次积分,计算方法与 X-型域时先对 y,后对 x 的二次积分类似.

应用式(10.2.2)时,积分区域 D 必须是 X-型区域,其特点是作一条平行于 y 轴的直线穿过 D 时与 D 的边界交点不多于两个;而应用式(10.2.3)时,积分区域必须是 Y-型区域,其特点是作一条平行于 x 轴的直线穿过 D 时与 D 的边界交点不多于两个。

若区域 D 既不是 X-型区域,又不是 Y-型区域,则可将 D 分成若干个无公共内点的小区域,使每个小区域是 X-型区域或 Y-型区域,然后利用二重积分对区域的可加性进行计算.

计算二重积分主要是将二重积分转化为计算两个定积分,而这两个定积分的上、下限恰好为积分区域 D 的边界线.下面把计算二重积分的步骤总结如下:

(1) 画出积分区域 D,如图 10.2.4(a)所示 X-型域;

(2) 将区域 D 投影到 x 轴上,得一闭区间 $[a,b]$,即 $a \leqslant x \leqslant b$,这时 a 就是对 x 积分的下限,b 是上限.

(3) 在开区间 (a,b) 内任取一点 x,作 y 轴的平行线,沿 y 轴的正方向穿过区域 D 交区域 D 的边界曲线于两点,那么这两点纵坐标 $\varphi_1(x)$ 与 $\varphi_2(x)$ ($\varphi_1(x) \leqslant \varphi_2(x)$) 就分别是对 y 积分的下限与上限.

可记

$$D: \begin{cases} a \leqslant x \leqslant b \\ \varphi_1(x) \leqslant y \leqslant \varphi_2(x) \end{cases}$$

$$\iint_D f(x,y)\mathrm{d}\sigma = \iint_D f(x,y)\mathrm{d}x\mathrm{d}y = \int_a^b \mathrm{d}x \int_{\varphi_1(x)}^{\varphi_2(x)} f(x,y)\mathrm{d}y \qquad (10.2.4)$$

类似地可以得到先对 x,后对 y 的二次积分的定限步骤. 由示意图 10.2.4(b)(Y-型域)可得

$$D: \begin{cases} c \leqslant y \leqslant d \\ \psi_1(y) \leqslant x \leqslant \psi_2(y) \end{cases}$$

$$\iint_D f(x,y)\mathrm{d}\sigma = \iint_D f(x,y)\mathrm{d}x\mathrm{d}y = \int_c^d \mathrm{d}y \int_{\psi_1(y)}^{\psi_2(y)} f(x,y)\mathrm{d}x \qquad (10.2.5)$$

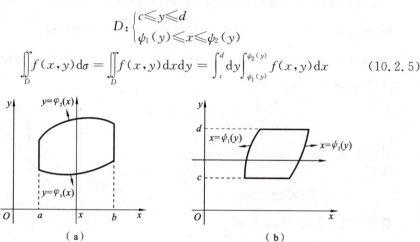

图 10.2.4

例 10.2.1 将二重积分 $\iint_D f(x,y)\mathrm{d}\sigma$ 化为二次积分(两种顺序),其中 D 是由 $y=x, y=0, x^2+y^2=1$ 围成的第一象限内的部分.

解 画出 D 的图形如图 10.2.5 所示.

(1) 先对 y 后对 x 积分(X-型域):

将 D 分成 D_1, D_2 两部分,

$$D_1: \begin{cases} 0 \leqslant x \leqslant \frac{\sqrt{2}}{2} \\ 0 \leqslant y \leqslant x \end{cases} \text{和} D_2: \begin{cases} \frac{\sqrt{2}}{2} \leqslant x \leqslant 1 \\ 0 \leqslant y \leqslant \sqrt{1-x^2} \end{cases}.$$

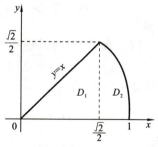

图 10.2.5

于是有

$$\iint_D f(x,y)\mathrm{d}\sigma = \iint_{D_1} f(x,y)\mathrm{d}\sigma + \iint_{D_2} f(x,y)\mathrm{d}\sigma$$

$$= \int_0^{\frac{\sqrt{2}}{2}} \mathrm{d}x \int_0^x f(x,y)\mathrm{d}y + \int_{\frac{\sqrt{2}}{2}}^1 \mathrm{d}x \int_0^{\sqrt{1-x^2}} f(x,y)\mathrm{d}y.$$

(2) 先对 x 后对 y 积分(Y-型域):

$$D: \begin{cases} 0 \leqslant y \leqslant \dfrac{\sqrt{2}}{2} \\ y \leqslant x \leqslant \sqrt{1-y^2} \end{cases}$$

于是有
$$\iint\limits_{D} f(x,y)\mathrm{d}\sigma = \int_0^{\frac{\sqrt{2}}{2}} \mathrm{d}y \int_y^{\sqrt{1-y^2}} f(x,y)\mathrm{d}x$$

从此例可以看出,二重积分的计算需要注意积分顺序的选择.

例 10.2.2 计算 $\iint\limits_{D} xy\mathrm{d}\sigma$,$D$ 是由 $y=x$ 和 $y=x^2$ 所围成区域.

解法(一) 画出区域 D 的图形,求得 $y=x$ 与 $y=x^2$ 的交点 $(0,0)$ 与 $(1,1)$,如图 10.2.6 所示.由式(10.2.2)有

$$D: \begin{cases} 0 \leqslant x \leqslant 1 \\ x^2 \leqslant y \leqslant x \end{cases}$$

$$\iint\limits_{D} xy\mathrm{d}\sigma = \int_0^1 \mathrm{d}x \int_{x^2}^x xy\mathrm{d}y = \int_0^1 x \cdot \frac{1}{2}y^2 \Big|_{x^2}^x \mathrm{d}x$$
$$= \frac{1}{2}\int_0^1 (x^3 - x^5)\mathrm{d}x = \frac{1}{24}$$

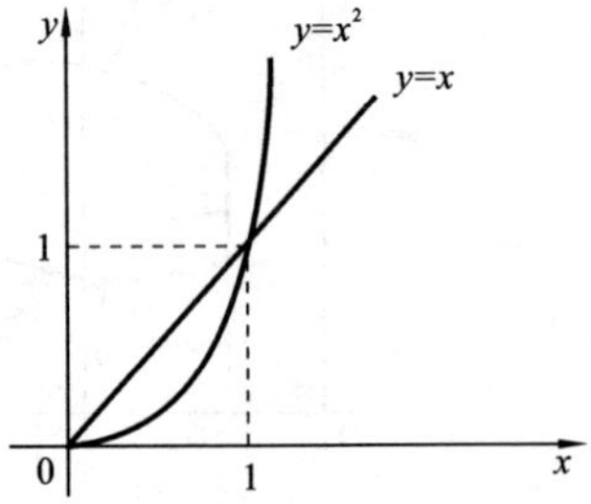

解法(二) 由式(10.2.3)有

$$D: \begin{cases} 0 \leqslant y \leqslant 1 \\ y \leqslant x \leqslant \sqrt{y} \end{cases}$$

$$\iint\limits_{D} xy\mathrm{d}\sigma = \int_0^1 \mathrm{d}y \int_y^{\sqrt{y}} xy\mathrm{d}x = \int_0^1 y \cdot \frac{1}{2}x^2 \Big|_y^{\sqrt{y}} \mathrm{d}y = \frac{1}{2}\int_0^1 (y^2 - y^3)\mathrm{d}y = \frac{1}{24}$$

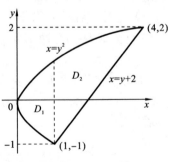

图 10.2.6

例 10.2.3 计算 $\iint\limits_{D} xy\mathrm{d}x\mathrm{d}y$,其中 D 是抛物线 $y^2=x$ 与直线 $y=x-2$ 所围成的区域.

解 画出 D 的图形如图 10.2.7 所示,求得 $y^2=x$ 与 $y=x-2$ 的交点 $(1,-1)$ 与 $(4,2)$.若先对 x 后对 y 积分,有

$$D: \begin{cases} -1 \leqslant y \leqslant 2 \\ y^2 \leqslant x \leqslant y+2 \end{cases}$$

$$\iint\limits_{D} xy\mathrm{d}x\mathrm{d}y = \int_{-1}^2 \mathrm{d}y \int_{y^2}^{y+2} xy\mathrm{d}x = \int_{-1}^2 y \cdot \frac{x^2}{2} \Big|_{y^2}^{y+2} \mathrm{d}y$$
$$= \frac{1}{2}\int_{-1}^2 [y(y+2)^2 - y^5]\mathrm{d}y$$
$$= \frac{1}{2}\left[\frac{1}{4}y^4 + \frac{4}{3}y^3 + 2y^2 - \frac{1}{6}y^6\right]\Big|_{-1}^2 = \frac{45}{8}$$

图 10.2.7

若先对 y 后对 x 积分,则需将 D 分成两部分,如图 10.2.7 所示 D_1 与 D_2,有

$$D_1:\begin{cases}0\leqslant x\leqslant 1\\-\sqrt{x}\leqslant y\leqslant\sqrt{x}\end{cases};\quad D_2:\begin{cases}1\leqslant x\leqslant 4\\x-2\leqslant y\leqslant\sqrt{x}\end{cases}$$

$$\iint\limits_{D}xy\mathrm{d}x\mathrm{d}y=\iint\limits_{D_1}xy\mathrm{d}x\mathrm{d}y+\iint\limits_{D_2}xy\mathrm{d}x\mathrm{d}y=\int_0^1\mathrm{d}x\int_{-\sqrt{x}}^{\sqrt{x}}xy\mathrm{d}y+\int_1^4\mathrm{d}x\int_{x-2}^{\sqrt{x}}xy\mathrm{d}y$$

显然,这较先对 x 后对 y 积分的计算要麻烦. 后面的计算省略.

例 10.2.4 把二次积分 $\int_0^1\mathrm{d}x\int_0^x f(x,y)\mathrm{d}y+\int_1^2\mathrm{d}x\int_0^{2-x}f(x,y)\mathrm{d}y$ 化为先对 x 后对 y 的二次积分.

解 对这类问题的解题思路是先依已知条件(积分限)画出积分区域,然后根据积分区域写出另一种型域下的 x 与 y 的取值范围. 如图 10.2.8 所示,有

$$D_1:0\leqslant x\leqslant 1,\quad 0\leqslant y\leqslant x$$
$$D_2:1\leqslant x\leqslant 2,\quad 0\leqslant y\leqslant 2-x$$

显然 D_1 由 $y=0,y=x,x=1$ 所围成;D_2 由 $y=0,x+y=2,x=1$ 所围成.

D_1 与 D_2 的图形如图 10.2.8 所示,由 D_1 与 D_2 合成的区域 D 可表示为

$$D:0\leqslant y\leqslant 1,\quad y\leqslant x\leqslant 2-y$$

于是有

$$\int_0^1\mathrm{d}x\int_0^x f(x,y)\mathrm{d}y+\int_1^2\mathrm{d}x\int_0^{2-x}f(x,y)\mathrm{d}y=\iint\limits_{D}f(x,y)\mathrm{d}x\mathrm{d}y=\int_0^1\mathrm{d}y\int_y^{2-y}f(x,y)\mathrm{d}x$$

例 10.2.5 计算 $\iint\limits_{D}\dfrac{\sin x}{x}\mathrm{d}x\mathrm{d}y$,其中 D 是由 $y=0,y=x$ 及 $x=1$ 所围区域.

解 因为 $\dfrac{\sin x}{x}$ 的原函数不能用初等函数表示,故在选择积分顺序时,不能选取先对 x 后对 y 的积分顺序,只能选择先对 y 后对 x 的积分顺序.

积分区域 D 如图 10.2.9 所示,有

$$D:\begin{cases}0\leqslant x\leqslant 1\\0\leqslant y\leqslant x\end{cases}$$

故 $\iint\limits_{D}\dfrac{\sin x}{x}\mathrm{d}x\mathrm{d}y=\int_0^1\mathrm{d}x\int_0^x\dfrac{\sin x}{x}\mathrm{d}y=\int_0^1\dfrac{\sin x}{x}\cdot y\Big|_0^x\mathrm{d}x=\int_0^1\sin x\mathrm{d}x=1-\cos 1$

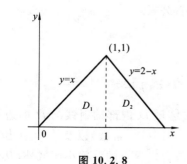

图 10.2.8

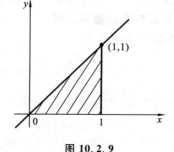

图 10.2.9

对于对称闭区域上的二重积分,我们给出如下结论:

定理 1 设闭区域 D 关于 x 轴对称,且 x 轴将 D 分割为 D_1 与 D_2 两个区域.设 $f(x,y)$ 在区域 D 上连续,则

$$\iint_D f(x,y)\mathrm{d}x\mathrm{d}y = \begin{cases} 0 & (\text{当 } f(x,y) \text{ 为关于 } y \text{ 的奇函数} \\ & (f(x,-y)=-f(x,y))\text{ 时}) \\ 2\iint_{D_1} f(x,y)\mathrm{d}x\mathrm{d}y & (\text{当 } f(x,y) \text{ 为关于 } y \text{ 的偶函数} \\ & (f(x,-y)=f(x,y))\text{ 时}) \end{cases}$$

定理 2 设闭区域 D 关于 y 轴对称,且 y 轴将 D 分割为 D_1 与 D_2 两个子区域,设 $f(x,y)$ 在区域 D 上连续,则

$$\iint_D f(x,y)\mathrm{d}x\mathrm{d}y = \begin{cases} 0 & (\text{当 } f(x,y) \text{ 为关于 } x \text{ 的奇函数} \\ & (f(-x,y)=-f(x,y))\text{ 时}) \\ 2\iint_{D_1} f(x,y)\mathrm{d}x\mathrm{d}y & (\text{当 } f(x,y) \text{ 为关于 } x \text{ 的偶函数} \\ & (f(-x,y)=f(x,y))\text{ 时}) \end{cases}$$

证明从略.

例 10.2.6 计算 $\iint_D xy^2 \mathrm{d}\sigma$,其中 D 是由圆周 $x^2+y^2=4$ 及 x 轴所围成的上半闭区域.

解 闭区域 D 如图 10.2.10 所示,显然关于 y 轴对称.而被积函数 $f(x,y)=xy^2$ 满足 $f(-x,y)=-f(x,y)$,即被积函数 $f(x,y)=xy^2$ 为关于 x 的奇函数.故

$$\iint_D xy^2 \mathrm{d}\sigma = 0$$

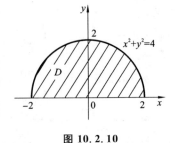

图 10.2.10

10.2.2 二重积分在极坐标系中的计算

当二重积分的积分区域 D 的边界曲线用极坐标方程表示比较方便,而且被积函数用极坐标变量 ρ,θ 表示也比较简单时,我们可考虑利用极坐标来计算二重积分.下面,我们就来给出极坐标系中的二重积分的计算公式.

1. 极坐标系下的面积元素

由二重积分的定义有

$$\iint_D f(x,y)\mathrm{d}\sigma = \lim_{\lambda \to 0} \sum_{i=1}^n f(\xi_i,\eta_i)\Delta\sigma_i$$

在极坐标系中,假定从极点 O 出发且穿过区域 D 内部的射线与 D 的边界曲线相交不多于两点,用以极点 O 为圆心的一簇同心圆($\rho=$常数)以及从 O 点出发的一簇射线($\theta=$常数)把 D 分成许多小区域.除了包含边界点的一些小区域外,其余的小

区域都可近似地看作小矩形.从这些小区域中抽取一个 $\Delta\sigma$ 进行讨论.如图 10.2.11 所示,该区域的面积记为 $\Delta\sigma$,有

$$\Delta\sigma = \frac{1}{2}(\rho+\Delta\rho)^2\Delta\theta - \frac{1}{2}\rho^2\Delta\theta = \rho\cdot\Delta\rho\cdot\Delta\theta + \frac{1}{2}(\Delta\rho)^2\Delta\theta \approx \rho\cdot\Delta\rho\cdot\Delta\theta$$

故极坐标系中的面积元素

$$d\sigma = \rho d\rho d\theta$$

从而将直角坐标系中的二重积分变换为极坐标系中的二重积分公式为

$$\iint_D f(x,y)dxdy = \iint_D f(\rho\cos\theta,\rho\sin\theta)\rho d\rho d\theta$$

由此可知,欲将二重积分从直角坐标化为极坐标计算,只需将被积函数中的变量 x 和 y 分别用 $\rho\cos\theta$ 和 $\rho\sin\theta$ 来代替,同时 $dxdy$ 用 $\rho d\rho d\theta$ 表示.

2. 极坐标系下的二重积分计算方法

极坐标系中的二重积分同样可以化为二次积分来计算.下面我们仅讨论先对 ρ 后对 θ 的积分.

(1) 当区域 D 夹在某两条射线 $\theta=\alpha,\theta=\beta$ 之间,且极点 O 在区域 D 之外时,如图 10.2.12 所示,区域 D 可表示为

$$\alpha \leqslant \theta \leqslant \beta, \quad \rho_1(\theta) \leqslant \rho \leqslant \rho_2(\theta)$$

此时有

$$\iint_D f(\rho\cos\theta,\rho\sin\theta)\rho d\rho d\theta = \int_\alpha^\beta d\theta \int_{\rho_1(\theta)}^{\rho_2(\theta)} f(\rho\cos\theta,\rho\sin\theta)\rho d\rho$$

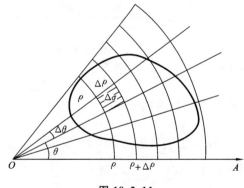

图 10.2.11

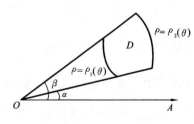

图 10.2.12

(2) 当极点 O 位于区域 D 内部时(如图 10.2.13 所示),区域 D 可表示为

$$0 \leqslant \theta \leqslant 2\pi, \quad 0 \leqslant \rho \leqslant \rho(\theta)$$

此时有

$$\iint_D f(\rho\cos\theta,\rho\sin\theta)\rho d\rho d\theta = \int_0^{2\pi} d\theta \int_0^{\rho(\theta)} f(\rho\cos\theta,\rho\sin\theta)\rho d\rho$$

(3) 若极点 O 在区域 D 的边界上(如图 10.2.14 所示),区域 D 可表示为

$$\alpha \leqslant \theta \leqslant \beta, \quad 0 \leqslant \rho \leqslant \rho(\theta)$$

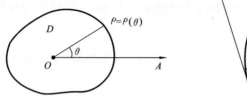
图 10.2.13

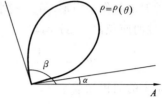
图 10.2.14

故
$$\iint_D f(x,y)\,dxdy = \int_\alpha^\beta d\theta \int_0^{\rho(\theta)} f(\rho\cos\theta, \rho\sin\theta)\rho\,d\rho$$

综上，将 $\iint_D f(x,y)\,d\sigma$ 化为极坐标系下的二次积分的要点如下：

① 将 x,y 分别换成 $\rho\cos\theta$ 及 $\rho\sin\theta$；

② 将面积元素 $d\sigma$（或 $dxdy$）换为 $\rho d\rho d\theta$，即 $d\sigma = dxdy = \rho d\rho d\theta$；

③ 画出积分区域 D，根据所讨论的三种情况求之.

例 10.2.7 将二重积分 $\iint_D f(x,y)\,d\sigma$ 化为极坐标系中的二次积分，其中积分域 $D: x^2+y^2 \leqslant 2y$.

解 令 $x=\rho\cos\theta, y=\rho\sin\theta$，则 $d\sigma = \rho d\rho d\theta$，积分区域 D 如图 10.2.15 所示，极点在积分区域 D 的边界上，且边界刚好与极轴相切于极点，即区域 D 夹在 $\theta=0$ 与 $\theta=\pi$ 之间，而边界曲线方程 $x^2+y^2=2y$ 化为极坐标系中的方程为 $\rho=2\sin\theta$，故有
$$D: 0\leqslant\theta\leqslant\pi,\quad 0\leqslant\rho\leqslant 2\sin\theta$$

则
$$\iint_D f(x,y)\,d\sigma = \int_0^\pi d\theta \int_0^{2\sin\theta} f(\rho\cos\theta, \rho\sin\theta)\rho\,d\rho$$

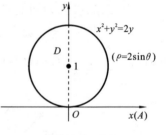
图 10.2.15

例 10.2.8 计算二重积分 $\iint_D e^{-x^2-y^2}\,dxdy$，其中 D 为圆域 $\sqrt{x^2+y^2}\leqslant a$.

解 由于被积函数 $e^{-x^2-y^2}$ 的原因，$\int e^{-x^2}dx$ 不能表示为初等函数，故本题无法在直角坐标系中计算，须采用极坐标系，积分区域 D 如图 10.2.16 所示.

令 $x=\rho\cos\theta,\quad y=\rho\sin\theta,\quad dxdy=\rho d\rho d\theta$

则 $D: 0\leqslant\theta\leqslant 2\pi,\quad 0\leqslant\rho\leqslant a$

$$\iint_D e^{-x^2-y^2}\,dxdy = \int_0^{2\pi}d\theta\int_0^a e^{-\rho^2}\cdot\rho\,d\rho$$
$$= \int_0^{2\pi}d\theta\int_0^a e^{-\rho^2}\cdot\left(-\frac{1}{2}\right)d(-\rho^2)$$
$$= 2\pi\left(-\frac{1}{2}e^{-\rho^2}\right)\bigg|_0^a = \pi(1-e^{-a^2})$$

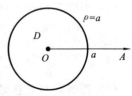
图 10.2.16

例 10.2.9 计算 $\iint_D y \mathrm{d}\sigma$，其中积分区域 D 由 $x^2+y^2 \leqslant 4, x^2+y^2 \geqslant 2x, x \geqslant 0$ 及 $y \geqslant 0$ 所围成.

解 令 $x = \rho\cos\theta, y = \rho\sin\theta, \mathrm{d}\sigma = \rho\mathrm{d}\rho\mathrm{d}\theta$. 画出 D 在直角坐标系中的图形(如图 10.2.17 所示)，边界 $x^2+y^2=4$ 的极坐标方程为 $\rho=2$，边界 $x^2+y^2=2x$ 的极坐标方程为 $\rho=2\cos\theta$，显然去掉 x 轴负半轴，去掉 y 轴，将 x 轴正半轴看作极轴，O 看作极点，直角坐标系下的区域 D 则变为极坐标系下的区域 D，夹在 $\theta=0$ 与 $\theta=\dfrac{\pi}{2}$ 两条射线之间. 任意作一条过极点 O 的射线在 $\theta=0$ 与 $\theta=\dfrac{\pi}{2}$ 之间穿过区域 D，总是从边界 $\rho=2\cos\theta$ 穿入，从边界 $\rho=2$ 穿出，则有

$$D: 0 \leqslant \theta \leqslant \dfrac{\pi}{2}, \quad 2\cos\theta \leqslant \rho \leqslant 2$$

$$\iint_D y\mathrm{d}\sigma = \int_0^{\frac{\pi}{2}} \mathrm{d}\theta \int_{2\cos\theta}^2 \rho\sin\theta \cdot \rho\mathrm{d}\rho = \dfrac{8}{3} \int_0^{\frac{\pi}{2}} (\sin\theta - \cos^3\theta\sin\theta)\mathrm{d}\theta = 2$$

注意，此题中虽然极点 O 在区域 D 的边界上，但 ρ 的取值范围并不是从 O 开始. ρ 的范围取决于过极点 O 作射线穿过区域 D 时穿入与穿出的边界曲线方程.

例 10.2.10 计算 $\int_0^a \mathrm{d}x \int_0^{\sqrt{a^2-x^2}} (x^2+y^2)\mathrm{d}y \ (a>0)$.

解 由于在直角坐标系下计算较麻烦，故考虑在极坐标系下计算.

积分区域 $D: 0 \leqslant x \leqslant a, 0 \leqslant y \leqslant \sqrt{a^2-x^2}$，画出区域 D 的图形如图 10.2.18 所示.

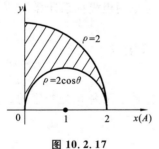

图 10.2.17

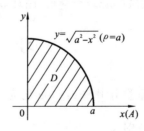

图 10.2.18

令 $x=\rho\cos\theta, y=\rho\sin\theta, \mathrm{d}x\mathrm{d}y = \rho\mathrm{d}\rho\mathrm{d}\theta$，在极坐标系下区域 D 表示为

$$D: 0 \leqslant \theta \leqslant \dfrac{\pi}{2}, \quad 0 \leqslant \rho \leqslant a$$

则

$$\int_0^a \mathrm{d}x \int_0^{\sqrt{a^2-x^2}} (x^2+y^2)\mathrm{d}y = \int_0^{\frac{\pi}{2}} \mathrm{d}\theta \int_0^a \rho^2 \cdot \rho\mathrm{d}\rho = \dfrac{\pi}{2} \cdot \dfrac{1}{4}\rho^4 \Big|_0^a = \dfrac{\pi}{8}a^4$$

例 10.2.11 计算 $I = \int_0^{+\infty} \mathrm{e}^{-x^2} \mathrm{d}x$.

解 设
$$D_1: x^2+y^2 \leqslant R^2, x \geqslant 0, y \geqslant 0$$
$$D_2: x^2+y^2 \leqslant 2R^2, x \geqslant 0, y \geqslant 0$$
$$S: 0 \leqslant x \leqslant R, 0 \leqslant y \leqslant R$$

显然 $D_1 \subset S \subset D_2$，由于 $e^{-x^2-y^2} > 0$，从而

$$\iint_{D_1} e^{-x^2-y^2} dxdy < \iint_S e^{-x^2-y^2} dxdy < \iint_{D_2} e^{-x^2-y^2} dxdy$$

而
$$\iint_S e^{-x^2-y^2} dxdy = \int_0^R e^{-x^2} dx \int_0^R e^{-y^2} dy = \left(\int_0^R e^{-x^2} dx\right)^2$$

由例 10.2.8 知

$$\iint_{D_1} e^{-x^2-y^2} dxdy = \frac{\pi}{4}(1-e^{-R^2}), \quad \iint_{D_2} e^{-x^2-y^2} dxdy = \frac{\pi}{4}(1-e^{-2R^2})$$

故
$$\frac{\pi}{4}(1-e^{-R^2}) < \left(\int_0^R e^{-x^2} dx\right)^2 < \frac{\pi}{4}(1-e^{-2R^2})$$

当 $R \to +\infty$ 时
$$\lim_{R \to +\infty} \frac{\pi}{4}(1-e^{-R^2}) = \lim_{R \to +\infty} \frac{\pi}{4}(1-e^{-2R^2}) = \frac{\pi}{4}$$

故
$$\lim_{R \to +\infty} \left(\int_0^R e^{-x^2} dx\right)^2 = \frac{\pi}{4}$$

即
$$\int_0^{+\infty} e^{-x^2} dx = \frac{\sqrt{\pi}}{2}$$

由上述例子可知，对二重积分的计算，首先需要选择坐标系，主要从被积函数与积分区域两方面考虑.一般，当被积函数含有 x^2+y^2 或两个积分变量之比 $\frac{y}{x}$ 或 $\frac{x}{y}$ 时，或积分域为圆域(如圆形、扇形、圆环等)时可考虑用极坐标系计算，较为方便.

习 题 10.2

1. 将二重积分 $\iint_D f(x,y) d\sigma$ 化为直角坐标系下两种积分顺序的二次积分.其中积分区域 D 分别为

(1) $D: x+y \leqslant 1, x-y \leqslant 1, x \geqslant 0$；

(2) $D: y \geqslant x^2, y \leqslant 4-x^2$；

(3) $D: x^2+y^2 \leqslant 1, x \geqslant \frac{1}{2}$；

(4) $D: y \geqslant \frac{1}{x} > 0, y \leqslant x, x \leqslant 2$.

2. 将二重积分 $\iint_D f(x,y) dxdy$ 化为极坐标系下先对 ρ 后对 θ 的二次积分，其中 D

由 $x^2+y^2 \leqslant 2x$ 及 $x+y \geqslant 2$ 所确定.

3. 如果二重积分 $\iint\limits_{D} f(x,y)\mathrm{d}x\mathrm{d}y$ 的被积函数 $f(x,y)$ 是两个函数 $f_1(x)$ 及 $f_2(y)$ 的乘积，即 $f(x,y)=f_1(x) \cdot f_2(y)$，积分区域 $D: a \leqslant x \leqslant b, c \leqslant y \leqslant d$ (a,b,c,d 为常数). 证明 $\iint\limits_{D} f_1(x) \cdot f_2(y) \mathrm{d}x\mathrm{d}y = \left[\int_a^b f_1(x)\mathrm{d}x\right] \cdot \left[\int_c^d f_2(y)\mathrm{d}y\right]$.

4. 计算二重积分 $\iint\limits_{D}(x+y)\mathrm{d}x\mathrm{d}y$. 其中积分区域 $D: 0 \leqslant x \leqslant 3, 0 \leqslant y \leqslant 3$.

5. 计算二重积分 $\iint\limits_{D} e^{x+y} \mathrm{d}\sigma$，其中积分区域 $D: |x|+|y| \leqslant 1$.

6. 计算二重积分 $\iint\limits_{D} xy^2 \mathrm{d}\sigma$，其中积分区域 $D: 0 \leqslant x \leqslant \sqrt{4-y^2}$.

7. 计算二重积分 $\iint\limits_{D} \cos(x+y) \mathrm{d}\sigma$，其中积分区域 D 由 $x=0, y=x, y=\pi$ 所围成.

8. 改变下列二次积分的积分顺序。

(1) $\int_0^1 \mathrm{d}x \int_x^1 f(x,y)\mathrm{d}y$；　　　　(2) $\int_0^1 \mathrm{d}y \int_{e^y}^{e} f(x,y)\mathrm{d}x$；

(3) $\int_0^1 \mathrm{d}y \int_y^{\sqrt{y}} f(x,y)\mathrm{d}x$；　　　　(4) $\int_0^2 \mathrm{d}x \int_{\frac{x}{2}}^{3-x} f(x,y)\mathrm{d}y$；

(5) $\int_0^{\frac{1}{2}} \mathrm{d}y \int_0^y f(x,y)\mathrm{d}x + \int_{\frac{1}{2}}^1 \mathrm{d}y \int_0^{1-y} f(x,y)\mathrm{d}x$.

9. 计算下列二次积分.

(1) $\int_1^2 \mathrm{d}x \int_{\frac{1}{x}}^1 y e^{xy}\mathrm{d}y$；　　　　(2) $\int_0^1 \mathrm{d}x \int_x^{\sqrt{x}} \frac{\sin y}{y}\mathrm{d}y$.

10. 计算二重积分 $\iint\limits_{D} e^{x^2+y^2} \mathrm{d}\sigma$，其中积分区域 $D: x^2+y^2 \leqslant 4$.

11. 计算二重积分 $\iint\limits_{D} (x^2+y^2) \mathrm{d}\sigma$，其中积分区域 $D: x^2+y^2 \leqslant 4x, x^2+y^2 \geqslant 2x$.

12. 计算二重积分 $\iint\limits_{D} \sin\sqrt{x^2+y^2} \mathrm{d}x\mathrm{d}y$，其中积分区域 $D: \pi^2 \leqslant x^2+y^2 \leqslant 4\pi^2$.

13. 计算二重积分 $\iint\limits_{D} \arctan\frac{y}{x} \mathrm{d}\sigma$，其中积分区域 $D: 1 \leqslant x^2+y^2 \leqslant 4, 0 \leqslant y \leqslant x$.

14. 把下列二次积分化为极坐标系下的二次积分.

(1) $\int_0^1 \mathrm{d}x \int_{1-x}^{\sqrt{1-x^2}} f(x,y)\mathrm{d}y$；

(2) $\int_0^2 \mathrm{d}x \int_x^{\sqrt{3}x} f(\sqrt{x^2+y^2})\mathrm{d}y$；

(3) $\int_0^{2a} \mathrm{d}x \int_0^{\sqrt{2ax-x^2}} f(x,y)\mathrm{d}y$;

(4) $\int_0^1 \mathrm{d}y \int_{\sqrt{1-y^2}}^{\sqrt{4-y^2}} f(x,y)\mathrm{d}x + \int_1^2 \mathrm{d}y \int_0^{\sqrt{4-y^2}} f(x,y)\mathrm{d}x$.

15. 利用二重积分计算由曲线 $\rho = a(1+\cos\theta)(a>0)$ 所围成图形的面积.

16. 证明:设函数 $f(x)$ 在 $[a,b]$ 上连续,则 $\left[\int_a^b f(x)\mathrm{d}x\right]^2 \leqslant (b-a)\int_a^b f^2(x)\mathrm{d}x$.

10.3 二重积分的应用

在定积分的应用中,我们介绍过定积分的元素法,利用元素法讨论了定积分的应用问题. 这种方法可以推广到二重积分的应用中. 设 D 是有界闭区域,所求量 Q 对于 D 具有可加性(即当闭区域 D 被分成许多小闭区域时,所求量 Q 相应地分成许多部分量,且 Q 等于部分量之和),且在 D 上任取一直径很小的闭区域 $\mathrm{d}\sigma$ 时,相应的部分量 ΔQ 可近似地表示为 $f(x,y)\mathrm{d}\sigma$ 的形式. 这里点 (x,y) 在小区域 $\mathrm{d}\sigma$ 内,则将 $f(x,y)\mathrm{d}\sigma$ 称为所求量 Q 的元素,记作 $\mathrm{d}Q$,以此为被积表达式在 D 上积分就得到所求量 Q. 即

$$Q = \iint_D f(x,y)\mathrm{d}\sigma$$

10.3.1 平面区域的面积

由二重积分的性质可知:当 $f(x,y)=1$ 时

$$\iint_D 1\mathrm{d}\sigma = \iint_D \mathrm{d}\sigma = 平面区域 D 的面积 \xlongequal{记为} A$$

故可用 $\iint_D \mathrm{d}\sigma$ 计算平面有界闭区域 D 的面积.

例 10.3.1 求由抛物线 $y = 3-x^2$ 与直线 $y = 2x$ 所围成的平面图形的面积.

解 画出平面图形如图 10.3.1 所示,则

$$A = \iint_D \mathrm{d}x\mathrm{d}y$$

而 $D: -3 \leqslant x \leqslant 1, \quad 2x \leqslant y \leqslant 3-x^2$

故 $A = \iint_D \mathrm{d}x\mathrm{d}y = \int_{-3}^1 \mathrm{d}x \int_{2x}^{3-x^2} \mathrm{d}y$

$= \int_{-3}^1 (3-x^2-2x)\mathrm{d}x$

$= \left(3x - \frac{1}{3}x^3 - x^2\right)\Big|_{-3}^1 = \frac{32}{3}$

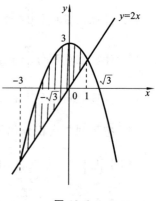

图 10.3.1

10.3.2 空间立体的体积

由二重积分的几何意义知:当被积函数 $f(x,y) \geqslant 0$ 时,二重积分 $\iint\limits_{D} f(x,y)\mathrm{d}\sigma$ 等于以 D 为底、以曲面 $z = f(x,y)$ 为顶的曲顶柱体体积. 即

$$V = \iint\limits_{D} f(x,y)\mathrm{d}\sigma$$

例 10.3.2 求由平面 $z=0, y=0, 3x+y=6$ 及 $x+y+z=6$ 所围成立体的体积.

解 围成立体如图 10.3.2 所示,立体的底是由 xOy 面的直线 $y=0, 3x+y=6, x+y=6$ 所围成的区域 D,顶是平面 $z=6-x-y$,故

$$V = \iint\limits_{D}(6-x-y)\mathrm{d}\sigma$$

$D: 0 \leqslant y \leqslant 6, \quad \dfrac{6-y}{3} \leqslant x \leqslant 6-y$

则有
$$V = \int_0^6 \mathrm{d}y \int_{\frac{6-y}{3}}^{6-y}(6-x-y)\mathrm{d}x$$
$$= \int_0^6 \left[(6-y)x - \frac{1}{2}x^2\right]\bigg|_{\frac{6-y}{3}}^{6-y}\mathrm{d}y$$
$$= \frac{2}{9}\int_0^6 (6-y)^2 \mathrm{d}y = 16$$

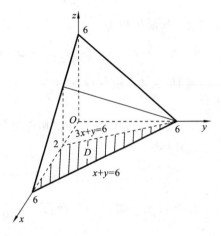

图 10.3.2

例 10.3.3 求两个底圆半径都等于 R 的直交圆柱面所围成立体的体积.

解 设这两个圆柱面的方程分别为
$$x^2+y^2=R^2, \quad x^2+z^2=R^2$$

显然围成空间立体关于三个坐标面对称,故只需算出它位于第一卦限部分(见图 10.3.3(a))的体积 V_1,再乘以 8 就行了.

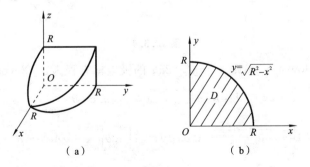

(a)   (b)

图 10.3.3

所求立体在第一卦限部分可以看作以如图 10.3.3(b) 在 xOy 坐标面上的区域 D 为底,以圆柱面 $x^2+z^2=R^2$ 被圆柱面 $x^2+y^2=R^2$ 截下来的位于第一卦限的一小块区域为顶的曲顶柱体.即顶为 $z=\sqrt{R^2-x^2}$.

$$D: 0 \leqslant x \leqslant R, \quad 0 \leqslant y \leqslant \sqrt{R^2-x^2}$$

故

$$V_1 = \iint_D \sqrt{R^2-x^2}\,d\sigma = \int_0^R dx \int_0^{\sqrt{R^2-x^2}} \sqrt{R^2-x^2}\,dy$$

$$= \int_0^R \left[\sqrt{R^2-x^2}\,y\right]\Big|_0^{\sqrt{R^2-x^2}} dx = \int_0^R (R^2-x^2)\,dx = \frac{2}{3}R^3.$$

则所求立体的体积为

$$V = 8V_1 = \frac{16}{3}R^3$$

例 10.3.4 求球体 $x^2+y^2+z^2 \leqslant 4a^2$ 与圆柱体 $x^2+y^2 \leqslant 2ax$ 的公共部分的体积.

解 公共部分位于第一卦限部分如图 10.3.4(a) 所示.

由对称性,有

$$V = 4\iint_D \sqrt{4a^2-x^2-y^2}\,dxdy$$

其中 D 为半圆周 $y=\sqrt{2ax-x^2}$ 及 x 轴所围成的闭区域,如图 10.3.4(b) 所示.

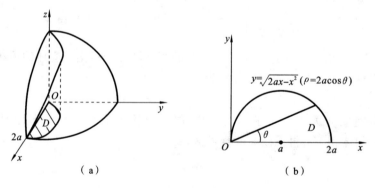

图 10.3.4

令 $x=\rho\cos\theta, y=\rho\sin\theta$,则 $x^2+y^2=2ax$ 的极坐标方程为 $\rho=2a\cos\theta$.

$$D: 0 \leqslant \theta \leqslant \frac{\pi}{2}, \quad 0 \leqslant \rho \leqslant 2a\cos\theta$$

故

$$V = 4\iint_D \sqrt{4a^2-x^2-y^2}\,dxdy = 4\int_0^{\frac{\pi}{2}} d\theta \int_0^{2a\cos\theta} \sqrt{4a^2-\rho^2}\cdot\rho\,d\rho$$

$$= \frac{32}{3}a^3 \int_0^{\frac{\pi}{2}} (1-\sin^3\theta)\,d\theta = \frac{32}{3}a^3\left(\frac{\pi}{2}-\frac{2}{3}\right)$$

例 10.3.5 求抛物面 $z=x^2+y^2$ 与 $z=2-x^2-y^2$ 所围立体的体积.

解 所围立体如图 10.3.5 所示，两曲面的交线为 $\begin{cases} z=1 \\ x^2+y^2=1 \end{cases}$，故该立体在 xOy 面上的投影区域 D 是圆域：$x^2+y^2 \leqslant 1$. 在极坐标系下可表示为

$$D: 0 \leqslant \rho \leqslant 1, \quad 0 \leqslant \theta \leqslant 2\pi$$

故
$$V = \iint_D [(2-x^2-y^2)-(x^2+y^2)] d\sigma$$
$$= \iint_D 2(1-x^2-y^2) d\sigma = 2\int_0^{2\pi} d\theta \int_0^1 (1-\rho^2)\rho d\rho$$
$$= 4\pi \left[\frac{\rho^2}{2} - \frac{\rho^4}{4}\right]\Big|_0^1 = \pi$$

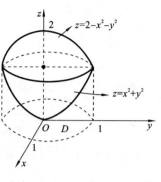

图 10.3.5

10.3.3 平面薄片的质心

由力学知识知，若质量为 m 的质点到 l 轴的距离为 r，则 $M_l = mr$ 叫做该质点对 l 轴的静矩.

设在 xOy 面上有 n 个质点，它们分别位于点 $(x_1, y_1), (x_2, y_2), \cdots, (x_n, y_n)$ 处，质量分别为 $m_1, m_2, \cdots, m_n$，则该质点系质心的坐标为

$$\bar{x} = \frac{M_y}{m} = \frac{\sum_{i=1}^n m_i x_i}{\sum_{i=1}^n m_i}, \quad \bar{y} = \frac{M_x}{m} = \frac{\sum_{i=1}^n m_i y_i}{\sum_{i=1}^n m_i}$$

其中 $m = \sum_{i=1}^n m_i$ 为该质点系的总质量.

$$M_y = \sum_{i=1}^n m_i x_i, \quad M_x = \sum_{i=1}^n m_i y_i$$

分别为该质点系对 y 轴与 x 轴的静矩.

设有一平面薄片，占有 xOy 平面上的区域 D，在点 (x,y) 处的面密度为 $\mu(x,y)$. 假定 $\mu(x,y)$ 在 D 上连续，现在来找该薄片的质心坐标.

在闭区域 D 上任取一直径很小的闭区域 $d\sigma$（这小闭区域的面积也记作 $d\sigma$），(x,y) 是这小闭区域上的一个点. 因为 $d\sigma$ 的直径很小，且 $\mu(x,y)$ 在 D 上连续，故薄片中相应于 $d\sigma$ 的部分的质量近似等于 $\mu(x,y)d\sigma$，这部分质量可近似看作集中在点 (x,y) 上，于是可写出静矩元素 dM_y 及 dM_x. 即

$$dM_y = x\mu(x,y)d\sigma, \quad dM_x = y\mu(x,y)d\sigma$$

这样，我们就有

$$M_x = \iint_D y\mu(x,y)d\sigma, \quad M_y = \iint_D x\mu(x,y)d\sigma$$

所以薄片质心坐标为

$$\bar{x} = \frac{M_y}{m} = \frac{\iint\limits_D x\mu(x,y)\mathrm{d}\sigma}{\iint\limits_D \mu(x,y)\mathrm{d}\sigma}, \quad \bar{y} = \frac{M_x}{m} = \frac{\iint\limits_D y\mu(x,y)\mathrm{d}\sigma}{\iint\limits_D \mu(x,y)\mathrm{d}\sigma}$$

如果薄片是均匀的,即面密度为常量,则有

$$\bar{x} = \frac{1}{\sigma}\iint\limits_D x\mathrm{d}\sigma, \quad \bar{y} = \frac{1}{\sigma}\iint\limits_D y\mathrm{d}\sigma$$

其中 $\sigma = \iint\limits_D \mathrm{d}\sigma$ 是区域 D 的面积,这时薄片的质心完全由区域 D 的形状所决定. 我们把均匀平面薄片的质心叫做该平面薄片的形心.

例 10.3.6 求位于两圆 $r = 2\sin\theta$ 与 $r = 4\sin\theta$ 之间的均匀薄片的质心.

解 薄片所占区域 D 如图 10.3.6 所示,因区域 D 关于 y 轴对称,所以重心 $G(\bar{x},\bar{y})$ 必定在 y 轴上,即 $\bar{x}=0$. 再由 D 位于半径为 1 与半径为 2 的两圆之间,故它的面积等于这两个圆的面积之差,即 $\sigma = 3\pi$,再利用极坐标计算积分

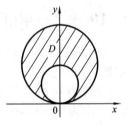

图 10.3.6

$$\iint\limits_D y\mathrm{d}\sigma = \iint\limits_D \rho^2 \sin\theta \mathrm{d}\rho\mathrm{d}\theta = \int_0^\pi \sin\theta\mathrm{d}\theta \int_{2\sin\theta}^{4\sin\theta} \rho^2 \mathrm{d}\rho$$

$$= \frac{56}{3} \cdot \int_0^\pi \sin^4\theta\mathrm{d}\theta = 7\pi$$

因此

$$\bar{y} = \frac{7\pi}{3\pi} = \frac{7}{3}$$

所求质心坐标为 $G\left(0, \frac{7}{3}\right)$.

10.3.4 平面薄片的转动惯量

由力学知识知,若质量为 m 的质点到轴 l 的距离为 r,则 $I_l = mr^2$ 叫做该质点对于 l 轴的转动惯量,它是力学中研究旋转运动的一个重要概念.

设 D 是 xOy 面上的有界闭区域,其面密度为 $M = \mu(x,y)$,它在 D 上连续,现在我们利用元素法来求薄片对于 x 轴、y 轴及原点的转动惯量 I_x,I_y 及 I_O.

在 D 上任取一很小的闭区域 $\mathrm{d}\sigma$,(x,y) 是这片小闭区域上任意一点,小片质量微元则为

$$\mathrm{d}m = \mu(x,y)\mathrm{d}\sigma$$

故此小薄片对于 x 轴、y 轴及坐标原点的转动惯量分别近似为

$$\mathrm{d}I_x = y^2\mu(x,y)\mathrm{d}\sigma, \quad \mathrm{d}I_y = x^2\mu(x,y)\mathrm{d}\sigma, \quad \mathrm{d}I_O = (x^2+y^2)\mu(x,y)\mathrm{d}\sigma$$

分别称为对于 x 轴、y 轴及坐标原点的转动惯量元素. 将这三微元在区域 D 上积分,

便得
$$I_x = \iint_D y^2 \mu d\sigma, \quad I_y = \iint_D x^2 \mu d\sigma, \quad I_O = \iint_D (x^2 + y^2) \mu d\sigma$$

例 10.3.7 求半径为 a 的半圆形均匀薄片（面密度为常数 μ）对于其直径边的转动惯量.

解 取薄片在平面直角坐标系中的位置如图 10.3.7 所示，则薄片所占区域为
$$x^2 + y^2 \leqslant a^2, \quad y \geqslant 0$$
所求转动惯量即为薄片对于 x 轴的转动惯量 I_x.

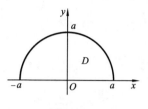

图 10.3.7

$$\begin{aligned} I_x &= \iint_D \mu y^2 d\sigma = \mu \iint_D \rho^3 \sin^2\theta d\rho d\theta \\ &= \mu \int_0^\pi \sin^2\theta d\theta \int_0^a \rho^3 d\rho = \frac{1}{8}\mu\pi a^4 = \frac{1}{4}ma^2 \end{aligned}$$

其中 $m = \frac{1}{2}\mu\pi a^2$ 为半圆形薄片的质量.

10.3.5 平面薄片对质点的引力

设有一平面薄片，占有 xOy 平面上的闭区域 D，在点 (x,y) 处的面密度为 $\mu(x,y)$，且 $\mu(x,y)$ 在 D 上连续. 现在要计算该薄片对位于 z 轴上的点 $M_0(0,0,a)$ $(a>0)$ 处的单位质量的质点引力.

在 D 上任取一直径很小的闭区域 $d\sigma$（其面积也记作 $d\sigma$），(x,y) 是 $d\sigma$ 上的任意一个点，薄片中相应于 $d\sigma$ 部分的质量近似等于 $\mu(x,y)d\sigma$，这部分质量可近似看作集中在点 (x,y) 处，由两质点间的引力公式可以得出薄片中相应于小区域 $d\sigma$ 对该质点的引力. 大小近似为 $k\dfrac{\mu(x,y)d\sigma}{r^2}$，其方向与 $(x,y,-a)$ 相一致，其中 $r = \sqrt{x^2+y^2}$，k 为引力常数. 于是薄片对该质点的引力在三个坐标轴上的投影 F_x, F_y, F_z 的元素分别为
$$dF_x = k\frac{\mu(x,y)x d\sigma}{r^3}, \quad dF_y = k\frac{\mu(x,y)y d\sigma}{r^3}, \quad dF_z = k\frac{-a\mu(x,y) d\sigma}{r^3}$$
以这些元素为被积表达式，则得
$$F_x = k\iint_D \frac{x\mu(x,y)}{(x^2+y^2+a^2)^{3/2}} d\sigma, \quad F_y = k\iint_D \frac{y\mu(x,y)}{(x^2+y^2+a^2)^{3/2}} d\sigma$$
$$F_z = k\iint_D \frac{-a\mu(x,y)}{(x^2+y^2+a^2)^{3/2}} d\sigma$$

例 10.3.8 求面密度为常量 μ，半径为 R 的匀质圆形薄片：$x^2+y^2 \leqslant R^2, z=0$ 对位于 z 轴上的点 $M_0(0,0,a)(a>0)$ 处单位质量的质点引力.

解 由题意易知 $F_x = F_y = 0$.

$$F_z = -ka\mu \iint_D \frac{1}{(x^2+y^2+a^2)^{3/2}} d\sigma = -ka\mu \int_0^{2\pi} d\theta \int_0^R \frac{\rho}{(\rho^2+a^2)^{3/2}} d\rho$$

$$= -\pi ka\mu \int_0^R (\rho^2+a^2)^{-\frac{3}{2}} d(\rho^2+a^2) = 2\pi ka\mu \left(\frac{1}{\sqrt{R^2+a^2}} - \frac{1}{a} \right)$$

故所求引力为 $F = \left(0, 0, 2\pi ka\mu \left(\frac{1}{\sqrt{R^2+a^2}} - \frac{1}{a} \right) \right)$.

习 题 10.3

1. 求 $y=|x|$ 与 $y=\sqrt{1-x^2}$ 所围区域的面积.

2. 求由曲面 $z=\frac{x^2}{3}+\frac{y^2}{4}$ 与平面 $z=2$ 所围立体的体积.

3. 求由曲面 $x^2+y^2+z^2 \leqslant R^2$ 及 $x^2+y^2+z^2 \leqslant 2Rz$ 所围立体的体积.

4. 设平面薄片所占的闭区域 D 如下,求均匀薄片的质心.

(1) D 是由 $y^2=x$ 及 $y=x$ 所围,且面密度为 $\mu(x,y)=xy^2$;

(2) D 由 $y=3x-x^2$ 与 $y=x$ 所围;

(3) D 是介于两个圆 $\rho=a\cos\theta, \rho=b\cos\theta (0<a<b)$ 之间的闭区域.

5. 求直线 $\frac{x}{a}+\frac{y}{b}=1 (a>0, b>0)$ 与坐标轴围成的三角形区域的均匀薄片对于 x 轴的转动惯量.(假定密度 μ 为常数)

6. 求面密度为常量 μ 的匀质半圆形薄片: $\sqrt{R_1^2-y^2} \leqslant x \leqslant \sqrt{R_2^2-y^2}, z=0$ 对位于 z 轴上点 $M_0(0,0,a)(a>0)$ 处单位质量的质点引力.

*10.4　Matlab 软件简单应用

多元函数的二重积分在积分学中占有重要的地位,但其计算常常十分烦琐.利用 Matlab 求解可以较方便地解决这一问题.Matlab 软件具体使用方法可参考本书的附录 A.

使用 Matlab 的符号计算功能可以计算出许多积分的解析解和精确解,只是有些精确解冗长繁杂,这时可以用 vpa 或 eval 函数把它转换成位数有限的数字.有效数字的长度可按需选取.用符号法计算积分非常方便,常常将用它得到的结果跟近似计算的结果进行比较.

函数 int （integral）

格式　R = int(S,v)　　%对符号表达式 S 中指定的符号变量 v 计算不定积分.注意,表达式 R 只是函数 S 的一个原函数,后面没有带任意常数 C.

R=int(S)　％对符号表达式 S 中的符号变量 v 计算不定积分,其中 v=findsym(S).
R=int(S,v,a,b)　％对表达式 S 中指定的符号变量 v 计算从 a 到 b 的定积分.
R=int(S,a,b)　％对符号表达式 S 中的符号变量 v 计算从 a 到 b 的定积分,其中 v=findsym(S).

例 10.4.1　求以下积分：

(1) $\int_0^1 \int_y^{\sqrt{y}} x\sin x \, dx \, dy$;　　(2) $\int_0^1 dy \int_0^{\sqrt{y}} x e^{-y^2} \, dx$.

解　在命令窗口输入：

```
>> syms x y
>> INT1= int(int(x* sin(x),x,y,sqrt(y)),y,0,1)
>> INT2= int(int(x* exp(- y^2),x,0,sqrt(y)),y,0,1)
```

回车可得：

```
INT1= 5*sin(1)- 4*cos(1)- 2
INT2= 1/4- 1/(4*exp(1))
```

另外,对 $\int_0^1 dy \int_0^{\sqrt{y}} x e^{-y^2} dx$ 改变积分顺序后变成 $\int_0^1 dx \int_{x^2}^1 x e^{-y^2} dy$,按此积分顺序编程积分得：

```
INT2= int(int(x* exp(- y^2),y,x^2,1),x,0,1)
```

回车可得：

```
INT2= 1/4- 1/(4*exp(1))
```

可见结果相同.

例 10.4.2　计算 $\int_1^4 \left(\int_{\sqrt{y}}^2 (x^2+y^2) dx \right) dy$.

解　在命令窗口输入：

```
>> syms x y
>> I= int(int('x^2+ y^2',x,sqrt(y),2),y,1,4)
>> vpa(I,6)
```

回车后可得：

```
I= 1006/105,ans= 9.58095
```

例 10.4.3　计算单位圆域上的积分 $I = \iint_{x^2+y^2} e^{-\frac{x^2}{2}} \sin(x^2+y) dx dy$.

解　先把二重积分转化为二次积分的形式：$I = \int_{-1}^1 dy \int_{-\sqrt{1-y^2}}^{\sqrt{1-y^2}} e^{-\frac{x^2}{2}} \sin(x^2+y) dx$.

在命令窗口输入:

```
>> syms x y
>> I= int(int('exp(- x^2/2)* sin(x^2+ y)',x,- sqrt(1- y^2),sqrt(1-y^2)),y,- 1,1)
>> vpa(I,6)
```

回车后可得:

ans= .536860+ .562957e- 8* i

例 10.4.4 计算积分 $\iint\limits_{D} e^{-x^2-y^2} dxdy$,其中 D 为 $x^2+y^2 \leqslant a^2$.

解 先把二重积分转化为二次积分极坐标的形式 $\int_{0}^{2\pi} d\theta \int_{0}^{a} e^{-r^2} r dr$.

在命令窗口输入:

```
>> syms theta r a
>> I = int(int(exp(- r^2)* r,r,0,a),theta,0,2* pi)
```

回车可得:

I= - pi* (1/exp(a^2) - 1)

本 章 小 结

一、内容纲要

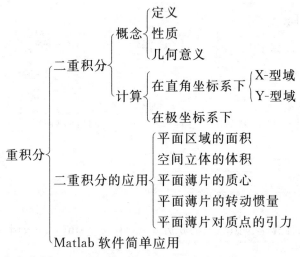

二、部分重难点分析

(1) 二重积分的计算首先碰到的问题是坐标系的选取,一般分为平面直角坐标系与平面极坐标系.直角坐标系的适用范围相对较广,只有当积分区域是圆、圆环、圆扇形区域时,边界由极坐标方程给出,且被积函数用极坐标表示也比较简单时,可考虑选用极坐标系.在直角坐标系下有两种积分顺序:先对 x 后对 y 和先对 y 后对 x.而在极坐标系下我们一般选择先对 ρ 后对 θ 求积分.直角坐标系下积分顺序的选取取决于积分区域与被积函数.对积分区域来说,主要目的是"少分块,易定限";对被积函数而言,则主要目的是原函数"积得出,易积出".因此,在计算二重积分时必须注意以下几点:

① 尽可能绘出积分区域的草图;
② 将积分区域用积分变量的不等式组表示出来;
③ 累次积分的上限总大于下限;
④ 累次积分中先积分的上、下限一般是后积分的积分变量的函数,而后积分的上、下限必为常数.

(2) 在直角坐标系下,将二重积分的积分区域化为不等式组表示时主要有两种类型:X-型与 Y-型.

将积分区域 D 先投影到 x 轴上,得到投影区间 $[a,b]$ 的不等式 $a \leqslant x \leqslant b$,再在 (a,b) 内任取一点 x,过 x 作一垂直于 x 轴的直线穿过 D,被 D 截取线段 $[y_1(x), y_2(x)]$,易知对于该直线上的任一点的纵坐标 y 应满足不等式 $y_1(x) \leqslant y \leqslant y_2(x)$.由 (a,b) 内点 x 的任意性知,对于 D 内任一点皆有 $y_1(x) \leqslant y \leqslant y_2(x)$,此时 D 可以用不等式组 $D: \begin{cases} a \leqslant x \leqslant b \\ y_1(x) \leqslant y \leqslant y_2(x) \end{cases}$ 表示.能表示成这种不等式组的区域 D 称为 X-型域,从而有 $\iint\limits_D f(x,y) \mathrm{d}x \mathrm{d}y = \int_a^b \mathrm{d}x \int_{y_1(x)}^{y_2(x)} f(x,y) \mathrm{d}y.$

类似地,可得 Y-型区域 $D: \begin{cases} c \leqslant y \leqslant d \\ x_1(y) \leqslant x \leqslant x_2(y) \end{cases}$,从而有

$$\iint\limits_D f(x,y) \mathrm{d}x \mathrm{d}y = \int_c^d \mathrm{d}y \int_{x_1(y)}^{x_2(y)} f(x,y) \mathrm{d}x.$$

对于不能直接表示成以上两组不等式形式的区域(既不是 X-型域也不是 Y-型域),可以利用区域的可加性,将积分区域划分为若干个 X-型区域或 Y-型区域.

(3) 在极坐标系下,面积元素为 $\rho \mathrm{d}\rho \mathrm{d}\theta$.画出积分区域 D 的图形后,用两条射线 $\theta = \alpha$ 与 $\theta = \beta (\alpha < \beta)$ 贴着 D 的边界夹住 D,然后过极点作一条射线穿过 D,找到穿入的边界曲线方程 $\rho = \rho_1(\theta)$ 及穿出的边界曲线方程 $\rho = \rho_2(\theta)$,则得到区域 D 的不等式组

$$D: \begin{cases} \alpha \leqslant \theta \leqslant \beta \\ \rho_1(\theta) \leqslant \rho \leqslant \rho_2(\theta) \end{cases}$$

故有

$$\iint_D f(x,y)\mathrm{d}\sigma = \int_\alpha^\beta \mathrm{d}\theta \int_{\rho_1(\theta)}^{\rho_2(\theta)} f(\rho\cos\theta, \rho\sin\theta)\rho\mathrm{d}\rho$$

极点与积分区域 D 的位置关系有三种:在 D 的内部、外部及边界上.

若极点 O 在 D 的外部,即为上述情形;若极点 O 在 D 的内部,则上述式子中 $\rho_1(\theta)=0$;若极点 O 在 D 的边界上,则上述式子中 $\rho_1(\theta)$ 可能为 0 也可能是关于 θ 的函数,视边界曲线方程而定.

(4) 注意利用积分区域的对称性.

在二重积分中,若积分区域 D 关于 y 轴对称,则有

$$\iint_D f(x,y)\mathrm{d}\sigma = \begin{cases} 0 & (\text{当 } f(-x,y)=-f(x,y) \text{ 时}) \\ 2\iint_D f(x,y)\mathrm{d}\sigma & (\text{当 } f(-x,y)=f(x,y) \text{ 时}) \end{cases}$$

若 D 关于 x 轴对称,有类似结果.

(5) 元素法是重积分应用的最基本思想方法. 对书中所列举的各种应用不必死记公式,而应学会如何利用元素法去分析并解决相应的实际问题. 重点是求解体积、面积、质心、引力.

复习题 10

一、单选题

1. 改变 $\int_1^2 \mathrm{d}x \int_{2-x}^{x^2} f(x,y)\mathrm{d}y$ 的积分次序得( ).

   A. $\int_0^1 \mathrm{d}y \int_{2-y}^2 f(x,y)\mathrm{d}x$

   B. $\int_0^1 \mathrm{d}y \int_{2-y}^2 f(x,y)\mathrm{d}x + \int_1^4 \mathrm{d}y \int_{\sqrt{2}}^2 f(x,y)\mathrm{d}x$

   C. $\int_0^4 \mathrm{d}y \int_{2-y}^{5y} f(x,y)\mathrm{d}x$

   D. $\int_0^1 \mathrm{d}y \int_2^{2-y} f(x,y)\mathrm{d}x + \int_1^4 \mathrm{d}y \int_2^{5y} f(x,y)\mathrm{d}x$

2. 设积分域 D 由直线 $y=x, x+y=2, x=2$ 所围成,则 $\iint_D f(x,y)\mathrm{d}x\mathrm{d}y = ($).

   A. $\int_0^1 \mathrm{d}x \int_x^{2-x} f(x,y)\mathrm{d}y$

   B. $\int_0^1 \mathrm{d}y \int_y^{2-y} f(x,y)\mathrm{d}x$

   C. $\int_1^2 \mathrm{d}x \int_{2-x}^x f(x,y)\mathrm{d}y$

   D. $\int_0^1 \mathrm{d}x \int_0^x f(x,y)\mathrm{d}y$

3. $I = \iint_D e^{-x^2-y^2}\mathrm{d}x\mathrm{d}y, D: x^2+y^2 \leqslant 1$,化为极坐标形式是( ).

   A. $I = \int_0^{2\pi} \left[\int_0^1 e^{-\rho^2}\mathrm{d}\rho\right]\mathrm{d}\theta$

   B. $I = 4\int_0^{\frac{\pi}{2}} \left[\int_0^1 e^{-\rho^2}\mathrm{d}\rho\right]\mathrm{d}\theta$

   C. $I = 2\int_0^{\frac{\pi}{2}} \left[\int_0^1 e^{-\rho^2}\rho\mathrm{d}\rho\right]\mathrm{d}\theta$

   D. $I = \int_0^{2\pi} \left[\int_0^1 e^{-\rho^2}\rho\mathrm{d}\rho\right]\mathrm{d}\theta$

二、填空题

1. 交换积分次序 $\int_0^1 dy \int_{\sqrt{y}}^{\sqrt{2-y^2}} f(x,y) dx = $ _____.

2. 设平面区域 D 是由曲线 $y=x^2$ 与直线 $y=x$ 所围,将二重积分化为先对 x 后对 y 的累次积分有 $\iint\limits_D f(x,y) d\sigma = $ _____.

3. 设积分区域 $D: x^2+y^2 \leqslant 1$, 则二重积分 $\iint\limits_D (x^2+y^2) d\sigma = $ _____.

4. 设积分区域 D 为 $x^2+y^2 \leqslant 9$, 则 $\iint\limits_D x \, dx dy$ 在极坐标下的二次积分为 _____.

5. 改变二次积分的积分次序: $\int_0^1 dy \int_1^{\sqrt{y}} f(x,y) dx + \int_0^1 dy \int_{\sqrt{y}}^1 f(x,y) dx = $ _____.

三、计算题

1. 利用二重积分的几何意义,确定二重积分 $\iint\limits_D (1-\sqrt{x^2+y^2}) d\sigma$ 的值,其中 $D: x^2+y^2 \leqslant 1$.

2. 计算二重积分 $\iint\limits_D x e^{xy} dx dy$, 其中 $D: 0 \leqslant x \leqslant 1, -1 \leqslant y \leqslant 0$.

3. 计算二重积分 $\iint\limits_D |y-x^2| \, dx dy$, 其中 $D = \{(x,y) \mid 0 \leqslant x \leqslant 1, 0 \leqslant y \leqslant 1\}$.

4. 交换积分次序 $\int_0^1 dx \int_{\sqrt{x}}^1 e^{\frac{y}{x}} dy$, 并求该积分的值.

5. 设函数 $f(x)$ 在 $[a,b]$ 上连续,且 $f(x) > 0$, 证明 $\int_a^b f(x) dx \cdot \int_a^b \frac{dx}{f(x)} \geqslant (b-a)^2$.

6. 计算二重积分 $\iint\limits_D x^2 d\sigma$, D 由 $xy=2, y=x-1, y=x+1$ 所围成.

7. 计算二重积分 $\iint\limits_D (x-1) d\sigma$, D 由 $y=x$ 与 $y=x^2$ 所围成.

8. 计算二重积分 $\iint\limits_D \sqrt{x^2+y^2} \, dx dy$, 其中 $D: 2x \leqslant x^2+y^2 \leqslant 4$.

9. 计算二重积分 $\iint\limits_D e^{-(x^2+y^2)} dx dy$, 其中 $D: x^2+y^2 \leqslant a^2$.

10. 计算由平面 $x=0, y=0, x=1, y=1$ 所围成的立体被平面 $z=0$ 及 $2x+3y+z=6$ 截得立体的体积.

第11章 无穷级数

无穷级数是高等数学的重要内容,它以极限理论为基础,是研究函数性质及进行数值计算的重要工具. 本章首先讨论常数项级数,介绍无穷级数的一些基本概念和基本内容,然后讨论函数项级数,着重讨论幂级数以及如何将函数展开成幂级数,最后介绍如何将函数展开成三角级数以及工程中常用的傅里叶级数.

11.1 常数项级数的概念与性质

11.1.1 常数项级数的概念

初等数学中出现的加法一般都是有限项相加,但在某些实际问题中,也会出现无穷多项相加的情形,这时,往往就会有一个由近似到精确的过程. 例如 $\frac{1}{3}=0.333333\cdots\cdots$,在近似计算中,可取小数点后若干位作为其近似值

$$\frac{1}{3}\approx\frac{3}{10}+\frac{3}{10^2}+\frac{3}{10^3}+\cdots+\frac{3}{10^n}$$

且 n 越大,精确程度越高,故由极限定义可知

$$\frac{1}{3}=\lim_{n\to\infty}\left(\frac{3}{10}+\frac{3}{10^2}+\frac{3}{10^3}+\cdots+\frac{3}{10^n}\right)$$

再如,在求图 11.1.1 所示由 $y=x^2$, $y=0$, $x=1$ 所围曲边三角形 OAB 的面积时,先用直线 $x=\frac{i}{n}(i=1,2,\cdots,n-1)$ 把曲边三角形分为 n 个小曲边梯形,而它们的面积近似地等于阴影部分的各个小矩形的面积. 可求得小矩形的面积分别为

$$S_1=0, \quad S_2=\frac{1}{n^3}, \quad S_3=\frac{2^2}{n^3}, \cdots, S_n=\frac{(n-1)^2}{n^3}$$

则曲边三角形的面积 $S\approx S_1+S_2+\cdots+S_n$. 如果 n 无限增大,和式 $S_1+S_2+\cdots+S_n$ 的极限就是曲边三角形 OAB 的面积. 这时也出现了无穷多个数量相加的数学式子.

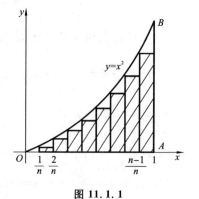

图 11.1.1

定义 11.1.1 如果给定一个数列 $u_1,u_2,u_3,\cdots,u_n,\cdots$ 则由这数列构成的表达式

$$u_1 + u_2 + u_3 + \cdots + u_n + \cdots \qquad (11.1.1)$$

叫做(常数项)**无穷级数**,简称(常数项)**级数**,记为 $\sum\limits_{n=1}^{\infty} u_n$,即

$$\sum_{n=1}^{\infty} u_n = u_1 + u_2 + u_3 + \cdots + u_n + \cdots$$

其中第 n 项 u_n 叫做级数的**一般项**.

级数 $\sum\limits_{n=1}^{\infty} u_n$ 的前 n 项和 $s_n = \sum\limits_{i=1}^{n} u_i = u_1 + u_2 + u_3 + \cdots + u_n$ 称为级数 $\sum\limits_{n=1}^{\infty} u_n$ 的**部分和**. 当 n 依次取 $1,2,3\cdots$ 时,它们构成一个新的数列

$$s_1 = u_1, s_2 = u_1 + u_2, s_3 = u_1 + u_2 + u_3, \cdots$$
$$s_n = u_1 + u_2 + \cdots + u_n, \cdots$$

对于这个极限是否存在,我们引入无穷级数(11.1.1)的收敛与发散的概念.

定义 11.1.2 如果级数 $\sum\limits_{n=1}^{\infty} u_n$ 的部分和数列 $\{s_n\}$ 有极限 s,即 $\lim\limits_{n \to \infty} s_n = s$,则称无穷级数 $\sum\limits_{n=1}^{\infty} u_n$ 收敛,这时极限 s 叫做这**级数的和**,并写成

$$s = \sum_{n=1}^{\infty} u_n = u_1 + u_2 + u_3 + \cdots + u_n + \cdots$$

如果 $\{s_n\}$ 没有极限,则称无穷级数 $\sum\limits_{n=1}^{\infty} u_n$ 发散.

当级数 $\sum\limits_{n=1}^{\infty} u_n$ 收敛时,其部分和 s_n 是级数 $\sum\limits_{n=1}^{\infty} u_n$ 和 s 的近似值,它们之间的差值

$$r_n = s - s_n = u_{n+1} + u_{n+2} + \cdots$$

叫做级数 $\sum\limits_{n=1}^{\infty} u_n$ 的余项.

例 11.1.1 讨论等比级数(几何级数) $\sum\limits_{n=0}^{\infty} aq^n (a \neq 0)$ 的敛散性.

解 如果 $q \neq 1$,则部分和 $s_n = a + aq + aq^2 + \cdots + aq^{n-1} = \dfrac{a - aq^n}{1-q} = \dfrac{a}{1-q} - \dfrac{aq^n}{1-q}$.

当 $|q| < 1$ 时,因为 $\lim\limits_{n \to \infty} s_n = \dfrac{a}{1-q}$,所以此时级数 $\sum\limits_{n=0}^{\infty} aq^n$ 收敛,其和为 $\dfrac{a}{1-q}$.

当 $|q| > 1$ 时,因为 $\lim\limits_{n \to \infty} s_n = \infty$,所以此时级数 $\sum\limits_{n=0}^{\infty} aq^n$ 发散.

如果 $|q| = 1$,则当 $q = 1$ 时,$s_n = na \to \infty$,因此级数 $\sum\limits_{n=0}^{\infty} aq^n$ 发散.

当 $q = -1$ 时,级数 $\sum\limits_{n=0}^{\infty} aq^n$ 成为 $a - a + a - a + \cdots$.

因为 s_n 随着 n 为奇数或偶数而等于 a 或 0，所以 s_n 的极限不存在，从而这时级数 $\sum\limits_{n=0}^{\infty}aq^n$ 发散.

综上所述，如果 $|q|<1$，则级数 $\sum\limits_{n=0}^{\infty}aq^n$ 收敛，其和为 $\dfrac{a}{1-q}$；如果 $|q|\geqslant 1$，则级数 $\sum\limits_{n=0}^{\infty}aq^n$ 发散.

例 11.1.2 证明级数 $1+2+3+4+\cdots$ 是发散的.

证 此级数的部分和为 $s_n=1+2+3+\cdots+n=\dfrac{n(n+1)}{2}$.

显然，$\lim\limits_{n\to\infty}s_n=\infty$，因此所给级数是发散的.

例 11.1.3 判别无穷级数 $\sum\limits_{n=1}^{\infty}\ln\left(1+\dfrac{1}{n}\right)$ 的敛散性.

解 由于 $u_n=\ln\left(1+\dfrac{1}{n}\right)=\ln(n+1)-\ln n$，因此

$$s_n=(\ln 2-\ln 1)+(\ln 3-\ln 2)+(\ln 4-\ln 3)+\cdots+(\ln(n+1)-\ln n)=\ln(n+1),$$

而 $\lim\limits_{n\to\infty}s_n=\infty$，故该级数发散.

例 11.1.4 判别无穷级数 $\sum\limits_{n=1}^{\infty}\dfrac{1}{n(n+1)}$ 的敛散性.

解 因为 $u_n=\dfrac{1}{n(n+1)}=\dfrac{1}{n}-\dfrac{1}{n+1}$，所以

$$\begin{aligned}s_n&=\dfrac{1}{1\cdot 2}+\dfrac{1}{2\cdot 3}+\dfrac{1}{3\cdot 4}+\cdots+\dfrac{1}{n(n+1)}\\&=\left(1-\dfrac{1}{2}\right)+\left(\dfrac{1}{2}-\dfrac{1}{3}\right)+\cdots+\left(\dfrac{1}{n}-\dfrac{1}{n+1}\right)=1-\dfrac{1}{n+1},\end{aligned}$$

从而

$$\lim_{n\to\infty}s_n=\lim_{n\to\infty}\left(1-\dfrac{1}{n+1}\right)=1$$

所以这级数收敛，它的和是 1.

11.1.2 收敛级数的基本性质

根据无穷级数收敛、发散的概念，可以得到收敛级数的基本性质.

性质 1 如果级数 $\sum\limits_{n=1}^{\infty}u_n$ 收敛于和 s，则它的各项同乘以一个常数 k 所得的级数 $\sum\limits_{n=1}^{\infty}ku_n$ 也收敛，且其和为 ks.

证明 设 $\sum\limits_{n=1}^{\infty}u_n$ 与 $\sum\limits_{n=1}^{\infty}ku_n$ 的部分和分别为 s_n 与 σ_n，则

$$\lim_{n\to\infty}\sigma_n = \lim_{n\to\infty}(ku_1+ku_2+\cdots ku_n) = k\lim_{n\to\infty}(u_1+u_2+\cdots+u_n) = k\lim_{n\to\infty}s_n = ks,$$

这表明级数 $\sum_{n=1}^{\infty}ku_n$ 收敛,且和为 ks.

性质 2 如果级数 $\sum_{n=1}^{\infty}u_n$ 与 $\sum_{n=1}^{\infty}v_n$ 分别收敛于和 s、σ,则级数 $\sum_{n=1}^{\infty}(u_n\pm v_n)$ 也收敛,且其和为 $s\pm\sigma$.

证明 如果 $\sum_{n=1}^{\infty}u_n, \sum_{n=1}^{\infty}v_n, \sum_{n=1}^{\infty}(u_n\pm v_n)$ 的部分和分别为 s_n,σ_n,τ_n,则

$$\lim_{n\to\infty}\tau_n = \lim_{n\to\infty}[(u_1\pm v_1)+(u_2\pm v_2)+\cdots+(u_n\pm v_n)]$$
$$=\lim_{n\to\infty}[(u_1+u_2+\cdots+u_n)\pm(v_1+v_2+\cdots+v_n)]$$
$$=\lim_{n\to\infty}(s_n\pm\sigma_n) = s\pm\sigma.$$

性质 3 在级数中去掉、加上或改变有限项,不会改变级数的收敛性.

比如,级数 $\frac{1}{1\times 2}+\frac{1}{2\times 3}+\frac{1}{3\times 4}+\cdots+\frac{1}{n(n+1)}+\cdots$ 是收敛的;

级数 $10000+\frac{1}{1\times 2}+\frac{1}{2\times 3}+\frac{1}{3\times 4}+\cdots+\frac{1}{n(n+1)}+\cdots$ 也是收敛的;

级数 $\frac{1}{3\times 4}+\frac{1}{4\times 5}+\cdots+\frac{1}{n(n+1)}+\cdots$ 也是收敛的.

性质 4 如果级数 $\sum_{n=1}^{\infty}u_n$ 收敛,则对这级数的项任意加括号后所成的级数仍收敛,且其和不变.

注意:如果加括号后所成的级数收敛,则不能断定去括号后原来的级数也收敛. 例如,级数 $(1-1)+(1-1)+\cdots$ 收敛于零,但级数 $1-1+1-1+\cdots$ 却是发散的.

推论 如果加括号后所成的级数发散,则原来级数也发散.

性质 5 如果 $\sum_{n=1}^{\infty}u_n$ 收敛,则它的一般项 u_n 趋于零,即 $\lim_{n\to\infty}u_n=0$.

证明 设级数 $\sum_{n=1}^{\infty}u_n$ 的部分和为 s_n,且 $\lim_{n\to\infty}s_n=s$,则

$$\lim_{n\to\infty}u_n = \lim_{n\to\infty}(s_n-s_{n-1}) = \lim_{n\to\infty}s_n - \lim_{n\to\infty}s_{n-1} = s-s = 0.$$

注意:级数的一般项趋于零并不是级数收敛的充分条件,但级数的一般项不趋于零时,则该级数一定发散.

例 11.1.5 证明调和级数 $\sum_{n=1}^{\infty}\frac{1}{n} = 1+\frac{1}{2}+\frac{1}{3}+\cdots+\frac{1}{n}+\cdots$ 是发散的.

证明 假若级数 $\sum_{n=1}^{\infty}\frac{1}{n}$ 收敛且其和为 s,s_n 是它的部分和. 显然有 $\lim_{n\to\infty}s_n=s$ 及

$\lim\limits_{n\to\infty} s_{2n} = s$. 于是 $\lim\limits_{n\to\infty}(s_{2n}-s_n)=0$.

但另一方面,$s_{2n}-s_n = \dfrac{1}{n+1}+\dfrac{1}{n+2}+\cdots+\dfrac{1}{2n} > \dfrac{1}{2n}+\dfrac{1}{2n}+\cdots+\dfrac{1}{2n}=\dfrac{1}{2}$,故 $\lim\limits_{n\to\infty}(s_{2n}-s_n)\neq 0$,与收敛的条件矛盾. 这矛盾说明级数 $\sum\limits_{n=1}^{\infty}\dfrac{1}{n}$ 必定发散.

习 题 11.1

1. 写出下列级数的前 4 项:

(1) $\sum\limits_{n=1}^{\infty}\dfrac{n!}{n^n}$; (2) $\sum\limits_{n=1}^{\infty}(-1)^n\left[1-\dfrac{(n-1)^2}{n+1}\right]$.

2. 写出下列级数的一般项(通项):

(1) $-1+\dfrac{1}{2}-\dfrac{1}{4}+\dfrac{1}{8}-\cdots$; (2) $\dfrac{a^2}{3}-\dfrac{a^3}{5}+\dfrac{a^4}{7}-\dfrac{a^5}{9}+\cdots$;

(3) $1+\dfrac{1}{3}+\dfrac{1}{5}+\dfrac{1}{7}+\cdots$; (4) $\dfrac{1}{3}+1+\dfrac{1}{6}+\dfrac{1}{2}+\dfrac{1}{9}+\dfrac{1}{4}+\cdots$.

3. 根据级数收敛性的定义,判断下列级数的敛散性:

(1) $\sum\limits_{n=2}^{\infty}\dfrac{1}{n^2-1}$;

(2) $\dfrac{1}{1\times 3}+\dfrac{1}{3\times 5}+\dfrac{1}{5\times 7}+\cdots+\dfrac{1}{(2n-1)\times(2n+1)}+\cdots$;

(3) $\sum\limits_{n=1}^{\infty}(\sqrt{n+1}-\sqrt{n})$;

(4) $\left(\dfrac{1}{2}+\dfrac{1}{3}\right)+\left(\dfrac{1}{2^2}+\dfrac{1}{3^2}\right)+\left(\dfrac{1}{2^3}+\dfrac{1}{3^3}\right)+\cdots+\left(\dfrac{1}{2^n}+\dfrac{1}{3^n}\right)$.

4. 判断下列级数的敛散性:

(1) $\sum\limits_{n=1}^{\infty}\dfrac{1}{n+3}$; (2) $\dfrac{1}{3}+\dfrac{1}{6}+\dfrac{1}{9}+\cdots+\dfrac{1}{3n}+\cdots$;

(3) $\sum\limits_{n=1}^{\infty}\dfrac{n}{2n+1}$; (4) $-2+2-2+2-\cdots+(-1)^n 2+\cdots$.

5. 若级数 $\sum\limits_{n=1}^{\infty}u_n$ 和 $\sum\limits_{n=1}^{\infty}v_n$ 均发散,举例说明级数 $\sum\limits_{n=1}^{\infty}(u_n+v_n)$ 可能收敛.

6. 求下列级数的和:

(1) $\sum\limits_{n=1}^{\infty}(\sqrt{n+2}-2\sqrt{n+1}+\sqrt{n})$; (2) $\sum\limits_{n=1}^{\infty}\dfrac{n}{2^n}$.

7. 已知级数 $\sum\limits_{n=1}^{\infty}\dfrac{1}{n^2}=\dfrac{\pi^2}{6}$,求级数 $\sum\limits_{n=1}^{\infty}\dfrac{1}{(2n-1)^2}$ 的和.

8. 判断下列级数的敛散性：

(1) $\sum_{n=1}^{\infty} \left(\dfrac{1}{n^2+n+1} + \dfrac{2}{n^2+n+2} + \cdots + \dfrac{n}{n^2+n+n} \right)$；

(2) $\dfrac{1}{\sqrt{2}-1} - \dfrac{1}{\sqrt{2}+1} + \dfrac{1}{\sqrt{3}-1} - \dfrac{1}{\sqrt{3}+1} + \cdots + \dfrac{1}{\sqrt{n}-1} - \dfrac{1}{\sqrt{n}+1} + \cdots$.

11.2 常数项级数的审敛法

11.2.1 正项级数及其审敛法

现在我们讨论各项都是正数或零的常数项级数，这种级数称为**正项级数**.

设级数
$$u_1 + u_2 + u_3 + \cdots + u_n + \cdots \tag{11.2.1}$$
是一个正项级数，它的部分和为 s_n. 显然，数列 $\{s_n\}$ 是一个单调增加数列，即
$$s_1 \leqslant s_2 \leqslant \cdots \leqslant s_n \leqslant \cdots$$

如果数列 $\{s_n\}$ 有界，即 s_n 总不大于某一常数 M，那么根据单调有界的数列必有极限的准则，级数 (11.2.1) 必收敛于和 s，且 $s_n \leqslant s \leqslant M$. 反之，如果正项级数 (11.2.1) 收敛于和 s，根据有极限的数列是有界数列的性质可知，数列 $\{s_n\}$ 有界. 因此，有如下重要结论：

定理 1 正项级数 $\sum_{n=1}^{\infty} u_n$ 收敛的充分必要条件是它的部分和数列 $\{s_n\}$ 有界.

定理 2（比较审敛法） 设 $\sum_{n=1}^{\infty} u_n$ 和 $\sum_{n=1}^{\infty} v_n$ 都是正项级数，且 $u_n \leqslant v_n\ (n=1,2,\cdots)$. 若级数 $\sum_{n=1}^{\infty} v_n$ 收敛，则级数 $\sum_{n=1}^{\infty} u_n$ 收敛；反之，若级数 $\sum_{n=1}^{\infty} u_n$ 发散，则级数 $\sum_{n=1}^{\infty} v_n$ 发散.

证明 设级数 $\sum_{n=1}^{\infty} v_n$ 收敛于和 σ，则级数 $\sum_{n=1}^{\infty} u_n$ 的部分和
$$s_n = u_1 + u_2 + u_3 + \cdots + u_n \leqslant v_1 + v_2 + \cdots + v_n \leqslant \sigma \quad (n=1,2,\cdots)$$
即部分和数列 $\{s_n\}$ 有界，由定理 1 知级数 $\sum_{n=1}^{\infty} u_n$ 收敛.

反之，设级数 $\sum_{n=1}^{\infty} u_n$ 发散，则级数 $\sum_{n=1}^{\infty} v_n$ 必发散. 因为若级数 $\sum_{n=1}^{\infty} v_n$ 收敛，由上已证明的结论，将有级数 $\sum_{n=1}^{\infty} u_n$ 也收敛的结论，这与假设矛盾.

推论 设 $\sum_{n=1}^{\infty} u_n$ 和 $\sum_{n=1}^{\infty} v_n$ 都是正项级数，如果级数 $\sum_{n=1}^{\infty} v_n$ 收敛，且存在自然数 N，

使 $n \geqslant N$ 时有 $u_n \leqslant kv_n (k>0)$ 成立，则级数 $\sum_{n=1}^{\infty} u_n$ 收敛；如果级数 $\sum_{n=1}^{\infty} v_n$ 发散，且当 $n \geqslant N$ 时 $u_n \geqslant kv_n (k>0)$ 成立，则级数 $\sum_{n=1}^{\infty} u_n$ 发散．

例 11.2.1 讨论 p-级数 $\sum_{n=1}^{\infty} \frac{1}{n^p} = 1 + \frac{1}{2^p} + \frac{1}{3^p} + \frac{1}{4^p} + \cdots + \frac{1}{n^p} + \cdots$ 的敛散性，其中常数 $p > 0$．

解 设 $p \leqslant 1$．这时 $\frac{1}{n^p} \geqslant \frac{1}{n}$，而调和级数 $\sum_{n=1}^{\infty} \frac{1}{n}$ 发散，由比较审敛法知，当 $p \leqslant 1$ 时级数 $\sum_{n=1}^{\infty} \frac{1}{n^p}$ 发散．

设 $p > 1$．此时有 $\frac{1}{n^p} = \int_{n-1}^{n} \frac{1}{n^p} dx \leqslant \int_{n-1}^{n} \frac{1}{x^p} dx = \frac{1}{p-1} \left(\frac{1}{(n-1)^{p-1}} - \frac{1}{n^{p-1}} \right) (n = 2, 3, \cdots)$．

对于级数 $\sum_{n=2}^{\infty} \left(\frac{1}{(n-1)^{p-1}} - \frac{1}{n^{p-1}} \right)$，其部分和

$$s_n = \left(1 - \frac{1}{2^{p-1}}\right) + \left(\frac{1}{2^{p-1}} - \frac{1}{3^{p-1}}\right) + \cdots + \left(\frac{1}{n^{p-1}} - \frac{1}{(n+1)^{p-1}}\right) = 1 - \frac{1}{(n+1)^{p-1}}$$

因为 $\lim_{n \to \infty} s_n = \lim_{n \to \infty} \left(1 - \frac{1}{(n+1)^{p-1}}\right) = 1$．所以级数 $\sum_{n=2}^{\infty} \left(\frac{1}{(n-1)^{p-1}} - \frac{1}{n^{p-1}} \right)$ 收敛．从而根据比较审敛法的推论 1 可知，级数 $\sum_{n=1}^{\infty} \frac{1}{n^p}$ 当 $p > 1$ 时收敛．

综上所述，p-级数 $\sum_{n=1}^{\infty} \frac{1}{n^p}$ 当 $p > 1$ 时收敛，当 $p \leqslant 1$ 时发散．

例 11.2.2 证明级数 $\sum_{n=1}^{\infty} \frac{1}{\sqrt{n(n+1)}}$ 是发散的．

证明 因为 $\frac{1}{\sqrt{n(n+1)}} > \frac{1}{\sqrt{(n+1)^2}} = \frac{1}{n+1}$，而级数 $\sum_{n=1}^{\infty} \frac{1}{n+1} = \frac{1}{2} + \frac{1}{3} + \cdots + \frac{1}{n+1} + \cdots$ 是发散的，根据比较审敛法可知所给级数也是发散的．

例 11.2.3 判别级数 $\sum_{n=1}^{\infty} \frac{1}{\ln n}$ 的敛散性．

解 因为 $n \geqslant 2$ 时，有 $\frac{1}{\ln n} \geqslant \frac{1}{n}$，而调和级数发散，则由比较审敛法可知级数 $\sum_{n=1}^{\infty} \frac{1}{\ln n}$ 是发散的．

定理 3（比较审敛法的极限形式） 设 $\sum\limits_{n=1}^{\infty} u_n$ 和 $\sum\limits_{n=1}^{\infty} v_n$ 都是正项级数，如果 $\lim\limits_{n\to\infty}\dfrac{u_n}{v_n}=l$，则

(1) $0<l<+\infty$ 时，级数 $\sum\limits_{n=1}^{\infty} u_n$ 和级数 $\sum\limits_{n=1}^{\infty} v_n$ 同时收敛或同时发散；

(2) $l=0$ 时，级数 $\sum\limits_{n=1}^{\infty} v_n$ 收敛，则级数 $\sum\limits_{n=1}^{\infty} u_n$ 收敛；

(3) $l=+\infty$ 时，级数 $\sum\limits_{n=1}^{\infty} v_n$ 发散，则级数 $\sum\limits_{n=1}^{\infty} u_n$ 发散．

证明 （1）由极限的定义可知，对 $\varepsilon=\dfrac{1}{2}l$，存在自然数 N，当 $n>N$ 时，有不等式

$$l-\frac{1}{2}l<\frac{u_n}{v_n}<l+\frac{1}{2}l, \quad 即 \quad \frac{1}{2}lv_n<u_n<\frac{3}{2}lv_n.$$

再根据比较审敛法的推论 1，即得所要证的结论．

（2）$l=0$ 时，由 $\lim\limits_{n\to\infty}\dfrac{u_n}{v_n}=0$ 知，对 $\varepsilon=1$，存在自然数 N，当 $n>N$ 时，有 $\dfrac{u_n}{v_n}<\varepsilon=1$，即 $u_n<v_n$．

由比较审敛法知：若级数 $\sum\limits_{n=1}^{\infty} v_n$ 收敛，则级数 $\sum\limits_{n=1}^{\infty} u_n$ 收敛．

（3）$l=+\infty$ 时，由 $\lim\limits_{n\to\infty}\dfrac{u_n}{v_n}=+\infty$ 知，对 $M=1$，存在自然数 N，当 $n>N$ 时，有 $\dfrac{u_n}{v_n}>M=1$，即 $u_n>v_n$．

由比较审敛法知：若级数 $\sum\limits_{n=1}^{\infty} v_n$ 发散，则级数 $\sum\limits_{n=1}^{\infty} u_n$ 发散．

例 11.2.4 判别级数 $\sum\limits_{n=1}^{\infty} \sin\dfrac{1}{n}$ 的敛散性．

解 因为 $\lim\limits_{n\to\infty}\dfrac{\sin\dfrac{1}{n}}{\dfrac{1}{n}}=1$，而级数 $\sum\limits_{n=1}^{\infty}\dfrac{1}{n}$ 发散，根据比较审敛法的极限形式，级数 $\sum\limits_{n=1}^{\infty}\sin\dfrac{1}{n}$ 发散．

例 11.2.5 判别级数 $\sum\limits_{n=1}^{\infty}\ln\left(1+\dfrac{1}{n^2}\right)$ 的收敛性．

解 因为 $\lim\limits_{n\to\infty}\dfrac{\ln\left(1+\dfrac{1}{n^2}\right)}{\dfrac{1}{n^2}}=1$，而级数 $\sum\limits_{n=1}^{\infty}\dfrac{1}{n^2}$ 收敛，根据比较审敛法的极限形

式，级数 $\sum_{n=1}^{\infty}\ln\left(1+\dfrac{1}{n^2}\right)$ 收敛.

用比较审敛法审敛时，需要适当地选取一个已知其收敛性的级数 $\sum_{n=1}^{\infty}v_n$ 作为比较的基准. 最常选用做基准级数的是等比数和 p -级数. 如果我们了解的收敛或发散的级数越多，在利用比较判别法时就会更加得心应手. 如果不依赖其他级数的敛散性，而只靠自身，有的时候也是可以判断的，下面的比值审敛法就是这样一种方法.

定理 4（比值审敛法，达朗贝尔（d'Alembert）判别法） 若正项级数 $\sum_{n=1}^{\infty}u_n$ 的后项与前项之比值极限等于 ρ，即 $\lim\limits_{n\to\infty}\dfrac{u_{n+1}}{u_n}=\rho$，则当 $\rho<1$ 时级数收敛；当 $\rho>1$（或 $\lim\limits_{n\to\infty}\dfrac{u_{n+1}}{u_n}=\infty$）时级数发散；当 $\rho=1$ 时级数可能收敛也可能发散.

例 11.2.6 判别级数 $\sum_{n=1}^{\infty}\dfrac{1}{n!}$ 收敛性.

解 因为 $\lim\limits_{n\to\infty}\dfrac{u_{n+1}}{u_n}=\lim\limits_{n\to\infty}\dfrac{\dfrac{1}{(n+1)!}}{\dfrac{1}{n!}}=\lim\limits_{n\to\infty}\dfrac{1}{n+1}=0<1$，根据比值审敛法可知所给级数收敛.

例 11.2.7 判别级数 $\sum_{n=1}^{\infty}\dfrac{n!}{3^n}$ 的敛散性.

解 因为 $\lim\limits_{n\to\infty}\dfrac{u_{n+1}}{u_n}=\lim\limits_{n\to\infty}\dfrac{\dfrac{(n+1)!}{3^{n+1}}}{\dfrac{n!}{3^n}}=\lim\limits_{n\to\infty}\dfrac{n+1}{3}=+\infty$，根据比值审敛法可知，所给级数发散.

*****定理 5**（根值审敛法，柯西判别法） 设 $\sum_{n=1}^{\infty}u_n$ 是正项级数，如果它的一般项 u_n 的 n 次根的极限等于 ρ，即 $\lim\limits_{n\to\infty}\sqrt[n]{u_n}=\rho$，则当 $\rho<1$ 时级数收敛；当 $\rho>1$（或 $\lim\limits_{n\to\infty}\sqrt[n]{u_n}=+\infty$）时级数发散；当 $\rho=1$ 时级数可能收敛也可能发散.

证明方法与定理 4 的类似.

*****定理 6**（极限审敛法） 设 $\sum_{n=1}^{\infty}u_n$ 为正项级数，则

(1) 如果 $\lim\limits_{n\to\infty}nu_n=l>0$（或 $\lim\limits_{n\to\infty}nu_n=+\infty$），则级数 $\sum_{n=1}^{\infty}u_n$ 发散；

(2) 如果 $p>1$，而 $\lim\limits_{n\to\infty}n^pu_n=l(0\leqslant l<+\infty)$，则级数 $\sum_{n=1}^{\infty}u_n$ 收敛.

证明 (1) 在极限形式的比较审敛法中,取 $v_n = \dfrac{1}{n}$,由调和级数 $\sum\limits_{n=1}^{\infty} \dfrac{1}{n}$ 发散知结论成立.

(2) 在极限形式的比较审敛法中,取 $v_n = \dfrac{1}{n^p}$,当 $p > 1$ 时,p-级数 $\sum\limits_{n=1}^{\infty} \dfrac{1}{n^p}$ 收敛,故结论成立.

例 11.2.8 判定级数 $\sum\limits_{n=1}^{\infty} \ln\left(1 + \dfrac{1}{n^2}\right)$ 的收敛性.

解 因 $\ln\left(1 + \dfrac{1}{n^2}\right) \sim \dfrac{1}{n^2}(n \to +\infty)$,故 $\lim\limits_{n\to\infty} n^2 u_n = \lim\limits_{n\to\infty} n^2 \ln\left(1 + \dfrac{1}{n^2}\right) = \lim\limits_{n\to\infty} n^2 \cdot \dfrac{1}{n^2} = 1$. 根据极限审敛法,知所给级数收敛.

11.2.2 交错级数及其审敛法则

形如级数 $u_1 - u_2 + u_3 - u_4 \cdots$ 称为**交错级数**. 交错级数的一般形式为 $\sum\limits_{n=1}^{\infty} (-1)^{n-1} u_n$,其中 $u_n > 0$.

定理 7(莱布尼茨定理) 如果交错级数 $\sum\limits_{n=1}^{\infty} (-1)^{n-1} u_n$ 满足条件 $u_n \geqslant u_{n+1}$ ($n = 1, 2, 3, \cdots$) 和 $\lim\limits_{n\to\infty} u_n = 0$,则级数收敛,且其和 $s \leqslant u_1$,其余项 r_n 的绝对值 $|r_n| \leqslant u_{n+1}$.

证明 设前 n 项部分和为 s_n,由 $s_{2n} = (u_1 - u_2) + (u_3 - u_4) + \cdots + (u_{2n-1} - u_{2n})$ 及 $s_{2n} = u_1 - (u_2 - u_3) + (u_4 - u_5) + \cdots + (u_{2n-2} - u_{2n-1}) - u_{2n}$ 看出数列 $\{s_{2n}\}$ 单调增加且有界($s_{2n} \leqslant u_1$),所以数列 $\{s_{2n}\}$ 收敛.

设 $s_{2n} \to s(n \to \infty)$,则也有 $s_{2n+1} = s_{2n} + u_{2n+1} \to s(n \to \infty)$,所以 $s_n \to s(n \to \infty)$,从而级数是收敛的,且 $s < u_1$.

因为 $|r_n| \leqslant u_{n+1} - u_{n+2} + \cdots$ 也是收敛的交错级数,所以 $|r_n| \leqslant u_{n+1}$.

例 11.2.9 证明级数 $\sum\limits_{n=1}^{\infty} (-1)^{n-1} \dfrac{1}{n}$ 收敛,并估计和及余项.

证明 所给交错级数满足条件 $u_n = \dfrac{1}{n} > \dfrac{1}{n+1} = u_{n+1}$ ($n = 1, 2, \cdots$) 和 $\lim\limits_{n\to\infty} u_n = \lim\limits_{n\to\infty} \dfrac{1}{n} = 0$,故该级数是收敛的,且其和 $s < 1$,其和 s 可由前 n 项和 s_n 来近似,余项 $|r_n| \leqslant \dfrac{1}{n+1}$.

11.2.3 绝对收敛与条件收敛

对于一般的级数 $u_1 + u_2 + \cdots + u_n + \cdots$,若级数 $\sum\limits_{n=1}^{\infty} |u_n|$ 收敛,则称级数 $\sum\limits_{n=1}^{\infty} u_n$ **绝**

对收敛；若级数 $\sum_{n=1}^{\infty} u_n$ 收敛，而级数 $\sum_{n=1}^{\infty} |u_n|$ 发散，则称级数 $\sum_{n=1}^{\infty} u_n$ **条件收敛**.

级数绝对收敛与级数收敛有如下关系：

定理 8   如果级数 $\sum_{n=1}^{\infty} u_n$ 绝对收敛，则级数 $\sum_{n=1}^{\infty} u_n$ 必定收敛.

证明   令 $v_n = \dfrac{1}{2}(u_n + |u_n|)$ $(n = 1, 2, \cdots)$. 显然 $v_n \geqslant 0$ 且 $v_n \leqslant |u_n|$ $(n = 1, 2, \cdots)$. 因级数 $\sum_{n=1}^{\infty} |u_n|$ 收敛，故由比较审敛法知道，级数 $\sum_{n=1}^{\infty} v_n$ 收敛，从而级数 $\sum_{n=1}^{\infty} 2v_n$ 也收敛. 而 $u_n = 2v_n - |u_n|$，由收敛级数的基本性质可知：$\sum_{n=1}^{\infty} u_n = \sum_{n=1}^{\infty} 2v_n - \sum_{n=1}^{\infty} |u_n|$，所以级数 $\sum_{n=1}^{\infty} u_n$ 收敛.

定理 8 表明，对于一般的级数 $\sum_{n=1}^{\infty} u_n$，如果我们用正项级数的审敛法判定级数 $\sum_{n=1}^{\infty} |u_n|$ 收敛，则此级数收敛. 这就使得一大类级数的敛散性判定问题转化成为正项级数的敛散性判定问题.

一般来说，如果级数 $\sum_{n=1}^{\infty} |u_n|$ 发散，我们不能断定级数 $\sum_{n=1}^{\infty} u_n$ 也发散. 但是，如果我们用比值法或根值法判定级数 $\sum_{n=1}^{\infty} |u_n|$ 发散，则我们可以断定级数 $\sum_{n=1}^{\infty} u_n$ 必定发散. 这是因为，此时 $|u_n|$ 不趋向于零，从而 u_n 也不趋向于零，因此级数 $\sum_{n=1}^{\infty} u_n$ 也是发散的.

例 11.2.10   判别级数 $\sum_{n=1}^{\infty} \dfrac{\sin na}{n^2}$ 的敛散性.

解   因为 $\left|\dfrac{\sin na}{n^2}\right| \leqslant \dfrac{1}{n^2}$，而级数 $\sum_{n=1}^{\infty} \dfrac{1}{n^2}$ 是收敛的，所以级数 $\sum_{n=1}^{\infty} \left|\dfrac{\sin na}{n^2}\right|$ 也收敛，从而级数 $\sum_{n=1}^{\infty} \dfrac{\sin na}{n^2}$ 绝对收敛.

例 11.2.11   判别级数 $\sum_{n=1}^{\infty} \dfrac{a^n}{n^3}$（$a$ 为常数）的敛散性.

解   因为 $\dfrac{|u_{n+1}|}{|u_n|} = \dfrac{|a|^{n+1} n^3}{|a|^n (n+1)^3} = \left(\dfrac{n}{n+1}\right)^3 |a| \to |a|$ $(n \to \infty)$，所以当 $a = \pm 1$ 时，级数 $\sum_{n=1}^{\infty} \dfrac{(\pm 1)^n}{n^3}$ 均收敛；当 $|a| \leqslant 1$ 时，级数 $\sum_{n=1}^{\infty} \dfrac{a^n}{n^3}$ 绝对收敛；当 $|a| > 1$ 时，级数 $\sum_{n=1}^{\infty} \dfrac{a^n}{n^3}$ 发散.

习 题 11.2

1. 用比较审敛法判定下列级数的敛散性：

(1) $\sum_{n=1}^{\infty} \frac{1}{2n^2+1}$;

(2) $\sum_{n=1}^{\infty} \frac{1}{(n+1)(n+2)}$;

(3) $\sum_{n=1}^{\infty} \sqrt{\frac{n}{n+1}}$;

(4) $\sum_{n=1}^{\infty} \sin \frac{\pi}{2^n}$;

(5) $\sum_{n=1}^{\infty} \frac{1}{1+a^n} (a>0)$.

2. 用比值审敛法判定下列级数的敛散性：

(1) $\sum_{n=1}^{\infty} \frac{2^n}{n!}$;

(2) $\sum_{n=1}^{\infty} \frac{3^n \cdot n!}{n^n}$;

(3) $\sum_{n=1}^{\infty} \left(\frac{n}{2n+1}\right)^n$;

(4) $\sum_{n=1}^{\infty} n \tan \frac{\pi}{2^{n+1}}$.

3. 判定下列级数的敛散性：

(1) $\sum_{n=1}^{\infty} \frac{n}{2^n}$;

(2) $\sum_{n=1}^{\infty} \left(\frac{n}{n+1}\right)^n$;

(3) $\sum_{n=1}^{\infty} 2^n \sin \frac{\pi}{3^n}$;

(4) $\sum_{n=1}^{\infty} \frac{n^4}{n!}$;

(5) $\sum_{n=1}^{\infty} \frac{n(n+1)}{n^2+1}$;

(6) $\sum_{n=1}^{\infty} \frac{n^{n+1}}{(n+1)^{n+2}}$.

4. 证明: $\lim_{n \to \infty} \frac{2^n}{n^n} = 0$.

5. 若正项级数 $\sum_{n=1}^{\infty} a_n$ 收敛，证明级数 $\sum_{n=1}^{\infty} \frac{\sqrt{a_n}}{n}$ 也收敛.

6. 判定下列级数是否收敛？若收敛，是绝对收敛还是条件收敛？

(1) $\sum_{n=1}^{\infty} (-1)^{n+1} \frac{1}{n^2}$;

(2) $\sum_{n=1}^{\infty} (-1)^{n-1} \frac{1}{\ln(n+1)}$;

(3) $\sum_{n=1}^{\infty} (-1)^{n-1} \sin \frac{1}{n}$;

(4) $\sum_{n=1}^{\infty} (-1)^{n-1} \frac{\ln n}{n}$;

*(5) $\sum_{n=1}^{\infty} (-1)^{n+1} \frac{1}{\sqrt{n+1}+(-1)^n}$;

*(6) $\sum_{n=1}^{\infty} (-1)^{n+1} \frac{1}{\sqrt{n+1}+(-1)^n}$.

7. 若级数 $\sum_{n=1}^{\infty} a_n^2$ 和 $\sum_{n=1}^{\infty} b_n^2$ 都收敛，证明级数 $\sum_{n=1}^{\infty} a_n b_n$ 绝对收敛.

11.3 幂 级 数

11.3.1 函数项级数的概念

给定一个定义在区间 I 上的函数列 $\{u_n(x)\}$，由这函数列构成的表达式 $u_1(x)+u_2(x)+u_3(x)+\cdots+u_n(x)+\cdots$ 称为定义在区间 I 上的(函数项)级数，记为 $\sum\limits_{n=1}^{\infty}u_n(x)$.

对于区间 I 内的一定点 x_0，若常数项级数 $\sum\limits_{n=1}^{\infty}u_n(x_0)$ 收敛，则称点 x_0 是级数 $\sum\limits_{n=1}^{\infty}u_n(x)$ 的**收敛点**. 若常数项级数 $\sum\limits_{n=1}^{\infty}u_n(x_0)$ 发散，则称点 x_0 是级数 $\sum\limits_{n=1}^{\infty}u_n(x)$ 的**发散点**.

函数项级数 $\sum\limits_{n=1}^{\infty}u_n(x)$ 的所有收敛点的全体称为它的**收敛域**，所有发散点的全体称为它的**发散域**.

在收敛域上，函数项级数 $\sum\limits_{n=1}^{\infty}u_n(x)$ 的和是 x 的函数 $s(x)$，$s(x)$ 称为函数项级数 $\sum\limits_{n=1}^{\infty}u_n(x)$ 的**和函数**，并写成 $s(x)=\sum\limits_{n=1}^{\infty}u_n(x)$. 函数项级数 $\sum u_n(x)$ 的前 n 项的部分和记做 $s_n(x)$，即 $s_n(x)=u_1(x)+u_2(x)+u_3(x)+\cdots+u_n(x)$. 在收敛域上有 $\lim\limits_{n\to\infty}s_n(x)=s(x)$.

函数项级数 $\sum\limits_{n=1}^{\infty}u_n(x)$ 的和函数 $s(x)$ 与部分和 $s_n(x)$ 的差 $r_n(x)=s(x)-s_n(x)$ 叫做函数项级数 $\sum\limits_{n=1}^{\infty}u_n(x)$ 的**余项**，并有 $\lim\limits_{n\to\infty}r_n(x)=0$.

11.3.2 幂级数及其收敛性

函数项级数中简单而常见的一类级数就是各项都是幂函数的函数项级数，这种形式的级数称为**幂级数**，它的形式是 $\sum\limits_{n=0}^{\infty}a_nx^n=a_0+a_1x+a_2x^2+\cdots+a_nx^n+\cdots$，其中常数 $a_0,a_1,a_2,\cdots,a_n,\cdots$ 叫做**幂级数的系数**.

定理 1(阿贝尔(Abel)定理) 对于级数 $\sum\limits_{n=0}^{\infty}a_nx^n$，当 $x=x_0(x_0\neq 0)$ 时收敛，则适合不等式 $|x|<|x_0|$ 的一切 x 使这幂级数绝对收敛. 反之，如果级数 $\sum\limits_{n=0}^{\infty}a_nx^n$ 当

$x = x_0$ 时发散,则适合不等式 $|x| > |x_0|$ 的一切 x 使这幂级数发散.

证 先设 x_0 是幂级数 $\sum_{n=0}^{\infty} a_n x^n$ 的收敛点,即级数 $\sum_{n=0}^{\infty} a_n x_0^n$ 收敛. 根据级数收敛的必要条件,有 $\lim_{n\to\infty} a_n x_0^n = 0$,于是存在一个常数 M,使 $|a_n x_0^n| \leqslant M (n = 1, 2, \cdots)$.

这时级数 $\sum_{n=0}^{\infty} a_n x^n$ 的一般项的绝对值 $|a_n x^n| = |a_n x_0^n \cdot \frac{x^n}{x_0^n}| = |a_n x_0^n| \cdot |\frac{x}{x_0}|^n \leqslant M \cdot |\frac{x}{x_0}|^n$.

因为当 $|x| < |x_0|$ 时,等比级数 $\sum_{n=0}^{\infty} M \cdot |\frac{x}{x_0}|^n$ 收敛,所以级数 $\sum_{n=0}^{\infty} |a_n x^n|$ 收敛,也就是级数 $\sum_{n=0}^{\infty} a_n x^n$ 绝对收敛.

定理的第二部分可用反证法证明.

倘若幂级数当 $x = x_0$ 时发散而有一点 x_1 适合 $|x_1| > |x_0|$ 使级数收敛,则根据本定理的第一部分,级数当 $x = x_0$ 时应收敛,这与所设矛盾. 定理得证.

推论 如果级数 $\sum_{n=0}^{\infty} a_n x^n$ 不是仅在点 $x = 0$ 一点收敛,也不是在整个数轴上都收敛,则必有一个完全确定的正数 R 存在,使得当 $|x| < R$ 时,幂级数绝对收敛;当 $|x| > R$ 时,幂级数发散;当 $x = R$ 与 $x = -R$ 时,幂级数可能收敛也可能发散.

正数 R 通常叫做幂级数 $\sum_{n=0}^{\infty} a_n x^n$ 的**收敛半径**. 开区间 $(-R, R)$ 叫做幂级数 $\sum_{n=0}^{\infty} a_n x^n$ 的**收敛区间**. 再由幂级数在 $x = \pm R$ 处的收敛性就可以决定它的**收敛域**. 幂级数 $\sum_{n=0}^{\infty} a_n x^n$ 的收敛域是 $(-R, R)$ 或 $[-R, R)$、$(-R, R]$、$[-R, R]$ 之一.

若幂级数 $\sum_{n=0}^{\infty} a_n x^n$ 只在 $x = 0$ 收敛,则规定收敛半径 $R = 0$;若幂级数 $\sum_{n=0}^{\infty} a_n x^n$ 对一切 x 都收敛,则规定收敛半径 $R = +\infty$,这时收敛域为 $(-\infty, +\infty)$.

定理 2 如果 $\lim_{n\to\infty} |\frac{a_{n+1}}{a_n}| = \rho$,其中 a_n、a_{n+1} 是幂级数 $\sum_{n=0}^{\infty} a_n x^n$ 相邻两项的系数,则这幂级数的收敛半径

$$R = \begin{cases} +\infty & \rho = 0 \\ \frac{1}{\rho} & \rho \neq 0 \\ 0 & \rho = +\infty \end{cases}.$$

证明 因为 $\lim\limits_{n\to\infty}|\dfrac{a_{n+1}x^{n+1}}{a_nx^n}|=\lim\limits_{n\to\infty}|\dfrac{a_{n+1}}{a_n}|\cdot|x|=\rho|x|$,所以

(1) 如果 $0<\rho<+\infty$,则只当 $\rho|x|<1$ 时幂级数收敛,故 $R=\dfrac{1}{\rho}$.

(2) 如果 $\rho=0$,则幂级数总是收敛的,故 $R=+\infty$.

(3) 如果 $\rho=+\infty$,则只当 $x=0$ 时幂级数收敛,故 $R=0$.

例 11.3.1 求幂级数 $\sum\limits_{n=1}^{\infty}\dfrac{x^n}{n^2}$ 的收敛半径与收敛域.

解 因为 $\rho=\lim\limits_{n\to\infty}|\dfrac{a_{n+1}}{a_n}|=\lim\limits_{n\to\infty}\dfrac{n^2}{(n+1)^2}=1$,所以收敛半径为 $R=\dfrac{1}{\rho}=1$. 即收敛区间为 $(-1,1)$.

当 $x=\pm 1$ 时,有 $|\dfrac{(\pm 1)^n}{n^2}|=\dfrac{1}{n^2}$,由于级数 $\sum\limits_{n=1}^{\infty}\dfrac{1}{n^2}$ 收敛,所以级数 $\sum\limits_{n=1}^{\infty}\dfrac{x^n}{n^2}$ 在 $x=\pm 1$ 时也收敛.因此,收敛域为 $[-1,1]$.

例 11.3.2 求幂级数 $\sum\limits_{n=0}^{\infty}\dfrac{1}{n!}x^n=1+x+\dfrac{1}{2!}x^2+\dfrac{1}{3!}x^3+\cdots+\dfrac{1}{n!}x^n+\cdots$ 的收敛域.

解 因为 $\rho=\lim\limits_{n\to\infty}|\dfrac{a_{n+1}}{a_n}|=\lim\limits_{n\to\infty}\dfrac{\dfrac{1}{(n+1)!}}{\dfrac{1}{n!}}=\lim\limits_{n\to\infty}\dfrac{n!}{(n+1)!}=0$,所以收敛半径为 $R=+\infty$,从而收敛域为 $(-\infty,+\infty)$.

例 11.3.3 求幂级数 $\sum\limits_{n=0}^{\infty}n!x^n$ 的收敛半径.

解 因为 $\rho=\lim\limits_{n\to\infty}|\dfrac{a_{n+1}}{a_n}|=\lim\limits_{n\to\infty}\dfrac{(n+1)!}{n!}=+\infty$,所以收敛半径为 $R=0$,即级数仅在 $x=0$ 处收敛.

例 11.3.4 求幂级数 $\sum\limits_{n=0}^{\infty}\dfrac{(2n)!}{(n!)^2}x^{2n}$ 的收敛半径.

解 因为级数缺少奇次幂的项,所以定理 2 不适用.可根据比值审敛法来求收敛半径:

幂级数的一般项记为 $u_n(x)=\dfrac{(2n)!}{(n!)^2}x^{2n}$. 因为 $\lim\limits_{n\to\infty}|\dfrac{u_{n+1}(x)}{u_n(x)}|=4|x|^2$,且 $4|x|^2<1$ 即 $|x|<\dfrac{1}{2}$ 时级数收敛;当 $4|x|^2>1$ 即 $|x|>\dfrac{1}{2}$ 时级数发散,所以收敛半径为 $R=\dfrac{1}{2}$.

11.3.3 幂级数的运算

设幂级数 $\sum_{n=0}^{\infty} a_n x^n$ 及 $\sum_{n=0}^{\infty} b_n x^n$ 分别在区间 $(-R,R)$ 及 $(-R',R')$ 内收敛,则在 $(-R,R)$ 与 $(-R',R')$ 中较小的区间内有

加法：$\sum_{n=0}^{\infty} a_n x^n + \sum_{n=0}^{\infty} b_n x^n = \sum_{n=0}^{\infty} (a_n + b_n) x^n.$

减法：$\sum_{n=0}^{\infty} a_n x^n - \sum_{n=0}^{\infty} b_n x^n = \sum_{n=0}^{\infty} (a_n - b_n) x^n.$

乘法：$(\sum_{n=0}^{\infty} a_n x^n) \cdot (\sum_{n=0}^{\infty} b_n x^n) = a_0 b_0 + (a_0 b_1 + a_1 b_0) x + (a_0 b_2 + a_1 b_1 + a_2 b_0) x^2$
$$+ \cdots + (a_0 b_n + a_1 b_{n-1} + \cdots + a_n b_0) x^n + \cdots.$$

* 除法：$\dfrac{a_0 + a_1 x + a_2 x^2 + \cdots + a_n x^n + \cdots}{b_0 + b_1 x + b_2 x^2 + \cdots + b_n x^n + \cdots} = c_0 + c_1 x + c_2 x^2 + \cdots + c_n x^n + \cdots.$

关于幂级数的和函数有下列重要性质：

性质 1 幂级数 $\sum_{n=0}^{\infty} a_n x^n$ 的和函数 $s(x)$ 在其收敛域 I 上连续.

性质 2 幂级数 $\sum_{n=0}^{\infty} a_n x^n$ 的和函数 $s(x)$ 在其收敛域 I 上可积,并且有逐项积分公式

$$\int_0^x s(x) \mathrm{d}x = \int_0^x (\sum_{n=0}^{\infty} a_n x^n) \mathrm{d}x = \sum_{n=0}^{\infty} \int_0^x a_n x^n \mathrm{d}x = \sum_{n=0}^{\infty} \frac{a_n}{n+1} x^{n+1} \quad (x \in I)$$

逐项积分后所得到的幂级数和原级数有相同的收敛半径.

性质 3 幂级数 $\sum_{n=0}^{\infty} a_n x^n$ 的和函数 $s(x)$ 在其收敛区间 $(-R,R)$ 内可导,并且有逐项求导公式

$$s'(x) = (\sum_{n=0}^{\infty} a_n x^n)' = \sum_{n=0}^{\infty} (a_n x^n)' = \sum_{n=1}^{\infty} n a_n x^{n-1} \quad (|x| < R)$$

逐项求导后所得到的幂级数和原级数有相同的收敛半径.

例 11.3.5 求幂级数 $\sum_{n=1}^{\infty} n x^{n-1}$ 的和函数,并求 $\sum_{n=1}^{\infty} \dfrac{n}{3^n}.$

解 因为 $\rho = \lim_{n \to \infty} \left| \dfrac{a_{n+1}}{a_n} \right| = \lim_{n \to \infty} \dfrac{n+1}{n} = 1$,所以收敛半径为 $R = \dfrac{1}{\rho} = 1.$ 即收敛区间为 $(-1,1)$.

当 $x = \pm 1$ 时,有 $|n(-1)^n| = n$,由于级数 $\sum_{n=1}^{\infty} n$ 发散,所以级数的收敛域为 $(-1,1)$.

设和函数为 $s(x)$,即 $s(x) = \sum_{n=1}^{\infty} n x^{n-1}, x \in (-1,1).$ 对此式从 0 到 x 积分,得

$$\int_0^x s(x)\mathrm{d}x = \int_0^x \sum_{n=1}^{\infty} nx^{n-1}\mathrm{d}x = \sum_{n=1}^{\infty}\left(\int_0^x nx^{n-1}\mathrm{d}x\right) = \sum_{n=1}^{\infty} x^n = \frac{x}{1-x}$$

再两边对 x 求导即得 $s(x)$：

$$\left(\int_0^x s(x)\mathrm{d}x\right)' = \left(\frac{x}{1-x}\right)' = \left(\frac{1}{1-x} - 1\right)' = \frac{1}{(1-x)^2}$$

即

$$s(x) = \sum_{n=1}^{\infty} nx^{n-1} = \frac{1}{(1-x)^2} \quad (|x|<1)$$

当 $x = \frac{1}{3}$ 时，$\sum_{n=1}^{\infty} n\left(\frac{1}{3}\right)^{n-1} = \frac{1}{\left(1-\frac{1}{3}\right)^2} = \frac{9}{4}$. 所以

$$\sum_{n=1}^{\infty} \frac{n}{3^n} = \sum_{n=1}^{\infty} n\left(\frac{1}{3}\right)^{n-1} \times \frac{1}{3} = \frac{1}{3}\sum_{n=1}^{\infty} n\left(\frac{1}{3}\right)^{n-1} = \frac{1}{3} \times \frac{9}{4} = \frac{3}{4}$$

例 11.3.6 求幂级数 $\sum_{n=0}^{\infty} \frac{1}{n+1}x^n$ 的和函数，并求 $\sum_{n=0}^{\infty} \frac{(-1)^n}{n+1}$ 的和.

解 因为 $\rho = \lim_{n\to\infty}\left|\frac{a_{n+1}}{a_n}\right| = \lim_{n\to\infty}\frac{n}{(n+1)} = 1$，所以收敛半径 $R = \frac{1}{\rho} = 1$. 即收敛区间为 $(-1, 1)$.

当 $x = 1$ 时，级数 $\sum_{n=1}^{\infty} \frac{1}{n+1}$ 发散；当 $x = -1$ 时，级数 $\sum_{n=0}^{\infty} \frac{(-1)^n}{n+1}$ 是收敛的交错级数，所以级数 $\sum_{n=0}^{\infty} \frac{1}{n+1}x^n$ 的收敛域为 $[-1, 1)$.

设和函数为 $s(x)$，即 $s(x) = \sum_{n=0}^{\infty} \frac{1}{n+1}x^n$，$x \in [-1, 1)$. 显然 $s(0) = 1$. 在 $xs(x) = \sum_{n=0}^{\infty} \frac{1}{n+1}x^{n+1}$ 的两边求导，得

$$(xs(x))' = \sum_{n=0}^{\infty}\left(\frac{1}{n+1}x^{n+1}\right)' = \sum_{n=0}^{\infty} x^n = \frac{1}{1-x}$$

对上式从 0 到 x 积分，得 $xs(x) = \int_0^x \frac{1}{1-x}\mathrm{d}x = -\ln(1-x)$.

于是，当 $x \neq 0$ 时，有 $s(x) = -\frac{1}{x}\ln(1-x)$. 从而

$$s(x) = \begin{cases} -\frac{1}{x}\ln(1-x) & x \in [-1, 0) \cup (0, 1) \\ 1 & x = 0 \end{cases}$$

故

$$\sum_{n=0}^{\infty} \frac{(-1)^n}{n+1} = s(-1) = \ln 2$$

提示：应用公式 $\int_0^x F'(x)\mathrm{d}x = F(x) - F(0)$，即

$$F(x) = F(0) + \int_0^x F'(x)dx.$$

$$\frac{1}{1-x} = 1 + x + x^2 + x^3 + \cdots + x^n + \cdots.$$

习　题　11.3

1. 求下列幂级数的收敛域：

(1) $\sum_{n=1}^{\infty} nx^n$；

(2) $\sum_{n=1}^{\infty} \frac{(-1)^n}{n} x^n$；

(3) $\sum_{n=1}^{\infty} \frac{(x+2)^n}{n \cdot 2^n}$；

(4) $\sum_{n=1}^{\infty} (-1)^n \frac{x^{2n+1}}{2n+1}$；

(5) $\sum_{n=1}^{\infty} \frac{(x-5)^n}{n}$；

(6) $\sum_{n=1}^{\infty} \frac{2^n}{n^2+1} x^n$；

(7) $\sum_{n=1}^{\infty} \frac{2^n}{n} (x-1)^n$；

(8) $\sum_{n=1}^{\infty} \frac{n+1}{3^n} x^n$；

(9) $\sum_{n=1}^{\infty} \frac{2+(-1)^n}{2^n} x^n$；

(10) $\sum_{n=1}^{\infty} \frac{x^n}{a^n + b^n}$　$(a > 0, b > 0)$.

2. 利用逐项求导法或逐项积分法，求下列级数的和函数：

(1) $\sum_{n=1}^{\infty} 2nx^{2n-1}$；

(2) $\sum_{n=1}^{\infty} \frac{x^{2n-1}}{2n-1}$；

(3) $\sum_{n=1}^{\infty} n(n+1)x^n$；

(4) $\sum_{n=1}^{\infty} \frac{x^n}{n+1}$；

(5) $\sum_{n=1}^{\infty} (2n+1)x^n$.

11.4　函数展开成幂级数

前面我们讨论了幂级数的求和问题，但在许多应用中，遇到的却是相反的问题：对于一个给定函数 $f(x)$，能否在某个区间内找到一个幂级数，使得它在此区间内收敛，且和函数恰好就是 $f(x)$. 如果能找到这样的幂级数，则称 $f(x)$ 在该区间内可以展开成幂级数，简称 $f(x)$ 可展开成幂级数.

11.4.1　泰勒公式与泰勒级数

1. 泰勒公式

在学习函数的微分时我们知道，如果函数 $f(x)$ 在点 x_0 处可微（或可导），则有

$$f(x)=f(x_0)+f'(x_0)(x-x_0)+o(x-x_0)$$

即在点 x_0 附近可用一次多项式 $f(x_0)+f'(x_0)(x-x_0)$ 来近似表示函数 $f(x)$,其误差为 $(x-x_0)$ 的高阶无穷小. 容易看出,在点 x_0 处,一次多项式 $f(x_0)+f'(x_0)(x-x_0)$ 的函数值及一阶导数值分别等于函数 $f(x)$ 的函数值及一阶导数值.

但是,用一次多项式近似表示函数存在着明显的不足,首先精确度不高,其次不能具体估算出误差的大小. 因此,对于精度要求较高且需要估计误差时,就必须用高次多项式来近似表达函数,同时给出误差表达式.

定理 1(泰勒中值定理) 如果函数 $f(x)$ 在含有 x_0 的某个开区间 (a,b) 内具有直到 $n+1$ 阶的导数,则对任一 $x\in(a,b)$,$f(x)$ 可以表示为 $(x-x_0)$ 的一个 n 次多项式与一个余项 $R_n(x)$ 之和,即

$$f(x)=f(x_0)+f'(x_0)(x-x_0)+\frac{f''(x_0)}{2!}(x-x_0)^2+\cdots+\frac{f^{(n)}(x_0)}{n!}(x-x_0)^n+R_n(x)$$

(11.4.1)

其中,
$$R_n(x)=\frac{f^{(n+1)}(\xi)}{(n+1)!}(x-x_0)^{n+1} \qquad (11.4.2)$$

这里 ξ 是介于 x_0 与 x 之间的某个值.

定理证明从略,多项式(11.4.1)称为函数 $f(x)$ 按 $(x-x_0)$ 的幂展开的 n 阶泰勒多项式,也称为 $f(x)$ 按 $(x-x_0)$ 的幂展开的 n 阶泰勒公式. $R_n(x)$ 的表达式(11.4.2)称为拉格朗日型余项.

注 当 $n=0$ 时,泰勒公式变成拉格朗日中值公式:
$$f(x)=f(x_0)+f'(\xi)(x-x_0) \quad (\xi \text{ 在 } x_0 \text{ 与 } x \text{ 之间})$$

因此,泰勒中值定理是拉格朗日中值定理的推广.

在泰勒公式(11.4.1)中,取 $x_0=0$,则 ξ 在 0 与 x 之间,因此可令 $\xi=\theta x(0<\theta<1)$,得

$$f(x)=f(0)+f'(0)x+\frac{f''(0)}{2!}x^2+\cdots+\frac{f^{(n)}(0)}{n!}x^n+\frac{f^{(n+1)}(\theta x)}{(n+1)!}x^{n+1} \quad (0<\theta<1)$$

(11.4.3)

式(11.4.3)称为带有拉格朗日型余项的 n 阶麦克劳林公式.

2. 泰勒级数

如果 $f(x)$ 在点 x_0 的某邻域内具有各阶导数 $f'(x),f''(x),\cdots,f^{(n)}(x),\cdots$,则当 $n\to\infty$ 时,$f(x)$ 在点 x_0 的泰勒多项式

$$p_n(x)=f(x_0)+f'(x_0)(x-x_0)+\frac{f''(x_0)}{2!}(x-x_0)^2+\cdots+\frac{f^{(n)}(x_0)}{n!}(x-x_0)^n$$

成为幂级数

$$f(x_0)+f'(x_0)(x-x_0)+\frac{f''(x_0)}{2!}(x-x_0)^2+\cdots+\frac{f^{(n)}(x_0)}{n!}(x-x_0)^n+\cdots$$

这一幂级数称为函数 $f(x)$ 的泰勒级数.

显然,当 $x=x_0$ 时,$f(x)$ 的泰勒级数收敛于 $f(x_0)$.

需要解决的问题:除了 $x=x_0$ 外,$f(x)$ 的泰勒级数是否收敛？如果收敛,它是否一定收敛于 $f(x)$？

定理 2 设函数 $f(x)$ 在点 x_0 的某一邻域 $U(x_0)$ 内具有各阶导数,则 $f(x)$ 在该邻域内能展开成泰勒级数的充分必要条件是 $f(x)$ 的泰勒公式中的余项 $R_n(x)$ 当 $n\to\infty$ 时的极限为零,即 $\lim\limits_{n\to\infty}R_n(x)=0(x\in U(x_0))$.

证明从略.

注意:如果 $f(x)$ 在 x_0 的某个邻域 $U(x_0)$ 内能展开成 $(x-x_0)$ 的泰勒级数,则函数 $f(x)$ 在 x_0 处的展开式是唯一的,即为它的泰勒级数.

11.4.2 函数展开成幂级数

要把函数 $f(x)$ 展开成 x 的幂级数,可以按照下列步骤进行:

第一步 求出 $f(x)$ 的各阶导数:$f'(x),f''(x),f'''(x),\cdots,f^{(n)}(x),\cdots$.

第二步 求函数及其各阶导数在 $x_0=0$ 处的值:$f'(0),f''(0),f'''(0),\cdots,f^{(n)}(0),\cdots$.

第三步 写出幂级数 $f(0)+f'(0)x+\dfrac{f''(0)}{2!}x^2+\cdots+\dfrac{f^{(n)}(0)}{n!}x^n+\cdots$,并求出收敛半径 R.

第四步 考察在区间 $(-R,R)$ 内时是否有 $R_n(x)\to 0(n\to\infty)$. $\lim\limits_{n\to\infty}R_n(x)=\lim\limits_{n\to\infty}\dfrac{f^{(n+1)}(\xi)}{(n+1)!}x^{n+1}$ 是否为零. 如果 $R_n(x)\to 0(n\to\infty)$,则 $f(x)$ 在 $(-R,R)$ 内有展开式

$$f(x)=f(0)+f'(0)x+\dfrac{f''(0)}{2!}x^2+\cdots+\dfrac{f^{(n)}(0)}{n!}x^n+\cdots \quad (-R<x<R)$$

例 11.4.1 试将函数 $f(x)=\mathrm{e}^x$ 展开成 x 的幂级数.

解 所给函数的各阶导数为 $f^{(n)}(x)=\mathrm{e}^x(n=1,2,\cdots)$,因此 $f^{(n)}(0)=1(n=1,2,\cdots)$. 得到幂级数

$$1+x+\dfrac{1}{2!}x^2+\cdots+\dfrac{1}{n!}x^n+\cdots$$

该幂级数的收敛半径 $R=+\infty$.

由于对于任何有限的数 x,ξ(ξ 介于 0 与 x 之间),有 $|R_n(x)|=\left|\dfrac{\mathrm{e}^\xi}{(n+1)!}x^{n+1}\right|<\mathrm{e}^{|x|}\cdot\dfrac{|x|^{n+1}}{(n+1)!}$,而 $\lim\limits_{n\to\infty}\dfrac{|x|^{n+1}}{(n+1)!}=0$,所以 $\lim\limits_{n\to\infty}|R_n(x)|=0$,从而有展开式

$$\mathrm{e}^x=1+x+\dfrac{1}{2!}x^2+\cdots+\dfrac{1}{n!}x^n+\cdots \quad (-\infty<x<+\infty)$$

例 11.4.2 将函数 $f(x)=\sin x$ 展开成 x 的幂级数.

解 因为 $f^{(n)}(x)=\sin\left(x+n\cdot\dfrac{\pi}{2}\right)(n=1,2,\cdots)$，所以 $f^{(n)}(0)$ 顺序循环地取 0，$1,0,-1,\cdots(n=0,1,2,3,\cdots)$，于是得级数

$$x-\frac{x^3}{3!}+\frac{x^5}{5!}-\cdots+(-1)^{n-1}\frac{x^{2n-1}}{(2n-1)!}+\cdots$$

它的收敛半径为 $R=+\infty$.

对于任何有限的数 ξ（ξ 介于 0 与 x 之间），有

$$|R_n(x)|=\left|\frac{\sin\left(\xi+\dfrac{(n+1)\pi}{2}\right)}{(n+1)!}x^{n+1}\right|\leqslant\frac{|x|^{n+1}}{(n+1)!}\to 0\quad(n\to\infty)$$

因此得展开式

$$\sin x=x-\frac{x^3}{3!}+\frac{x^5}{5!}-\cdots+(-1)^{n-1}\frac{x^{2n-1}}{(2n-1)!}+\cdots\quad(-\infty<x<+\infty)$$

例 11.4.3 将函数 $f(x)=(1+x)^m$ 展开成 x 的幂级数，其中 m 为任意常数.

解 $f(x)$ 的各阶导数为

$$f'(x)=m(1+x)^{m-1}$$
$$f''(x)=m(m-1)(1+x)^{m-2}$$
$$\vdots$$
$$f^{(n)}(x)=m(m-1)(m-2)\cdots(m-n+1)(1+x)^{m-n}$$
$$\vdots$$

所以 $f(0)=1, f'(0)=m, f''(0)=m(m-1), \cdots, f^{(n)}(0)=m(m-1)(m-2)\cdots(m-n+1), \cdots$，且 $R_n(x)\to 0$，于是得幂级数

$$1+mx+\frac{m(m-1)}{2!}x^2+\cdots+\frac{m(m-1)\cdots(m-n+1)}{n!}x^n+\cdots$$

以上例题是直接按照公式计算幂级数的系数，最后考察余项是否趋于零. 这种直接展开方法的计算量较大，而且研究余项即使在初等函数中也不是一件容易的事. 下面介绍间接展开的方法，也就是利用一些已知的函数展开式，通过幂级数的运算以及变量代换等，将所给函数展开成幂级数. 这样做不但计算简单，而且可以避免研究余项.

例 11.4.4 将函数 $f(x)=\cos x$ 展开成 x 的幂级数.

解 已知 $\sin x=x-\dfrac{x^3}{3!}+\dfrac{x^5}{5!}-\cdots+(-1)^{n-1}\dfrac{x^{2n-1}}{(2n-1)!}+\cdots(-\infty<x<+\infty)$，对它两边求导得

$$\cos x=1-\frac{x^2}{2!}+\frac{x^4}{4!}-\cdots+(-1)^n\frac{x^{2n}}{(2n)!}+\cdots\quad(-\infty<x<+\infty)$$

例 11.4.5 将函数 $f(x)=\ln(1+x)$ 展开成 x 的幂级数.

解 因为 $f'(x)=\dfrac{1}{1+x}$，而 $\dfrac{1}{1+x}$ 是收敛的等比级数 $\sum\limits_{n=0}^{\infty}(-1)^n x^n (-1<x<1)$ 的和函数：

$$\frac{1}{1+x}=1-x+x^2-x^3+\cdots+(-1)^n x^n+\cdots$$

所以将上式从 0 到 x 逐项积分，得

$$f(x)=\ln(1+x)=\int_0^x [\ln(1+x)]' \mathrm{d}x = \int_0^x \frac{1}{1+x}\mathrm{d}x$$

$$=\int_0^x \Big[\sum_{n=0}^{\infty}(-1)^n x^n\Big]\mathrm{d}x = \sum_{n=0}^{\infty}(-1)^n \frac{x^{n+1}}{n+1} \quad (-1<x\leqslant 1)$$

上述展开式对 $x=1$ 也成立，这是因为上式右端的幂级数当 $x=1$ 时收敛，而 $\ln(1+x)$ 在 $x=1$ 处有定义且连续.

例 11.4.6 将函数 $f(x)=\sin x$ 展开成 $\left(x-\dfrac{\pi}{4}\right)$ 的幂级数.

解 因为 $\sin x = \sin\left[\dfrac{\pi}{4}+\left(x-\dfrac{\pi}{4}\right)\right] = \dfrac{\sqrt{2}}{2}\left[\cos\left(x-\dfrac{\pi}{4}\right)+\sin\left(x-\dfrac{\pi}{4}\right)\right]$，并且有

$$\cos\left(x-\frac{\pi}{4}\right)=1-\frac{1}{2!}\left(x-\frac{\pi}{4}\right)^2+\frac{1}{4!}\left(x-\frac{\pi}{4}\right)^4-\cdots \quad (-\infty<x<+\infty)$$

$$\sin\left(x-\frac{\pi}{4}\right)=\left(x-\frac{\pi}{4}\right)-\frac{1}{3!}\left(x-\frac{\pi}{4}\right)^3+\frac{1}{5!}\left(x-\frac{\pi}{4}\right)^5-\cdots \quad (-\infty<x<+\infty)$$

所以

$$\sin x=\frac{\sqrt{2}}{2}\left[1+\left(x-\frac{\pi}{4}\right)-\frac{1}{2!}\left(x-\frac{\pi}{4}\right)^2-\frac{1}{3!}\left(x-\frac{\pi}{4}\right)^3+\cdots\right] \quad (-\infty<x<+\infty)$$

例 11.4.7 将函数 $f(x)=\dfrac{1}{x^2+4x+3}$ 展开成 $x-1$ 的幂级数.

解 因为

$$\frac{1}{x^2+4x+3}=\frac{1}{(x+1)(x+3)}=\frac{1}{2}\left(\frac{1}{x+1}-\frac{1}{x+3}\right)$$

而 $x+1=2+(x-1)=2\left(1+\dfrac{x-1}{2}\right)$, $x+3=4+(x-1)=4\left(1+\dfrac{x-1}{4}\right)$

则

$$\frac{1}{1+\dfrac{x-1}{2}}=\sum_{n=0}^{\infty}(-1)^n \frac{(x-1)^n}{2^n} \quad \left(-1<\frac{x-1}{2}<1\right)$$

$$\frac{1}{1+\dfrac{x-1}{4}}=\sum_{n=0}^{\infty}(-1)^n \frac{(x-1)^n}{4^n} \quad \left(-1<\frac{x-1}{4}<1\right)$$

收敛域的确定：由 $-1<\dfrac{x-1}{2}<1$ 和 $-1<\dfrac{x-1}{4}<1$ 得 $-1<x<3$

$$f(x) = \frac{1}{x^2+4x+3} = \frac{1}{4}\sum_{n=0}^{\infty}(-1)^n \frac{(x-1)^n}{2^n} - \frac{1}{8}\sum_{n=0}^{\infty}(-1)^n \frac{(x-1)^n}{4^n}$$

$$= \sum_{n=0}^{\infty}(-1)^n\left(\frac{1}{2^{n+2}} - \frac{1}{2^{2n+3}}\right)(x-1)^n \quad (-1<x<3)$$

常用展开式小结:

$$\frac{1}{1-x} = 1 + x + x^2 + \cdots + x^n + \cdots \quad (-1<x<1)$$

$$e^x = 1 + x + \frac{1}{2!}x^2 + \cdots \frac{1}{n!}x^n + \cdots \quad (-\infty<x<+\infty)$$

$$\sin x = x - \frac{x^3}{3!} + \frac{x^5}{5!} - \cdots + (-1)^{n-1}\frac{x^{2n-1}}{(2n-1)!} + \cdots \quad (-\infty<x<+\infty)$$

$$\cos x = 1 - \frac{x^2}{2!} + \frac{x^4}{4!} - \cdots + (-1)^n \frac{x^{2n}}{(2n)!} + \cdots \quad (-\infty<x<+\infty)$$

$$\ln(1+x) = x - \frac{x^2}{2} + \frac{x^3}{3} - \frac{x^4}{4} + \cdots + (-1)^n \frac{x^{n+1}}{n+1} + \cdots \quad (-1<x\leqslant 1)$$

$$(1+x)^m = 1 + mx + \frac{m(m-1)}{2!}x^2 + \cdots + \frac{m(m-1)\cdots(m-n+1)}{n!}x^n + \cdots \quad (-1<x<1)$$

11.4.3 幂级数展开式的应用

1. 近似计算

有了函数的幂级数展开式,就可以用它进行近似计算,在展开式有意义的区间内,函数值可以利用这个级数近似地按要求计算出来.

例 11.4.8 计算 $\sqrt[5]{245}$ 的近似值(误差不超过 10^{-4}).

解 因为 $\sqrt[5]{245} = \sqrt[5]{3^5 + 2} = 3\left(1 + \frac{2}{3^5}\right)^{1/5}$,所以在二项展开式中取 $m=\frac{1}{5}, x=\frac{2}{3^5}$,

即

$$\sqrt[5]{245} = 3\left[1 + \frac{1}{5} \times \frac{2}{3^5} - \frac{1}{2!} \times \frac{1}{5}\left(\frac{1}{5}-1\right)\left(\frac{2}{3^5}\right)^2 + \cdots\right]$$

这个级数从第二项起是交错级数,如果取前 n 项和作为 $\sqrt[5]{245}$ 的近似值,则其误差(也叫做截断误差)$|r_n| \leqslant u_{n+1}$,可得 $|u_2| = 3 \times \frac{4 \times 2^2}{2 \times 5^2 \times 3^{10}} = \frac{8}{25 \times 3^9} < 10^{-4}$.

为了使误差不超过 10^{-4},只要取其前两项作为其近似值即可. 于是有

$$\sqrt[5]{245} \approx 3\left(1 + \frac{1}{5} \times \frac{2}{243}\right) \approx 3.0049$$

例 11.4.9 利用 $\sin x \approx x - \frac{1}{3!}x^3$ 求 $\sin 9°$ 的近似值,并估计误差.

解 首先把角度化成弧度: $9° = \frac{\pi}{180} \times 9(\text{弧度}) = \frac{\pi}{20}(\text{弧度})$,从而

$$\sin\frac{\pi}{20} \approx \frac{\pi}{20} - \frac{1}{3!}\left(\frac{\pi}{20}\right)^3$$

其次,估计这个近似值的精确度. 在 $\sin x$ 的幂级数展开式中令 $x = \frac{\pi}{20}$,得

$$\sin\frac{\pi}{20} = \frac{\pi}{20} - \frac{1}{3!}\left(\frac{\pi}{20}\right)^3 + \frac{1}{5!}\left(\frac{\pi}{20}\right)^5 - \frac{1}{7!}\left(\frac{\pi}{20}\right)^7 + \cdots$$

等式右端是一个收敛的交错级数,且各项的绝对值单调减少. 取它的前两项之和作为 $\sin\frac{\pi}{20}$ 的近似值,其误差为 $|r_2| \leqslant \frac{1}{5!}\left(\frac{\pi}{20}\right)^5 < \frac{1}{120}\times(0.2)^5 < \frac{1}{300000}$.

因此取 $\frac{\pi}{20} \approx 0.157080$,$\left(\frac{\pi}{20}\right)^3 \approx 0.003876$. 于是得 $\sin 9° \approx 0.15643$,这时误差不超过 10^{-5}.

例 11.4.10 计算定积分 $\frac{2}{\sqrt{\pi}}\int_0^{\frac{1}{2}} e^{-x^2}dx$ 的近似值,要求误差不超过 10^{-4}(取 $\frac{1}{\sqrt{\pi}} \approx 0.56419$).

解 将 e^x 的幂级数展开式中的 x 换成 $-x^2$,得到被积函数的幂级数展开式

$$e^{-x^2} = 1 + \frac{(-x^2)}{1!} + \frac{(-x^2)^2}{2!} + \frac{(-x^2)^3}{3!} + \cdots$$
$$= \sum_{n=0}^{\infty}(-1)^n\frac{x^{2n}}{n!} \quad (-\infty < x < +\infty)$$

于是,根据幂级数在收敛区间内逐项可积,得

$$\frac{2}{\sqrt{\pi}}\int_0^{\frac{1}{2}} e^{-x^2}dx = \frac{2}{\sqrt{\pi}}\int_0^{\frac{1}{2}}\left[\sum_{n=0}^{\infty}(-1)^n\frac{x^{2n}}{n!}\right]dx = \frac{2}{\sqrt{\pi}}\sum_{n=0}^{\infty}\frac{(-1)^n}{n!}\int_0^{\frac{1}{2}}x^{2n}dx$$
$$= \frac{1}{\sqrt{\pi}}\left(1 - \frac{1}{2^2\times 3} + \frac{1}{2^4\times 5\times 2!} - \frac{1}{2^6\times 7\times 3!} + \cdots\right)$$

前四项的和作为近似值,其误差为 $|r_4| \leqslant \frac{1}{\sqrt{\pi}}\frac{1}{2^8\times 9\times 4!} < \frac{1}{90000}$,所以

$$\frac{2}{\sqrt{\pi}}\int_0^{\frac{1}{2}} e^{-x^2}dx \approx \frac{1}{\sqrt{\pi}}\left(1 - \frac{1}{2^2\times 3} + \frac{1}{2^4\times 5\times 2!} - \frac{1}{2^6\times 7\times 3!}\right) \approx 0.5295$$

例 11.4.11 计算积分 $\int_0^{0.5}\frac{1}{1+x^4}dx$ 的近似值,要求误差不超过 10^{-4}.

解 因为

$$\frac{1}{1+x} = 1 - x + x^2 - x^3 + \cdots (-1)^n x^n + \cdots$$

所以

$$\frac{1}{1+x^4} = 1 - x^4 + x^8 - x^{12} + \cdots + (-1)^n x^{4n} + \cdots$$

对上式逐项积分得

$$\int_0^{0.5}\frac{1}{1+x^4}dx = \int_0^{0.5}[1 - x^4 + x^8 - x^{12} + \cdots + (-1)^n x^{4n} + \cdots]dx$$

$$= \left[x - \frac{1}{5}x^5 + \frac{1}{9}x^9 - \frac{1}{13}x^{13} + \cdots + \frac{(-1)^n}{4n+1}x^{4n+1} + \cdots \right]\Big|_0^{0.5}$$

$$= 0.5 - \frac{1}{5} \times (0.5)^5 + \frac{1}{9} \times (0.5)^9 - \frac{1}{13} \times (0.5)^{13} + \cdots$$

$$+ \frac{(-1)^n}{4n+1} \times (0.5)^{4n+1} + \cdots$$

上面级数为交错级数,所以误差 $|r_n| < \frac{1}{4n+1} \times (0.5)^{4n+1}$,经试算

$$\frac{1}{5} \times (0.5)^5 \approx 0.00625, \quad \frac{1}{9} \times (0.5)^9 \approx 0.00022, \quad \frac{1}{13} \times (0.5)^{13} \approx 0.000009$$

所以取前三项计算,即

$$\int_0^{0.5} \frac{1}{1+x^4} dx \approx 0.50000 - 0.00625 + 0.00022 = 0.49397 \approx 0.4940$$

*2. 微分方程的幂级数解法

当微分方程的解不能用初等函数或其积分式表达时,就要寻求其他求解方法,尤其是近似求解方法. 常用的近似求解方法有:幂级数解法与数值解法. 这里仅简单介绍一阶微分方程初值问题的幂级数解法.

为求 $\frac{dy}{dx} = f(x, y)$ 满足 $y|_{x=x_0} = y_0$ 的特解,其中

$$f(x, y) = a_{00} + a_{10}(x - x_0) + a_{01}(y - y_0) + \cdots + a_{lm}(x - x_0)^l (y - y_0)^m$$

(11.4.4)

可假设所求特解可展开为 $x - x_0$ 的幂级数

$$y = y_0 + a_1(x - x_0) + a_2(x - x_0)^2 + \cdots \quad (11.4.5)$$

其中 $a_1, a_2, \cdots, a_n, \cdots$ 为待定系数. 将式(11.4.5)代入式(11.4.4)中,得到一恒等式,比较恒等式两端 $x - x_0$ 的同次幂系数,就可定出常数 $a_1, a_2, \cdots$,以这些常数为系数的幂级数(11.4.5)在其收敛区间内就是方程(11.4.4)满足初始条件 $y|_{x=x_0} = y_0$ 的特解.

例 11.4.12 求方程 $\frac{dy}{dx} = x + y^2$ 满足初始条件 $y(0) = 0$ 的特解.

解 由于 $x_0 = 0, y_0 = 0$,故设

$$y = a_1 x + a_2 x^2 + a_3 x^3 + a_4 x^4 + a_5 x^5 + \cdots$$

把幂级数展开式代入原方程,得恒等式

$$a_1 + 2a_2 x + 3a_3 x^2 + 4a_4 x^3 + 5a_5 x^4 + \cdots$$
$$= x + (a_1 x + a_2 x^2 + a_3 x^3 + a_4 x^4 + a_5 x^5 + \cdots)^2$$
$$= x + a_1^2 x^2 + 2a_1 a_2 x^3 + (a_2^2 + 2a_1 a_3) x^4 + \cdots$$

由此,比较恒等式两端 x 同次幂的系数,得 $a_1 = 0, a_2 = \frac{1}{2}, a_3 = 0, a_4 = 0, a_5 =$

$\frac{1}{20}$,… 故所求解的幂级数展开式的开始几项为

$$y = \frac{1}{2}x^2 + \frac{1}{20}x^5 + \cdots$$

习　题　11.4

1. 将下列函数展开成 x 的幂级数,并求展开式成立的区间：

(1) $y = a^x$　($a>0, a \neq 1$)；　　　　(2) $y = \dfrac{1}{(1-x)^2}$；

(3) $y = \sin \dfrac{x}{3}$；　　　　　　　　(4) $y = \ln(2-x)$；

(5) $y = \dfrac{1}{\sqrt{1-x^2}}$；　　　　　　(6) $y = (1+x)\ln(1+x)$.

2. 将函数 $f(x) = \ln x$ 展开成 $(x-1)$ 的幂级数.

3. 将函数 $f(x) = \dfrac{1}{x}$ 展开成 $(x-3)$ 的幂级数.

*4. 将 $f(x) = \arctan \dfrac{1+x}{1-x}$ 展开成 x 的幂级数,并求级数 $\sum\limits_{n=0}^{\infty} \dfrac{(-1)^n}{2n+1}$ 的和.

*5. 设 $f(x) = x\ln(1-x^2)$,求 $f^{(101)}(0)$.

*6. 利用函数的幂级数展开式求 ln3 的近似值(误差不超过 0.0001).

*7. 利用函数的幂级数展开式求微分方程 $(1-x)y' + y = 1+x, y(0) = 0$ 的解(求解的幂级数的前 5 项).

*11.5　Matlab 软件简单应用

无穷级数是高等数学的重要组成部分,其计算过程十分繁杂,而利用 Matlab 将会使得其计算变得十分轻松,以下将介绍部分函数的使用. Matlab 软件具体使用方法可参考本书的附录 A.

11.5.1　无穷级数之和

符号运算工具箱中提供的 symsum() 可以用于已知通项的有穷或无穷级数的求和. 该函数的调用格式为：$S = \text{symsum}(f_k, k, k_0, k_n)$,其中,$f_k$ 为级数的通项,k 为级数的自变量,k_0 和 k_n 为级数求和的起始项与终止项,并可以将起始项与终止项设置成无穷量 inf. 可以得出该函数：

$$S = \sum_{k=k_0}^{k_n} f_k$$

如果给出的 f_k 变量中只含有一个变量,则在函数调用时可以省略 k 量.

例 11.5.1 求 $\sum_{k=1}^{n} k^2$ 的一般表达式.

解 输入命令:

```
syms k n;
symsum(k^2,1,n)
```

输出结果为:

```
ans= 1/3*(n+1)^3-1/2*(n+1)^2+1/6*n+1/6
```

输出结果比较复杂,可以简化一下,输入命令:

```
simplify(ans)
```

输出结果为:

```
ans= 1/3*n^3+1/2*n^2+1/6*n
```

可以再对该结果进行因式分解,输入命令:

```
factor(ans)
```

输出结果为:

```
ans= 1/6*n*(n+1)*(2*n+1)
```

例 11.5.2 求 $\sum_{k=1}^{10} k^3$.

解 输入命令:

```
syms k;
symsum (k^3,1,10)
```

输出结果为:

```
ans= 3025
```

例 11.5.3 求 $\sum_{k=0}^{\infty} \frac{1}{k!}$.

解 输入命令:

```
syms k;
r= symsum(1/sym('k!'),0,inf)
```

输出结果为:

```
r= exp(1)
```

11.5.2 幂级数之和

设幂级数为 $s(x)=\sum_{n=0}^{\infty}a_n x^n$，可以使用命令 symsum(s,n,0,inf)来求出 s(x)．即 symsum 命令不仅可以求数项级数的和，还可以求幂级数的和．

例 11.5.4 求幂级数 $\sum_{k=0}^{\infty}\dfrac{x^k}{k!}$．

解 输入命令：

```
syms x k;
r= symsum(x^k/sym('k!'),k,0,inf)
```

输出结果为：

```
r= exp(x)
```

例 11.5.5 求幂级数 $\sum_{k=0}^{\infty}x^k$．

解 输入命令：

```
syms x k;
r= symsum(x^k,k,0,inf)
```

输出结果为：

```
r= -1/(x-1)
```

11.5.3 符号函数的 Taylor 级数展开式

函数　taylor

格式　r＝taylor(f,n,v)　　％返回符号表达式 f 中的、指定的符号自变量 v(若表达式 f 中有多个变量时)的 n－1 阶 Maclaurin 多项式(即在零点附近 v＝0 的近似式)，其中 v 可以是字符串或符号变量．

r＝taylor(f)　　％返回符号表达式 f 中的、符号变量 v 的 6 阶 Maclaurin 多项式(即在零点附近 v＝0 的近似式)，其中 v＝findsym(f)．

r＝taylor(f,n,v,a)　　％返回符号表达式 f 中的、指定的符号自变量 v 的 n－1 阶 Taylor 级数(在指定的 a 点附近 v＝a)展开式．其中 a 可以是一数值、符号、代表一数字值的字符串或未知变量．我们指出的是，用户可以以任意的次序输入参量 n、v 与 a，命令 taylor 能从它们的位置与类型确定它们的目的．解析函数 f(x)在

点 $x=a$ 的 Taylor 级数定义为 $f(x) = \sum\limits_{n=0}^{\infty} \dfrac{f^{(n)}(a)}{n!}(x-a)^n$.

例 11.5.6 将函数 $f(x) = e^x$ 展开成 x 的幂级数.

解 编程如下：

```
syms x;
f= exp(x);
T1= taylor(f)
T2= taylor(f,10)
T3= taylor(f,10,1)          % 求 f(x)= eˣ 在 x= 1 处 9 阶 taylor 展开式.
```

回车得：

```
T1=
1+x+1/2*x^2+1/6*x^3+1/24*x^4+1/120*x^5
T2=
1+x+1/2*x^2+1/6*x^3+1/24*x^4+1/120*x^5+1/720*x^6+1/5040*x^7+1/40320*x
^8+1/362880*x^9
T3=
exp(1)+exp(1)*(x- 1)+1/2*exp(1)*(x-1)^2+1/6*exp(1)*(x-1)^3+1/24*exp(1)*
(x-1)^4+1/120*exp(1)*(x-1)^5+1/720*exp(1)*(x-1)^6+1/5040*exp(1)*(x-1)^7+
1/40320*exp(1)*(x-1)^8+1/362880*exp(1)*(x- 1)^9
```

例 11.5.7 将函数 $f(x) = (1-x)\ln(1+x)$ 展开成 x 的幂级数.

解 编程如下：

```
syms x;
f= (1-x)*log(1+x);
T= taylor(f,10)
```

回车得：

```
T=
x-3/2*x^2+5/6*x^3-7/12*x^4+9/20*x^5-11/30*x^6+13/42*x^7-15/56*x^8+17/
72*x^9
```

例 11.5.8 将函数 $\sin x$ 展开成 $\left(x - \dfrac{\pi}{4}\right)$ 的幂级数.

解 编程如下：

```
syms x;
f= sin(x);
T= taylor(f,pi/4)
```

回车得：

```
T=
1/2*2^(1/2)+1/2*2^(1/2)*(x-1/4*pi)-1/4*2^(1/2)*(x-1/4*pi)^2-1/12*2^
(1/2)*(x-1/4*pi)^3+1/48*2^(1/2)*(x-1/4*pi)^4+1/240*2^(1/2)*(x-1/4*pi)
^5
```

本 章 小 结

一、内容纲要

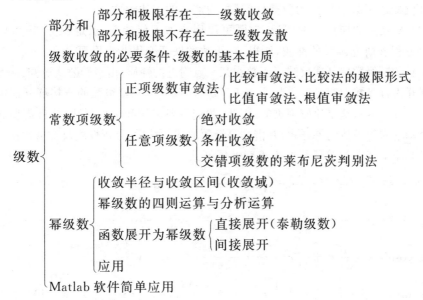

二、部分重难点分析

(1) 正确理解无穷级数的概念. 无穷多个数量相加不一定有和,它们的形式和就称为级数,部分和数列收敛的级数称为收敛级数(否则称为发散的级数),收敛的级数才有和.

(2) 研究常数项级数的主要问题是判断级数的敛散性,对不同类型的级数可用不同方法来判别. 本章中讲到的方法可按如下顺序去判断某个数项级数 $\sum\limits_{n=1}^{\infty} u_n$ 的敛散性:

① 判断是否满足级数收敛的必要条件,若 $\lim\limits_{n\to\infty} u_n \neq 0$,则 $\sum\limits_{n=1}^{\infty} u_n$ 发散;若 $\lim\limits_{n\to\infty} u_n = 0$,则此方法失效($\lim\limits_{n\to\infty} u_n = 0$ 不能说明 $\sum\limits_{n=1}^{\infty} u_n$ 收敛).

② 当 $\lim\limits_{n\to\infty} u_n = 0$ 时,先判断 u_n 是否是恒正或恒负,若是,则可用正项级数的各种

审敛法判别.其中比值审敛法最简便,若失效则可考虑比较审敛法及比较审敛法的极限形式.若否,则先考察它是否为交错级数,对交错级数采用莱布尼兹判别法,否则用绝对收敛审敛法或收敛定义(部分和的极限)来判别.

此外,还有一些其他判别法,我们可以在其他相关教材上找到.

(3) 幂级数是函数项级数的特殊情形.对函数项级数的研究中重要的一点是收敛域,因此求幂级数的收敛半径和收敛区间就是一个重要内容.可用 $R = \lim\limits_{n\to\infty}\left|\dfrac{u_n}{u_{n+1}}\right|$ 求之 $\left(\text{对}\sum\limits_{n=1}^{\infty}u_n\right)$;若 $R\neq 0$,讨论收敛区间 $(-R,R)$ 的两个端点 $-R$ 与 R 的敛散性就变成了数项级数的敛散性问题,用前面的方法求之.

(4) 幂级数的应用非常广泛,它既可以用来做近似计算、求定积分,还可以用来解微分方程和研究函数的性质,所以,幂级数的展开变得非常重要.

函数的幂级数展开式反映了函数在某一点附近的性质,由泰勒公式可知:函数在该点能展开为幂级数的充要条件是余项 $R_n(x)\to 0(n\to\infty)$.幂级数的直接展开法需验证 $R_n(x)\to 0(n\to\infty)$,这是比较困难的.因此,我们一般采用间接展开法,这就需要我们熟记几个基本初等函数的展开式,并借助幂级数的代数性质、分析性质及变量代换.

(5) 几个基本初等函数的麦克劳林展开式:

① $e^x = 1 + x + \dfrac{1}{2!}x^2 + \cdots + \dfrac{1}{n!}x^n + \cdots \quad (-\infty < x < +\infty)$

② $\sin x = x - \dfrac{1}{3!}x^3 + \dfrac{1}{5!}x^5 + \cdots + \dfrac{(-1)^n}{(2n+1)!}x^{2n+1} + \cdots \quad (-\infty < x < +\infty)$

③ $\cos x = 1 - \dfrac{1}{2!}x^2 + \dfrac{1}{4!}x^4 + \cdots + \dfrac{(-1)^n}{(2n)!}x^{2n} + \cdots \quad (-\infty < x < +\infty)$

④ $\ln(1+x) = x - \dfrac{1}{2}x^2 + \dfrac{1}{3}x^3 + \cdots + \dfrac{(-1)^n}{n+1}x^{n+1} + \cdots \quad (-1 < x \leqslant 1)$

⑤ $(1+x)^\alpha = 1 + \alpha x + \dfrac{\alpha(\alpha-1)}{2!}x^2 + \cdots + \dfrac{\alpha(\alpha-1)\cdots(\alpha-n+1)}{n!}x^n + \cdots \quad (-1 < x < 1)$

特别 $\dfrac{1}{1-x} = 1 + x + x^2 + \cdots + x^n + \cdots \quad (-1 < x < 1)$

$\dfrac{1}{1+x} = 1 - x + x^2 + \cdots + (-1)^n x^n + \cdots \quad (-1 < x < 1)$

复习题 11

一、判断题

1. 若 $\lim\limits_{n\to\infty}|u_n| = 0$,则 $\sum\limits_{n=1}^{\infty}u_n$ 收敛.( )

2. 若当 n 足够大时 $|u_{n+1}| > |u_n|$,则 $\sum\limits_{n=1}^{\infty} u_n$ 发散. (   )

3. 若 $\sum\limits_{n=1}^{\infty} u_n$ 发散,则有 $\lim\limits_{n\to\infty} u_n \neq 0$. (   )

4. 若 $\sum\limits_{n=1}^{\infty} u_n$ 收敛, $\sum\limits_{n=1}^{\infty} v_n$ 发散,则 $\sum\limits_{n=1}^{\infty} (u_n \pm v_n)$ 发散. (   )

二、填空题

1. $\lim\limits_{n\to\infty} u_n = 0$ 是级数 $\sum\limits_{n=1}^{\infty} u_n$ 收敛的_____条件,不是它收敛的_____条件.

2. 部分和数列 $\{s_n\}$ 有界是正项级数 $\sum\limits_{n=1}^{\infty} u_n$ 收敛的_____条件.

3. 若级数 $\sum\limits_{n=1}^{\infty} u_n$ 绝对收敛,则级数 $\sum\limits_{n=1}^{\infty} u_n$ 必定_____;若级数 $\sum\limits_{n=1}^{\infty} u_n$ 条件收敛,则级数 $\sum\limits_{n=1}^{\infty} |u_n|$ 必定_____.

4. 已知 $\lim\limits_{n\to\infty} nu_n = k \neq 0$,则正项级数 $\sum\limits_{n=1}^{\infty} u_n$ 的敛散性是_____.

5. 设幂级数 $\sum\limits_{n=0}^{\infty} a_n x^n$ 的收敛半径为 3,则幂级数 $\sum\limits_{n=1}^{\infty} n a_n (x-1)^{n+1}$ 的收敛区间为_____.

6. 级数 $\sum\limits_{n=0}^{\infty} \left(\dfrac{\ln 3}{2^n}\right)^n$ 的和为_____.

三、选择题

1. 设常数 $\lambda > 0$,而级数 $\sum\limits_{n=1}^{\infty} a_n^2$ 收敛,则级数 $\sum\limits_{n=1}^{\infty} (-1)^n \dfrac{|a_n|}{\sqrt{n^2+\lambda}}$ 是(   ).

    A. 发散   B. 条件收敛   C. 绝对收敛   D. 收敛与 λ 有关

2. 设 $P_n = \dfrac{a_n + |a_n|}{2}, Q_n = \dfrac{a_n - |a_n|}{2}, n = 1, 2, \cdots$,则下列命题中正确的是(   ).

    A. 若 $\sum\limits_{n=1}^{\infty} a_n$ 条件收敛,则 $\sum\limits_{n=1}^{\infty} P_n$ 与 $\sum\limits_{n=1}^{\infty} Q_n$ 都收敛

    B. 若 $\sum\limits_{n=1}^{\infty} a_n$ 绝对收敛,则 $\sum\limits_{n=1}^{\infty} P_n$ 与 $\sum\limits_{n=1}^{\infty} Q_n$ 都收敛

    C. 若 $\sum\limits_{n=1}^{\infty} a_n$ 条件收敛,则 $\sum\limits_{n=1}^{\infty} P_n$ 与 $\sum\limits_{n=1}^{\infty} Q_n$ 的敛散性都不一定

    D. 若 $\sum\limits_{n=1}^{\infty} a_n$ 绝对收敛,则 $\sum\limits_{n=1}^{\infty} P_n$ 与 $\sum\limits_{n=1}^{\infty} Q_n$ 的敛散性都不定

3. 设 $a_n > 0, n = 1, 2, \cdots$,若 $\sum\limits_{n=1}^{\infty} a_n$ 发散,$\sum\limits_{n=1}^{\infty} (-1)^{n-1} a_n$ 收敛,则下列结论正确的是( ).

A. $\sum\limits_{n=1}^{\infty} a_{2n-1}$ 收敛,$\sum\limits_{n=1}^{\infty} a_{2n}$ 发散

B. $\sum\limits_{n=1}^{\infty} a_{2n}$ 收敛,$\sum\limits_{n=1}^{\infty} a_{2n-1}$ 发散

C. $\sum\limits_{n=1}^{\infty} (a_{2n-1} + a_{2n})$ 收敛

D. $\sum\limits_{n=1}^{\infty} (a_{2n-1} - a_{2n})$ 收敛

4. 设 $u_n = (-1)^n \ln\left(1 + \dfrac{1}{\sqrt{n}}\right)$,则级数( ).

A. $\sum\limits_{n=1}^{\infty} u_n$ 与 $\sum\limits_{n=1}^{\infty} u_n^2$ 都收敛

B. $\sum\limits_{n=1}^{\infty} u_n$ 与 $\sum\limits_{n=1}^{\infty} u_n^2$ 都发散

C. $\sum\limits_{n=1}^{\infty} u_n$ 收敛而 $\sum\limits_{n=1}^{\infty} u_n^2$ 发散

D. $\sum\limits_{n=1}^{\infty} u_n$ 发散而 $\sum\limits_{n=1}^{\infty} u_n^2$ 收敛

四、计算题

1. 判定下列级数的敛散性.

(1) $\sum\limits_{n=1}^{\infty} (\sqrt{n+2} - \sqrt{n+1})$;

(2) $\sum\limits_{n=1}^{\infty} \dfrac{n!}{100^n}$;

(3) $\sum\limits_{n=1}^{\infty} \dfrac{n^e}{e^n}$;

(4) $\sum\limits_{n=1}^{\infty} \sqrt{\dfrac{n+1}{2n}}$;

(5) $\sum\limits_{n=1}^{\infty} \dfrac{2n+3}{n(n+3)}$;

(6) $\sum\limits_{n=1}^{\infty} \dfrac{n^4}{n!}$;

(7) $\sum\limits_{n=1}^{\infty} \left(\dfrac{n}{3n+1}\right)^n$;

(8) $\sum\limits_{n=1}^{\infty} \dfrac{n + (-1)^n}{2^n}$;

(9) $\sum\limits_{n=1}^{\infty} \dfrac{1}{n\sqrt[n]{n}}$;

(10) $\sum\limits_{n=1}^{\infty} \dfrac{a^n}{n^p}$ $(a > 0, p > 0)$.

2. 讨论下列级数是绝对收敛还是条件收敛.

(1) $\sum\limits_{n=1}^{\infty} (-1)^{n-1} \dfrac{n}{2^{n-1}}$;

(2) $\sum\limits_{n=2}^{\infty} (-1)^n \dfrac{1}{\ln n}$;

(3) $\sum\limits_{n=2}^{\infty} \dfrac{(-1)^n}{n - \ln n}$;

(4) $\sum\limits_{n=1}^{\infty} \dfrac{(-1)^{n+1} n}{n^2 + 1}$.

3. 设正项级数 $\sum\limits_{n=1}^{\infty} u_n$ 与 $\sum\limits_{n=1}^{\infty} v_n$ 都收敛,证明 $\sum\limits_{n=1}^{\infty} (u_n + v_n)^2$ 也收敛.

4. 求下列幂级数的收敛域.

(1) $\sum\limits_{n=1}^{\infty} (-1)^n \dfrac{x^{2n}}{(2n)!}$;

(2) $\sum\limits_{n=1}^{\infty} \dfrac{x^n}{2^n \cdot n}$;

(3) $\sum\limits_{n=1}^{\infty} \dfrac{1}{n^2 + 1} (2x)^n$;

(4) $\sum\limits_{n=1}^{\infty} \dfrac{(x-3)^n}{\sqrt{n}}$.

5. 求下列级数的和函数.

(1) $\sum_{n=1}^{\infty} \frac{2n-1}{2^n} x^{2n-2}$;

(2) $\sum_{n=1}^{\infty} n(x-1)^n$;

(3) $\sum_{n=1}^{\infty} \frac{(-1)^{n-1}}{2n-1} x^{2n-1}$;

(4) $\sum_{n=1}^{\infty} nx^{2n}$.

6. 求下列级数的和.

(1) $\sum_{n=1}^{\infty} \frac{n^2}{n!}$;

(2) $\sum_{n=1}^{\infty} \frac{1}{n \cdot 2^n}$;

(3) $\sum_{n=1}^{\infty} \frac{2n+1}{n!}$;

(4) $\sum_{n=1}^{\infty} \frac{(-1)^{n-1}}{n}$.

7. 将下列函数展开成 x 的幂级数.

(1) a^x;

(2) $\sin \frac{x}{2}$;

(3) $(1+x)\ln(1+x)$;

(4) $\frac{1}{\sqrt{1-x^2}}$;

(5) $f(x) = \int_0^x \frac{\sin t}{t} dt$;

(6) $\frac{1}{(2-x)^2}$.

8. 将函数 $f(x) = \frac{1}{x}$ 展开成 $(x-3)$ 的幂级数.

*9. 设 $f(x)$ 在点 $x=0$ 的某一邻域内具有二阶连续导数且 $\lim\limits_{x \to 0} \frac{f(x)}{x} = 0$,证明级数 $\sum_{n=1}^{\infty} f\left(\frac{1}{n}\right)$ 绝对收敛.

*10. 验证函数 $y(x) = 1 + \frac{x^3}{3!} + \frac{x^6}{6!} + \frac{x^9}{9!} + \cdots + \frac{x^{3n}}{(3n)!} + \cdots$ $(-\infty < x < +\infty)$ 满足微分方程 $y'' + y' + y = e^x$.

附录 A Matlab 用法简介

Matlab 是 Matrix Laboratory 的缩写,原意为矩阵实验室,是当今很流行的科学计算软件名称. 美国 Mathwork 软件公司推出的 Matlab 就是为了给人们提供一个方便的数值计算平台而设计的.

Matlab 是一个交互式系统,它的基本运算单元是不需指定维数的矩阵,按照 IEEE 的数值计算标准(能正确处理无穷数 Inf(Infinity)、无定义数 NaN(not-a-number)及其运算)进行计算. 系统提供了大量的矩阵及其他运算函数,可以方便地进行一些很复杂的计算,而且运算效率极高. Matlab 命令和数学中的符号、公式非常接近,可读性强,容易掌握,还可利用它所提供的编程语言进行编程完成特定的工作. 除基本部分外,Matlab 还根据各专门领域中的特殊需要提供了许多可选的工具箱,在很多时候能给予我们很大的帮助.

1. Matlab 基本用法

1) 启动和退出

在 Windows 窗口中双击 Matlab 图标,会出现 Matlab 命令窗口(Command Window),在一段提示信息后,出现系统提示符">>". Matlab 是一个交互系统,用户可以在提示符后键入各种命令,通过上下箭头可以调出以前输入的命令,用滚动条可以查看以前的命令及其输出信息.

可键入 quit 或 exit 或选择相应的菜单退出 Matlab. 中止 Matlab 运行会引起工作空间中变量的丢失,因此在退出前,应键入 save 命令,保存工作空间中的变量以便以后使用.

输入 save 命令,则将所有变量作为文件存入磁盘 Matlab.mat 中,下次启动 Matlab 时,输入 load 命令将变量从 Matlab.mat 中重新调出.

save 和 load 命令后边可以跟文件名或指定的变量名,如仅有 save 命令时,则只能将当前系统中的变量存入 Matlab.mat 中. 如使用 save temp 命令,则将当前系统中的变量存入 temp.mat 中去,命令格式为:

```
save temp x      % 仅仅存入 x 变量.
save temp X Y Z  % 存入 X、Y、Z 变量.
```

使用 load temp 命令可重新从 temp.mat 文件中提出变量,load 也可读 ASCII 数据文件. 详细语法见联机帮助.

2) 输入简单的矩阵

输入一个小矩阵的最简单方法是用直接排列的形式. 矩阵用方括号括起, 元素之间用空格或逗号分隔, 矩阵行与行之间用分号分开. 例如, 输入:

```
A=[1 2 3;4 5 6;7 8 0]
```

系统会回答

```
A=
   1  2  3
   4  5  6
   7  8  0
```

表示系统已经接收并处理了命令, 在当前工作区内建立了矩阵 A.

大的矩阵可以分行输入, 用回车键代替分号, 如:

```
A=[1 2 3
   4 5 6
   7 8 0]
```

结果和上式一样, 也是

```
A=
   1  2  3
   4  5  6
   7  8  0
```

Matlab 的矩阵元素可以是任何数值表达式. 如:

```
x=[ -1.3  sqrt(3)   (1+ 2+ 3)* 4/5]
```

结果:

```
x=
   -1.3000  1.7321  4.8000
```

在括号中加注下标, 可取出单独的矩阵元素. 如:

```
x(5)= abs(x(1))
```

结果

```
x=
   -1.3000  1.7321  4.8000  0  1.3000
```

注:结果中自动产生了向量的第 5 个元素, 中间未定义的元素自动初始为零.

大的矩阵可把小的矩阵作为其元素来对待, 如:

```
A=[A;[10  11  12]]
```

结果

```
A=
    1   2   3
    4   5   6
    7   8   0
   10  11  12
```

小矩阵可用":"从大矩阵中抽取出来,如:

```
A=A(1:3,:);
```

即从矩阵 A 中取前三行和所有的列,重新组成原来的矩阵 A.

3) 语句和变量

Matlab 的表述语句、变量的类型说明由 Matlab 系统解释和判断. Matlab 语句通常形式为:

变量= 表达式

或者使用其简单形式为:

表达式

表达式由操作符或其他特殊字符、函数和变量名组成. 表达式的结果为一个矩阵,显示在屏幕上,同时保存在变量中以留用. 如果变量名和"="省略,则将自动建立具有 ans 名(意思指回答)的变量. 例如:

输入 1900/81

结果为:

```
ans=
    23.4568
```

需注意的问题有以下几点:

- 语句结束键入回车键,若语句的最后一个字符是分号,即";",则表明不输出当前命令的结果.
- 如果表达式很长,一行放不下,可以键入"…"(三个点,但前面必须有个空格,目的是避免将形如"数 2…"理解为"数 2."与".."的连接,从而导致错误),然后回车.
- 变量和函数名由字母加数字组成,但最多不能超过 63 个字符,否则系统只承认前 63 个字符.
- Matlab 变量字母区分大小写,如 A 和 a 不是同一个变量,函数名一般使用小写字母,如 inv(A)不能写成 INV(A),否则系统认为未定义函数.

4) who 和系统预定义变量

输入 who 命令可检查工作空间中建立的变量,输入:

```
who
```

系统输出为:

```
Your variables are:
    A   ans   x
```

这里表明三个变量已由前面的例子产生了.但列表中列出的并不是系统全部的变量,系统还有以下内部变量:

```
eps、pi、Inf、NaN
```

变量 eps 在决定诸如矩阵的奇异性时可作为一个容许差,容许差的初值为 1.0 到 1.0 以后计算机所能表示的下一个最大浮点数,IEEE 在各种计算机、工作站和个人计算机上使用这个算法.用户可将此值置为任何其他值(包括 0 值).Matlab 的内部函数 pinc 和 rank 以 eps 为缺省的容许差.

变量 pi 是 π,它是用 imag(log(-1))建立的.

Inf 表示无穷大.如果想计算 1/0:

```
S= 1/0
```

结果会是

```
Warning:Divide by zero
    S= Inf
```

具有 IEEE 规则的机器,被零除后,并不引出出错条件或终止程序的运行,而是产生一个警告信息和在计算方程中列出一个特殊值.

变量 NaN 表示它是个不定值.由 Inf/Inf 或 0/0 运算产生.

要了解当前变量的信息请输入 whos,屏幕将显示:

```
Name   Size   Bytes   Class
A      4x3    96      double array
S      1x1    8       double array
ans    1x1    8       double array
x      1x5    40      double array
Grand total is 19 elements using 152 bytes
```

从 size 及 bytes 项目可以看出,每一个矩阵实元素需 8 个字节的内存.4×3 的矩阵使用 96 个字节,全部变量的使用内存总数为 152 个字节.自由空间的大小决定了系统变量的多少,如果计算机上有虚拟内存,则其可定义的变量个数会大大增加.

5)数和算术表达式

Matlab 中数的表示方法和一般的编程语言没有区别.如:

```
3           -99         0.0001
9.63972   1.6021E-20   6.02252e23
```

在计算中使用 IEEE 浮点算法其舍入误差是 eps. 浮点数表示范围是 $10^{-308} \sim 10^{308}$.
数学运算符有:

+ 加
- 减
* 乘
/ 右除
\ 左除
^ 幂

这里 1/4 和 4\1 有相同的值,都等于 0.25(注意比较:1\4=4).只有在矩阵的除法时左除和右除才有区别.

6)复数与矩阵

在 Matlab 中输入复数首先应该建立复数单位:

i= sqrt(-1)
及 j= sqrt(-1)

之后复数可由下面语句给出:

Z= 3+4i   (注意:在 4 与 i 之间不要留有任何空间!)

输入复数矩阵有两个方便的方法,如:

A= [1 2; 3 4] + i*[5 6; 7 8]
和 A= [1+5i 2+6i; 3+7i 4+8i]

两式具有相等的结果.但当复数作为矩阵的元素输入时,不要留有任何空间,如输入 1+5i 时,若在"+"号左右留有空格,就会被认为是两个分开的数.

不过实际使用复数时并没有这么麻烦,系统有一个名为 startup.m 的 Matlab 命令文件,建立复数单位的语句也放在其中.当启动 Matlab 时,自动执行此文件,将自动建立 i 和 j.

7) 基本数学函数与常量

附表 1　基本数学函数

函　数　名	功　　能	函　数　名	功　　能
sin(x)	正弦函数	ln(x)	自然对数 ln(x)
cos(x)	余弦函数	log10(x)	以 10 为底的对数函数
tan(x)	正切函数	abs(x)	模或绝对值
cot(x)	余切函数	angle(x)	复相角
sec(x)	正割函数	conj(x)	共轭复数
csc(x)	余割函数	imag(x)	复数虚部
asin(x)	反正弦函数	real(x)	复数实部
acos(x)	反余弦函数	fix(x)	近似 0 的整数
atan(x)	反正切函数	floor(x)	近似小于自身的最大整数
acot(x)	反余切函数	ceil(x)	近似大于自身的最小整数
asec(x)	反正割函数	round(x)	四舍五入
acsc(x)	反余割函数	rem(x,y)	x 除以 y 的余数
exp(x)	指数 e^x 函数	sign(x)	符号函数

附表 2　基本常量表

pi	圆周率
eps	浮点运算的相对精度
inf	正无穷大
NaN	表示不定值
realmax	最大的浮点数
i, j	虚数单位

例如:在命令窗口中输入 sin(pi/5),然后单击回车键,则会得到该表达式的值:

```
sin(pi/5)
ans=
    0.5878
```

8) Help 求助命令和联机帮助

Help 求助命令很有用,它对 Matlab 大部分命令提供了联机求助信息.用户可以从 Help 菜单中选择相应的菜单,打开求助信息窗口查询某条命令,也可以直接用

help 命令.

  输入 `help`

得到 help 列表文件,输入 help 和指定项目,如:

  输入 `help eig`

则提供特征值函数的使用信息.

  输入 `help[`

显示如何使用方括号等.

  输入 `help help`

显示如何利用 help 本身的功能.

  还有,键入 lookfor ＜关键字＞:可以从 m 文件的 help 中查找有关的关键字.

2. Matlab 中的图形命令

  绘图命令 plot 用于绘制 x-y 坐标图;loglog 命令用于绘制对数坐标图;semilogx 和 semilogy 命令用于绘制半对数坐标图;polor 命令用于绘制极坐标图.

  1) 基本形式

  如果 y 是一个向量,那么 plot(y)用于绘制一个 y 中元素的线性图.假设我们希望画出

$$y=[0., 0.48, 0.84, 1., 0.91, 6.14]$$

则用命令:plot(y)

  它相当于命令:plot(x, y),其中 x=[1, 2,…,n]或 x=[1;2;…;n],即向量 y 的下标编号,n 为向量 y 的长度.

  Matlab 会产生一个图形窗口,显示附图 1 所示图形.注意:坐标 x 和 y 是由计算机自动绘出的.

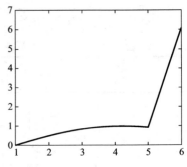

附图 1 plot([0.,0.48,0.84,1., 0.91,6.14])的图形

  上面的图形没有加上 x 轴和 y 轴的标注,也没有标题.用 xlabel,ylabel,title 命令可以加上标注.

  如果 x,y 是同样长度的向量,使用 plot(x,y)命令可画出相应的 x 元素与 y 元素的 x-y 坐标图.例如:

```
x= 0:0.05:4*pi;   y= sin(x);   plot(x,y)
    grid on, title(' y= sin( x )   曲线图')
    xlabel('x =  0 : 0.05 : 4Pi ')
```

结果见附图 2.图形命令见附表 3.

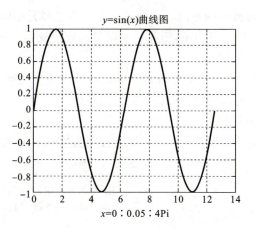

附图 2　$y=\sin(x)$ 的图形

附表 3　Matlab 图形命令

title	图 形 标 题
xlabel	x 坐标轴标注
ylabel	y 坐标轴标注
text	标注数据点
grid	给图形加上网格
hold	保持图形窗口的图形

2) 多重线

在一个单线图上,绘制多重线有三种办法.

第一种方法是利用 plot 的多变量方式绘制:

```
plot(x1,y1,x2,y2,...,xn,yn)
```

x1,y1,x2,y2,…,xn,yn 是成对的向量,每一对 x,y 在图上产生如上方式的单线.多变量方式绘图是允许不同长度的向量显示在同一图形上.

第二种方法也是利用 plot 绘制,但加上 hold on/off 命令的配合:

```
plot(x1,y1)
    hold on
    plot(x2,y2)
    hold off
```

第三种方法还是利用 plot 绘制,但代入矩阵:

如果 plot 用于两个变量 plot(x,y),并且 x,y 是矩阵,则有以下情况:

(1) 如果 y 是矩阵,x 是向量,则 plot(x,y)用不同的画线形式绘出 y 的行或列及相应的 x 向量,y 的行或列的方向与 x 向量元素的值选择是相同的.

(2) 如果 x 是矩阵,y 是向量,则除了 x 向量的线簇及相应的 y 向量外,以上的规则也适用.

(3) 如果 x,y 是同样大小的矩阵,则 plot(x,y)绘制 x 的列及 y 相应的列.

还有其他一些情况,请参见 Matlab 的帮助系统.

3) 线型和颜色的控制

如果不指定划线方式和颜色,Matlab 会自动为您选择点的表示方式及颜色.您也可以用不同的符号指定不同的曲线绘制方式.例如:

```
plot(x,y,'*')              用'*'作为点绘制的图形.
plot(x1,y1,':',x2,y2,'+')  用':'画第一条线,用'+'画第二条线.
```

线型、点标记和颜色的取值有以下几种,见附表 4.

附表 4 线型和颜色控制符

线　型		点　标　记		颜　色	
—	实线	.	点	y	黄
:	虚线	o	小圆圈	m	棕色
—.	点划线	x	叉子符	c	青色
——	间断线	+	加号	r	红色
		*	星号	g	绿色
		s	方格	b	蓝色
		d	菱形	w	白色
		∧	朝上三角	k	黑色
		∨	朝下三角		
		>	朝右三角		
		<	朝左三角		
		p	五角星		
		h	六角星		

如果用户的计算机系统不支持彩色显示,Matlab 将把颜色符号解释为线型符号,用不同的线型表示不同的颜色.颜色与线型也可以一起给出,即同时指定曲线的颜色和线型,如附图 3 所示.例如:

```
t= - 3.14:0.2:3.14;
x= sin(t);   y= cos(t);
plot(t,x,'+ r',t,y,'- b')
```

4) 对数图、极坐标图及条形图

loglog、semilogx、semilogy 和 polar 的用法和 plot 的相似.这些命令允许在不同

的 graph paper 上绘制数据,例如不同的坐标系统.先介绍的 fplot 是扩展来的可用于符号作图的函数.

• fplot(fname,lims) 绘制 fname 指定的函数图形.

• polar(theta, rho) 使用相角 theta 以极坐标形式绘图,相应半径为 rho,其次可使用 grid 命令画出极坐标网格.

• loglog 用 log10-log10 标度绘图.

• semilogx 用半对数坐标绘图,x 轴是 log10,y 是线性的.

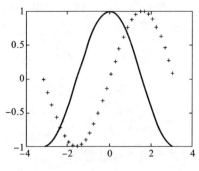

附图 3 不同线型、颜色的 sin,cos 图形

• semilogy 用半对数坐标绘图,y 轴是 log10,x 是线性的.

• bar(x) 显示 x 向量元素的条形图,bar 不接受多变量.

• hist 绘制统计频率直方图.

• histfit(data,nbins) 绘制统计直方图与其正态分布拟合曲线.

fplot 函数的绘制区域为 lims=[xmin,xmax],也可以用 lims=[xmin,xmax,ymin,ymax]指定 y 轴的区域.函数表达式可以是一个函数名,如 sin,tan 等;也可以是带上参数 x 的函数表达式,如 sin(x),diric(x,10);也可以是一个用方括号括起的函数组,如[sin, cos].

例 1:fplot('sin',[0 4*pi])

例 2:fplot('sin(1./x)',[0.01 0.1])

例 3:fplot('abs(exp(-j*x*(0:9))*ones(10,1))',[0 2*pi],'-o')

例 4:fplot('[sin(x), cos(x) , tan(x)]',[-2*pi 2*pi -2*pi 2*pi]) %% (见附图 4)

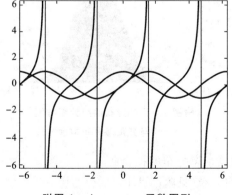

附图 4 sin,cos,tan 函数图形

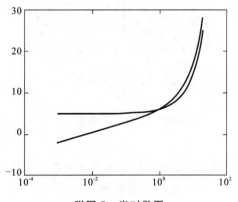

附图 5 半对数图

下面介绍的是其他几个作图函数的应用.

例5：半对数坐标绘图

```
t= 0.001:0.002:20;
y= 5+log(t)+t;
semilogx(t,y,'b')
hold on
semilogx(t,t+5,'r')    %% (见附图5)
```

例6：极坐标绘图

```
t= 0:0.01:2*pi;
polar(t,sin(6*t))    %% (见附图6)
```

例7：正态分布图

我们可以用命令 normrnd 生成符合正态分布的随机数.

```
normrnd(u,v,m,n)
```

其中，u 表示生成随机数的期望，v 代表随机数的方差.

运行：

```
a= normrnd(10,2,10000,1);
histfit(a)    %% (见附图7)
```

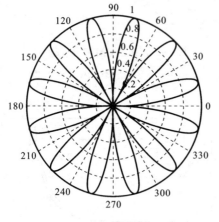

附图6 极坐标绘图

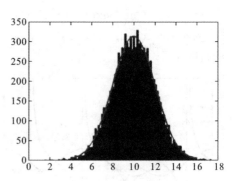

附图7 正态分布的统计直方图
         与其正态分布拟合曲线

我们可以得到正态分布的统计直方图与其正态分布的拟合曲线.

例8：比较正态分布（见附图8(a)）与平均分布（见附图8(b)）的分布图

```
yn= randn(30000,1);          %% 正态分布
```

```
x= min(yn) : 0.2 : max(yn);
subplot(121)
hist(yn, x)
yu= rand(30000,1);         %% 平均分布
subplot(122)
hist(yu, 25)
```

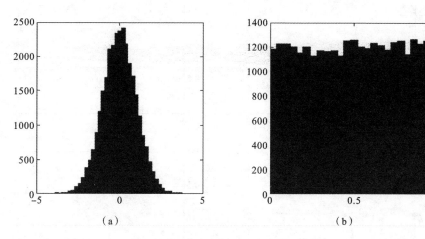

附图 8　正态分布与平均分布的分布图

5) 子图

在绘图过程中,经常要把几个图形在同一个图形窗口中表现出来,而不是简单地叠加(例如上面的例 8).这时就用到函数 subplot.其调用格式如下:

```
subplot(m,n,p)
```

subplot 函数把一个图形窗口分割成 m×n 个子区域,用户可以通过参数 p 调用各子绘图区域进行操作.子绘图区域按行从左至右编号.

例 9:绘制子图

```
x= 0:0.1* pi:2* pi;
subplot(2,2,1)
plot(x,sin(x),'- * ');
title('sin(x)');
subplot(2,2,2)
plot(x,cos(x),'- - o');
title('cos(x)');
subplot(2,2,3)
plot(x,sin(2* x),'- .* ');
title('sin(2x)');
subplot(2,2,4);
```

```
plot(x,cos(3* x),':d')
title('cos(3x)')
```

得到图形如附图 9 所示.

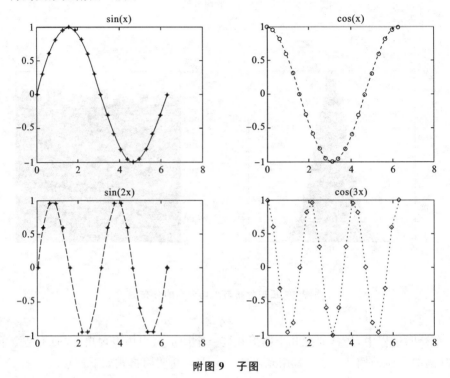

附图 9　子图

6) 填充图

利用二维绘图函数 patch，我们可绘制填充图. 绘制填充图的另一个函数为 fill.

下面的例子绘出了函数 humps(一个 Matlab 演示函数)在指定区域内的函数图形.

例 10：用函数 patch 绘制附图 10 所示填充图

```
fplot('humps',[0,2],'b')
hold on
patch([0.5 0.5:0.02:1 1],[0 humps(0.5:0.02:1) 0],'r');
hold off
title('A region under an interesting function.')
grid
```

我们还可以用函数 fill 来绘制类似的填充图.

例 11：用函数 fill 绘制附图 11 所示填充图

```
x= 0:pi/60:2* pi;
```

```
y= sin(x);
x1= 0:pi/60:1;
y1= sin(x1);
plot(x,y,'r');
hold on
fill([x1 1],[y1 0],'g')
```

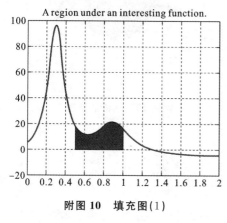

附图 10　填充图(1)

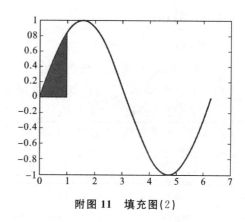

附图 11　填充图(2)

7) 三维作图

(Ⅰ) mesh(Z)语句

用 mesh(Z)语句可以绘出矩阵 Z 元素的三维消隐图,网络表面由 Z 坐标点定义,与前面叙述的 x-y 平面的线格相同,图形由邻近的点连接而成.它可用来显示用其他方式难以输出的包含大量数据的大型矩阵,也可用来绘制 Z 变量函数.

显示两变量的函数 Z=f(x,y)时,先要产生特定行和列的 x-y 矩阵,然后计算函数在各网格点上的值,最后用 mesh 函数输出.

下面我们绘制 sin(r)/r 函数的图形.用以下方法建立图形:

```
x= - 8:.5:8;
y= x';
x= ones(size(y))* x;
y= y* ones(size(y))';
R= sqrt(x.^2+ y.^2)+ eps;
z= sin(R)./R;
mesh(z)         %% 试运行 mesh(x,y,z),看看与 mesh(z)有什么不同.
```

上述各语句的意义是:首先建立行向量 x,列向量 y;然后按向量的长度建立 1-矩阵;用向量乘以产生的 1-矩阵,生成网格矩阵,它们的值对应于 x-y 坐标平面;接下来计算各网格点的半径;最后计算函数值矩阵 Z.用 mesh 函数即可以得到附图 12 所示图形.

第一条语句 x 的赋值为定义域,在其上估计函数;第三条语句建立一个重复行的 x 矩阵,第四条语句产生 y 的响应,第五条语句产生矩阵 R(其元素为各网格点到原点的距离).用 mesh 方法的结果如上.

另外,上述命令系列中的前 4 行可用以下一条命令替代:

```
[x,y]= meshgrid(-8:0.5:8)
```

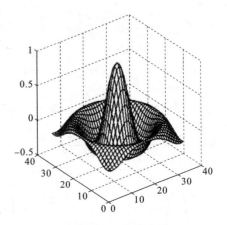

附图 12 三维消隐图

(Ⅱ)与 mesh 相关的几个函数

(1) 函数 meshc 与函数 mesh 的调用方式相同,只是该函数在 mesh 的基础上又增加了绘制相应等高线的功能.下面来看一个 meshc 的例子:

```
[x,y]= meshgrid([- 4:.5:4]);
z= sqrt(x.^2+ y.^2);
meshc(z)      %%  试运行 meshc(x,y,z),看看与 meshc(z)有什么不同.
```

我们可以得到附图 13 所示图形.

地面上的圆圈就是上面图形的等高线.

(2) 函数 meshz 与 mesh 的调用方式也相同,不同的是该函数在 mesh 函数的作用之上增加了屏蔽作用,即增加了边界面屏蔽.例如:

```
[x,y]= meshgrid([-4:.5:4]);
z= sqrt(x.^2+ y.^2);
meshz(z)      %%  试运行 meshz(x,y,z),看看与 meshz(z)有什么不同.
```

我们得到附图 14 所示图形.

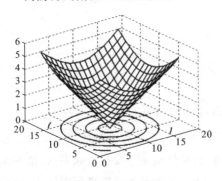

附图 13 meshc 图

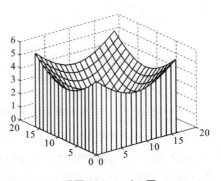

附图 14 meshz 图

(Ⅲ) 其他的几个三维绘图函数

(1) 函数 sphere Matlab 中专门用于绘制圆球体的函数,其调用格式如下:

   [x,y,z]= sphere(n)

此函数生成三个 (n+1)×(n+1) 阶的矩阵,再利用函数 surf(x,y,z) 可生成单位球面.

   [x,y,z]= sphere   此形式使用了默认值 n= 20
   sphere(n)   只绘制球面图,不返回值.

运行下面程序:

```
sphere(30);
axis square;
```

我们得到附图 15 所示球体图形.

若只输入 sphere 画图,则是默认了 n= 20 的情况.

(2) 函数 surf 也是 Matlab 中常用的三维绘图函数.其调用格式如下:

   surf(x,y,z,c)

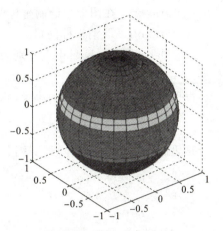

附图 15 球面图

输入参数的设置与 mesh 的相同,不同的是用 mesh 函数绘制的是一网格图,而用 surf 函数绘制的是着色的三维表面.Matlab 对表面进行着色的方法是,在得到相应网格后,对每一网格依据该网格所代表的节点色值(由变量 c 控制)来定义这一网格的颜色.若不输入 c,则默认为 c= z.

我们看下面的例子:

```
% 绘制地球表面的气温分布示意图.
[a,b,c]= sphere(40);
t= abs(c);      % 求绝对值
surf(a,b,c,t);
axis equal
colormap('hot')
```

我们可以得到附图 16 所示图形.

(Ⅳ) 图形的控制与修饰

(1) axis 坐标轴的控制函数,调用格式如下:

   axis([xmin,xmax,ymin,ymax,zmin,zmax])

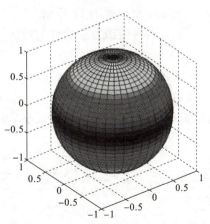

附图 16 等温线示意图

用此命令可以控制坐标轴的范围.
与 axis 相关的几条常用命令：

```
axis auto       自动模式,使得图形的坐标范围满足图中一切图元素
axis equal      严格控制各坐标的分度使其相等
axis square     使绘图区为正方形
axis on         恢复对坐标轴的一切设置
axis off        取消对坐标轴的一切设置
axis manual     以当前的坐标限制图形的绘制
```

(2) grid on　在图形中绘制坐标网格.

　　grid off　取消坐标网格.

(3) xlabel, ylabel, zlabel 分别为对 x 轴、y 轴、z 轴添加标注. title 为图形添加标题.

以上函数的调用格式大同小异,我们以 xlabel 为例进行介绍.

```
xlabel('标注文本','属性1','属性值1','属性2','属性值2',…)
```

这里的属性是标注文本的属性,包括字体大小、字体名、字体粗细等. 例如：

```
[x,y]= meshgrid(-4:.2:4);
R= sqrt(x.^2+y.^2);
z= -cos(R);
mesh(x,y,z)
xlabel('x\in[-4,4]','fontweight','bold');
ylabel('y\in[-4,4]','fontweight','bold');
zlabel('z=-cos(sqrt(x^2+ y^2))','fontweight','bold');
title('旋转曲面','fontsize',15,'fontweight','bold','fontname','隶书');
```

显示结果如附图17所示.

以上各种绘图方法的详细用法,请看联机信息.

(Ⅴ) 统计回归图

对平面上 n 个点：$(x_1,y_1),(x_2,y_2),\cdots,(x_n,y_n)$，在平面直线簇$\{y=a+bx|a,b$ 为实数$\}$中寻求一条直线 $y=a_0+b_0 x$，使得散点到与散点相对应的在直线上的点之间的纵坐标的误差的平方和最小. 用微积分的方法可得

$$b_0 = \frac{n\sum x_i y_i - (\sum x_i)(\sum y_i)}{n\sum x_i^2 - (\sum x_i)^2} = \frac{\frac{\sum x_i}{n}\frac{\sum y_i}{n} - \frac{\sum x_i y_i}{n}}{\left(\frac{\sum x_i}{n}\right)^2 - \frac{\sum x_i^2}{n}}$$

$$a_0 = \frac{\sum y_i}{n} - b_0 \frac{\sum x_i}{n} = \bar{y} - b_0 \bar{x}$$

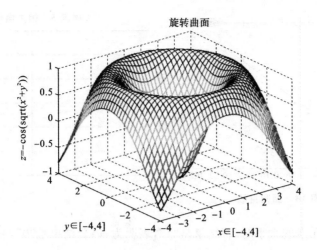

附图 17 添加标注

所求得的这条直线 $y=a_0+b_0 x$ 称为回归直线.

例:已知如下点列,求其回归直线,并计算最小误差平方和.

x	0.1	0.11	.12	.13	.14	.15	.16	.17	.18	.2	.21	.23
y	42	43.5	45	45.5	45	47.5	49	53	50	55	55	60

参考程序如下:

```
x= [0.1 0.11 .12 .13 .14 .15 .16 .17 .18 .2 .21 .23];
y= [42 43.5 45 45.5 45 47.5 49 53 50 55 55 60];
n= length(x);
xb= mean(x);
yb= mean(y);
x2b= sum(x.^2)/n;
xyb= x* y'/n;
b= (xb* yb- xyb)/(xb^2- x2b);
a= yb- b* xb;
y1= a+ b.* x;
plot(x,y,'*',x,y1);
serror= sum((y- y1).^2)
```

执行结果如附图 18 所示.

3. Matlab 编程基础

1) 比较运算

比较两个同阶矩阵有 6 种相关操作符,如附表 5 所示.

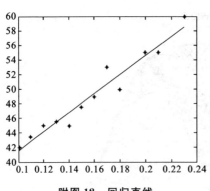

附图 18　回归直线

附表 5　相关操作符	
<	小于
<=	小于等于
>	大于
>=	大于等于
==	等于
~=	不等于

比较两个元素的大小时，若结果是"1"，表明为真；若结果是"0"，表明为假.

例如 2+2~=4

结果是"0"，表明为假.

2) 逻辑运算

逻辑运算符如附表 6 所示.

附表 6　逻辑运算符	
&	与
|	或
~	非

"&"和"|"操作符可用来比较两个标量或两个同阶矩阵. 对于矩阵来说它必须符合规则，如果 A 和 B 都是 0-1 矩阵，则 A&B 或 A|B 也都是 0-1 矩阵，这个 0-1 矩阵的元素是 A 和 B 对应元素之间逻辑运算的结果. 逻辑操作符认定任何非零元素都为真，给出"1"；任何零元素都为假，给出"0".

非（或逻辑非）是一元操作符，即~A：当 A 是非零时结果为"0"；当 A 为"0"时结果为"1". 因此下列两种表示：

  p | (~p)　　结果为 1.
  p & (~p)　　结果为 0.

any 和 all 函数在连接操作时很有用，设 x 是 0-1 向量，如果 x 中任意有一元素非零，则 any(x)返回"1"，否则返回"0"；当 x 的所有元素非零时，all(x)函数返回"1"，否则也返回"0". 这些函数在 if 语句中经常被用到. 如：

```
if all(A< 5)
    do something
end
```

3) for 循环

Matlab 与其他计算机语言一样有 do 或 for 循环,完成一个语句或一组语句在一定时间内反复运行的功能. 例如:

```
for i = 1:n, x(i) = 0, end
```

x 的第一个元素赋 0 值,如果 n<1,结构上合法,但内部语句不运行;如果 x 不存在或比 n 元素小,将会自动分配额外的空间.

多重循环写成锯齿形是为了增加可读性. 例如:

```
m= 9;n= 9;
for i= 1:m
    for j= 1:n
        A(i,j)= 1/(i+ j - 1);
    end
end
A
```

程序说明:
(1) 上述程序给出了 Hilbert 矩阵的构造过程,可参见函数 hilb(n).
(2) 语句内部使用分号,表示计算过程不输出中间结果.
(3) 循环后的 A 命令表示显示矩阵 A 的结果.
(4) 每个 for 语句必须以 end 语句结束,否则是错误的.

for 循环的通用形式为:

```
for v= expression
    statements
end
```

其中 expression 表达式是一个矩阵,因为 Matlab 中都是矩阵,矩阵的列被一个接一个地赋值到变量 v,然后 statements 语句运行.

通常 expression 是一些 m:n 或 m:k:n 仅有一行的矩阵,并且它的列是个简单的标量. 但如注意到 expression 可以为矩阵,即 v 可以为向量,对某些问题的处理将大大简化.

4) while 循环

Matlab 中的 while 循环语句为一条语句或一组语句在一个逻辑条件的控制下重复未知的次数.

它的一般形式为:

```
while expression
    statements
```

```
    end
```

当 expression 的所有运算为非零值时,将执行 statements 语句组. 如果判断条件是向量或矩阵,则可能需要 all 或 any 函数作为判断条件.

例如,计算 expm(A)=I+A+A^2/2!+A^3/3!+⋯(注意:这里的 I 表示单位矩阵)时,若 A 并不是太大,用 expm(A)直接计算是可行的.

程序为:

```
E= 0* A; F= E+ eye(size(E)); N= 1;
while norm(F,1)> 0,
    F= A* F/N;
    E= E+ F;
    N= N+ 1;
end
```

5) if 和 break 语句

下面介绍 if 语句的两个例子.

(1) 一个计算如何被分成三个部分,用符号校验:

```
if n< 0
    A= negative(n)
else if mod(n,2)= = 0
    A= even(n)
else
    A= odd(n)
end
```

其中的三个函数 negative(n)、even(n)、odd(n)是自编的输出函数. 参见下面的函数文件.

(2) 这个例子涉及数论中一个很有趣的问题:取任何的正整数,如果是偶数,用 2 除;如果是奇数,用 3 乘,并加上 1. 重复这个过程,直到整数成为 1. 这个极有趣不可解的问题是:存在使这个过程不中止的整数吗?

```
% classic "3n+ 1"problem from number theory
while 1
n= input('Enter n, negative quits: ');
if n< = 0 break,end
    while n> 1
        if rem(n,2) = = 0   %% 是连续的2个等号
            n= n/2
        else
            n= 3* n+ 1
```

        end;
      end
end

这个过程能永远进行吗?

程序说明:

(1) 本程序用到了 if 语句与 while 语句,过程比较复杂;

(2) 使用 input 函数,可使程序在执行过程中从键盘输入一个数(矩阵);

(3) break 语句提供了程序跳出死循环的途径.

4. Matlab 符号运算

Matlab 本身并没有符号计算功能,1993 年通过购买 Maple 软件的使用权后,才开始具备符号运算功能的. 符号运算的类型很多,几乎涉及数学的所有分支.

1) 工作过程与核心工具

Matlab 工作过程如下图所示,其核心工具是 sym 函数与 syms 语句.

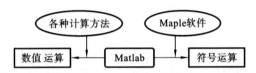

sym 函数:构造符号变量和表达式. 如 a=sym('a').

syms 语句:构造符号对象的简捷方式.

2) 确定符号变量的原则

(1) 除了 i 和 j 之外,字母位置最接近 x 的字母;若有多个距离相等者,则取 ASCII 码大的;

(2) 若除了 i 与 j 以外没有其他的字母,则视 x 为默认的符号变量;

(3) 可利用函数 findsym(string,N) 来询问在众多符号中哪 N 个为符号变量. 例如,输入 findsym(3*a*b+y^2,1),即可得到答案 y. 更多的例子见下表.

符号表达式	默认符号变量
a*x^2+b*x+c	x
1/(4+cos(t))	t
4*x/y	x
2*a+b	b
2*i	x

3) 因式分解

```
syms x
```

```
f= x^6+ 1;
s= factor(f)
```

结果为：

```
s= (x^2+1)* (x^4-x^2+1)
```

4) 计算极限

求极限：(1) $L=\lim\limits_{h\to 0}\dfrac{\ln(x+h)-\ln(x)}{h}$，(2) $M=\lim\limits_{n\to\infty}\left(1-\dfrac{x}{n}\right)^n$.

```
syms h n x
L= limit('(log(x+ h)- log(x))/h',h,0)    %% 单引号可省略掉
M= limit('(1- x/n)^n',n,inf)
```

结果为：

```
L= 1/x
M= exp(- x)
```

5) 计算导数

$y=\sin ax$，求 $A=\dfrac{\mathrm{d}y}{\mathrm{d}x}, B=\dfrac{\mathrm{d}y}{\mathrm{d}a}, C=\dfrac{\mathrm{d}^2 y}{\mathrm{d}x^2}$.

```
syms a x;    y= sin(a*x);
A= diff(y,x)
B= diff(y,a)
C= diff(y,x,2)
```

结果为：

```
A= cos(a* x)* a
B= cos(a* x)* x
C= - sin(a* x)* a^2
```

6) 计算不定积分、定积分、反常积分

$$I=\int\dfrac{x^2+1}{(x^2-2x+2)^2}\mathrm{d}x,\quad J=\int_0^{\pi/2}\dfrac{\cos x}{\sin x+\cos x}\mathrm{d}x,\quad K=\int_0^{+\infty}\mathrm{e}^{-x^2}\mathrm{d}x.$$

```
syms x
f= (x^2+1)/(x^2-2* x+2)^2;
g= cos(x)/(sin(x)+ cos(x));
h= exp(- x^2);
I= int(f)
J= int(g,0,pi/2)
K= int(h,0,inf)
```

结果为:

```
I= 1/4* (2* x- 6)/(x^2- 2* x+ 2)+ 3/2* atan(x- 1)
J= 1/4* pi
K= 1/2* pi^(1/2)
```

7) 符号求和

求级数 $\sum_{n=1}^{\infty} \frac{1}{n^2}$ 的和 S, 以及前十项的部分和 S1.

```
syms n
S= symsum(1/n^2, 1, inf)
S1= symsum(1/n^2,1,10)
```

结果为:

```
S= 1/6* pi^2
S1= 1968329/1270080
```

说明:当求函数项级数 $\sum_{n=1}^{\infty} \frac{x}{n^2}$ 的和 S2 时,可用以下命令:

```
syms n x
S2= symsum(x/n^2, n, 1, inf)
S2= 1/6* x* pi^2
```

说明:(1) 注意观察 S2 与 S1 的细微区别.

(2) 当通项公式的 Matlab 表达式较长时,表达式要加上单引号.后面的练习中会遇到此问题.

8) 解代数方程和常微分方程

利用符号表达式解代数方程所需要的函数为 solve(f),即解符号方程 f.

例如:求一元二次方程 $a*x^2+b*x+c=0$ 的根.

```
            f= sym('a* x^2+ b* x+ c')   或   f= 'a* x^2+ b* x+ c'
            solve(f)
        ans=
            [1/2/a* (- b+ (b^2- 4* c* a)^(1/2))]
            [1/2/a* (- b- (b^2- 4* c* a)^(1/2))]
            solve(f, a)
        ans=
            - (b* x+ c)/x^2
```

利用符号表达式可求解微分方程的解析解,所需要的函数为 dsolve(f).使用格式:

```
dsolve('equation1',' equation2',…)
```

其中：equation 为方程或条件.写方程或条件时，用 Dy 表示 y 关于自变量的一阶导数，用 D2y 表示 y 关于自变量的二阶导数，依此类推.

① 求微分方程 $y' = x$ 的通解.

```
syms x y    % 定义 x,y 为符号
dsolve('Dy= x', 'x')
ans =
1/2* x^2+ C1
```

若写成：

```
syms x y    % 定义 x,y 为符号
dsolve('Dy= x')
```

结果将是什么？是否正确？为什么？

② 求微分方程 $\begin{cases} y'' = x + y' \\ y(0) = 1, y'(0) = 0 \end{cases}$ 的特解.

```
syms x y
dsolve('D2y= x+ Dy', 'y(0)= 1', 'Dy(0)= 0', 'x')
ans =
- 1/2* x^2+ exp(x)- x
```

若写成：

```
syms x y
dsolve('D2y= x+ Dy', 'y(0)= 1', 'Dy(0)= 0')
```

结果将是什么？是否正确？为什么？

③ 求微分方程组 $\begin{cases} x' = y + x \\ y' = 2x \end{cases}$ 的通解.

```
syms x y
[x,y]= dsolve('Dx= y+ x, Dy= 2* x')
x=
1/3* C1* exp(- t)+ 2/3* C1* exp(2* t)+ 1/3* C2* exp(2* t)- 1/3* C2* exp(- t)
y=
2/3* C1* exp(2* t)- 2/3* C1* exp(- t)+ 2/3* C2* exp(- t)+ 1/3* C2* exp(2* t)
```

若写成：

(1) `dsolve('Dx= y+ x, Dy= 2* x')`

结果将是

```
ans=
    x:[1x1 sym]
    y:[1x1 sym]
```

试解释此结果的含义.

若写成：

(2) [x,y]= dsolve('Dx= y+ x, Dy= 2x')

结果将是：

```
x=
exp(t)* C1+ C2* exp(t)- C2- 2- 2* t
y=
C2+ 2* t
```

是否正确？为什么？

附录B 积分表

(一) 含有 $ax+b$ 的积分($a \neq 0$)

1. $\int \dfrac{\mathrm{d}x}{ax+b} = \dfrac{1}{a}\ln|ax+b| + C$

2. $\int (ax+b)^{\mu}\mathrm{d}x = \dfrac{1}{a(\mu+1)}(ax+b)^{\mu+1} + C \, (\mu \neq -1)$

3. $\int \dfrac{x}{ax+b}\mathrm{d}x = \dfrac{1}{a^2}(ax+b-b\ln|ax+b|) + C$

4. $\int \dfrac{x^2}{ax+b}\mathrm{d}x = \dfrac{1}{a^3}\left[\dfrac{1}{2}(ax+b)^2 - 2b(ax+b) + b^2\ln|ax+b|\right] + C$

5. $\int \dfrac{\mathrm{d}x}{x(ax+b)} = -\dfrac{1}{b}\ln\left|\dfrac{ax+b}{x}\right| + C$

6. $\int \dfrac{\mathrm{d}x}{x^2(ax+b)} = -\dfrac{1}{bx} + \dfrac{a}{b^2}\ln\left|\dfrac{ax+b}{x}\right| + C$

7. $\int \dfrac{x}{(ax+b)^2}\mathrm{d}x = \dfrac{1}{a^2}\left(\ln|ax+b| + \dfrac{b}{ax+b}\right) + C$

8. $\int \dfrac{x^2}{(ax+b)^2}\mathrm{d}x = \dfrac{1}{a^3}\left(ax+b - 2b\ln|ax+b| - \dfrac{b^2}{ax+b}\right) + C$

9. $\int \dfrac{\mathrm{d}x}{x(ax+b)^2} = \dfrac{1}{b(ax+b)} - \dfrac{1}{b^2}\ln\left|\dfrac{ax+b}{x}\right| + C$

(二) 含有 $\sqrt{ax+b}$ 的积分

10. $\int \sqrt{ax+b}\,\mathrm{d}x = \dfrac{2}{3a}\sqrt{(ax+b)^3} + C$

11. $\int x\sqrt{ax+b}\,\mathrm{d}x = \dfrac{2}{15a^2}(3ax-2b)\sqrt{(ax+b)^3} + C$

12. $\int x^2\sqrt{ax+b}\,\mathrm{d}x = \dfrac{2}{105a^3}(15a^2x^2 - 12abx + 8b^2)\sqrt{(ax+b)^3} + C$

13. $\int \dfrac{x}{\sqrt{ax+b}}\mathrm{d}x = \dfrac{2}{3a^2}(ax-2b)\sqrt{ax+b} + C$

14. $\int \dfrac{x^2}{\sqrt{ax+b}}\mathrm{d}x = \dfrac{2}{15a^3}(3a^2x^2 - 4abx + 8b^2)\sqrt{ax+b} + C$

15. $\int \dfrac{\mathrm{d}x}{x\sqrt{ax+b}} = \begin{cases} \dfrac{1}{\sqrt{b}}\ln\left|\dfrac{\sqrt{ax+b}-\sqrt{b}}{\sqrt{ax+b}+\sqrt{b}}\right| + C & (b>0) \\ \dfrac{2}{\sqrt{-b}}\arctan\sqrt{\dfrac{ax+b}{-b}} + C & (b<0) \end{cases}$

16. $\int \dfrac{\mathrm{d}x}{x^2 \sqrt{ax+b}} = -\dfrac{\sqrt{ax+b}}{bx} - \dfrac{a}{2b}\int \dfrac{\mathrm{d}x}{x \sqrt{ax+b}}$

17. $\int \dfrac{\sqrt{ax+b}}{x}\mathrm{d}x = 2\sqrt{ax+b} + b\int \dfrac{\mathrm{d}x}{x \sqrt{ax+b}}$

18. $\int \dfrac{\sqrt{ax+b}}{x^2}\mathrm{d}x = -\dfrac{\sqrt{ax+b}}{x} + \dfrac{a}{2}\int \dfrac{\mathrm{d}x}{x \sqrt{ax+b}}$

(三) 含有 $x^2 \pm a^2$ 的积分

19. $\int \dfrac{\mathrm{d}x}{x^2+a^2} = \dfrac{1}{a}\arctan \dfrac{x}{a} + C$

20. $\int \dfrac{\mathrm{d}x}{x^2-a^2} = \dfrac{1}{2a}\ln\left|\dfrac{x-a}{x+a}\right| + C$

21. $\int \dfrac{\mathrm{d}x}{(x^2+a^2)^n} = \dfrac{x}{2(n-1)a^2(x^2+a^2)^{n-1}} + \dfrac{2n-3}{2(n-1)a^2}\int \dfrac{\mathrm{d}x}{(x^2+a^2)^{n-1}}$

(四) 含有 $ax^2+b(a>0)$ 的积分

22. $\int \dfrac{\mathrm{d}x}{ax^2+b} = \begin{cases} \dfrac{1}{\sqrt{ab}}\arctan \sqrt{\dfrac{a}{b}}x + C & (b>0) \\ \dfrac{1}{2\sqrt{-ab}}\ln\left|\dfrac{\sqrt{ax}-\sqrt{-b}}{\sqrt{ax}+\sqrt{-b}}\right| + C & (b<0) \end{cases}$

23. $\int \dfrac{x}{ax^2+b}\mathrm{d}x = \dfrac{1}{2a}\ln|ax^2+b| + C$

24. $\int \dfrac{x^2}{ax^2+b}\mathrm{d}x = \dfrac{x}{a} - \dfrac{b}{a}\int \dfrac{\mathrm{d}x}{ax^2+b}$

25. $\int \dfrac{\mathrm{d}x}{x(ax^2+b)} = \dfrac{1}{2b}\ln \dfrac{x^2}{|ax^2+b|} + C$

26. $\int \dfrac{\mathrm{d}x}{x^2(ax^2+b)} = -\dfrac{1}{bx} - \dfrac{a}{b}\int \dfrac{\mathrm{d}x}{ax^2+b}$

27. $\int \dfrac{\mathrm{d}x}{x^3(ax^2+b)} = \dfrac{a}{2b^2}\ln \dfrac{|ax^2+b|}{x^2} - \dfrac{1}{2bx^2} + C$

28. $\int \dfrac{\mathrm{d}x}{(ax^2+b)^2} = \dfrac{x}{2b(ax^2+b)} + \dfrac{1}{2b}\int \dfrac{\mathrm{d}x}{ax^2+b}$

(五) 含有 $ax^2+bx+c(a>0)$ 的积分

29. $\int \dfrac{\mathrm{d}x}{ax^2+bx+c} = \begin{cases} \dfrac{2}{\sqrt{4ac-b^2}}\arctan \dfrac{2ax+b}{\sqrt{4ac-b^2}} + C & (b^2<4ac) \\ \dfrac{1}{\sqrt{b^2-4ac}}\ln\left|\dfrac{2ax+b-\sqrt{b^2-4ac}}{2ax+b+\sqrt{b^2-4ac}}\right| + C & (b^2>4ac) \end{cases}$

30. $\int \dfrac{x}{ax^2+bx+c}\mathrm{d}x = \dfrac{1}{2a}\ln|ax^2+bx+c| - \dfrac{b}{2a}\int \dfrac{\mathrm{d}x}{ax^2+bx+c}$

(六) 含有 $\sqrt{x^2+a^2}\ (a>0)$ 的积分

31. $\int \dfrac{\mathrm{d}x}{\sqrt{x^2+a^2}} = \operatorname{arsh}\dfrac{x}{a}+C_1 = \ln(x+\sqrt{x^2+a^2})+C$

32. $\int \dfrac{\mathrm{d}x}{\sqrt{(x^2+a^2)^3}} = \dfrac{x}{a^2\sqrt{x^2+a^2}}+C$

33. $\int \dfrac{x}{\sqrt{x^2+a^2}}\mathrm{d}x = \sqrt{x^2+a^2}+C$

34. $\int \dfrac{x}{\sqrt{(x^2+a^2)^3}}\mathrm{d}x = -\dfrac{1}{\sqrt{x^2+a^2}}+C$

35. $\int \dfrac{x^2}{\sqrt{x^2+a^2}}\mathrm{d}x = \dfrac{x}{2}\sqrt{x^2+a^2} - \dfrac{a^2}{2}\ln(x+\sqrt{x^2+a^2})+C$

36. $\int \dfrac{x^2}{\sqrt{(x^2+a^2)^3}}\mathrm{d}x = -\dfrac{x}{\sqrt{x^2+a^2}}+\ln(x+\sqrt{x^2+a^2})+C$

37. $\int \dfrac{\mathrm{d}x}{x\sqrt{x^2+a^2}} = \dfrac{1}{a}\ln\dfrac{\sqrt{x^2+a^2}-a}{|x|}+C$

38. $\int \dfrac{\mathrm{d}x}{x^2\sqrt{x^2+a^2}} = -\dfrac{\sqrt{x^2+a^2}}{a^2 x}+C$

39. $\int \sqrt{x^2+a^2}\,\mathrm{d}x = \dfrac{x}{2}\sqrt{x^2+a^2}+\dfrac{a^2}{2}\ln(x+\sqrt{x^2+a^2})+C$

40. $\int \sqrt{(x^2+a^2)^3}\,\mathrm{d}x = \dfrac{x}{8}(2x^2+5a^2)\sqrt{x^2+a^2}+\dfrac{3}{8}a^4\ln(x+\sqrt{x^2+a^2})+C$

41. $\int x\sqrt{x^2+a^2}\,\mathrm{d}x = \dfrac{1}{3}\sqrt{(x^2+a^2)^3}+C$

42. $\int x^2\sqrt{x^2+a^2}\,\mathrm{d}x = \dfrac{x}{8}(2x^2+a^2)\sqrt{x^2+a^2}-\dfrac{a^4}{8}\ln(x+\sqrt{x^2+a^2})+C$

43. $\int \dfrac{\sqrt{x^2+a^2}}{x}\mathrm{d}x = \sqrt{x^2+a^2}+a\ln\dfrac{\sqrt{x^2+a^2}-a}{|x|}+C$

44. $\int \dfrac{\sqrt{x^2+a^2}}{x^2}\mathrm{d}x = -\dfrac{\sqrt{x^2+a^2}}{x}+\ln(x+\sqrt{x^2+a^2})+C$

(七) 含有 $\sqrt{x^2-a^2}\ (a>0)$ 的积分

45. $\int \dfrac{\mathrm{d}x}{\sqrt{x^2-a^2}} = \dfrac{x}{|x|}\operatorname{arch}\dfrac{|x|}{a}+C_1 = \ln|x+\sqrt{x^2-a^2}|+C$

46. $\int \dfrac{\mathrm{d}x}{\sqrt{(x^2-a^2)^3}} = -\dfrac{x}{a^2\sqrt{x^2-a^2}}+C$

47. $\int \dfrac{x}{\sqrt{x^2-a^2}}\mathrm{d}x = \sqrt{x^2-a^2}+C$

48. $\int \dfrac{x}{\sqrt{(x^2-a^2)^3}}\mathrm{d}x = -\dfrac{1}{\sqrt{x^2-a^2}} + C$

49. $\int \dfrac{x^2}{\sqrt{x^2-a^2}}\mathrm{d}x = \dfrac{x}{2}\sqrt{x^2-a^2} + \dfrac{a^2}{2}\ln\left|x+\sqrt{x^2-a^2}\right| + C$

50. $\int \dfrac{x^2}{\sqrt{(x^2-a^2)^3}}\mathrm{d}x = -\dfrac{x}{\sqrt{x^2-a^2}} + \ln\left|x+\sqrt{x^2-a^2}\right| + C$

51. $\int \dfrac{\mathrm{d}x}{x\sqrt{x^2-a^2}} = \dfrac{1}{a}\arccos\dfrac{a}{|x|} + C$

52. $\int \dfrac{\mathrm{d}x}{x^2\sqrt{x^2-a^2}} = \dfrac{\sqrt{x^2-a^2}}{a^2 x} + C$

53. $\int \sqrt{x^2-a^2}\,\mathrm{d}x = \dfrac{x}{2}\sqrt{x^2-a^2} - \dfrac{a^2}{2}\ln\left|x+\sqrt{x^2-a^2}\right| + C$

54. $\int \sqrt{(x^2-a^2)^3}\,\mathrm{d}x = \dfrac{x}{8}(2x^2-5a^2)\sqrt{x^2-a^2} + \dfrac{3}{8}a^4\ln\left|x+\sqrt{x^2-a^2}\right| + C$

55. $\int x\sqrt{x^2-a^2}\,\mathrm{d}x = \dfrac{1}{3}\sqrt{(x^2-a^2)^3} + C$

56. $\int x^2\sqrt{x^2-a^2}\,\mathrm{d}x = \dfrac{x}{8}(2x^2-a^2)\sqrt{x^2-a^2} - \dfrac{a^4}{8}\ln\left|x+\sqrt{x^2-a^2}\right| + C$

57. $\int \dfrac{\sqrt{x^2-a^2}}{x}\mathrm{d}x = \sqrt{x^2-a^2} - a\arccos\dfrac{a}{|x|} + C$

58. $\int \dfrac{\sqrt{x^2-a^2}}{x^2}\mathrm{d}x = -\dfrac{\sqrt{x^2-a^2}}{x} + \ln\left|x+\sqrt{x^2-a^2}\right| + C$

(八) 含有 $\sqrt{a^2-x^2}\,(a>0)$ 的积分

59. $\int \dfrac{\mathrm{d}x}{\sqrt{a^2-x^2}} = \arcsin\dfrac{x}{a} + C$

60. $\int \dfrac{\mathrm{d}x}{\sqrt{(a^2-x^2)^3}} = \dfrac{x}{a^2\sqrt{a^2-x^2}} + C$

61. $\int \dfrac{x}{\sqrt{a^2-x^2}}\mathrm{d}x = -\sqrt{a^2-x^2} + C$

62. $\int \dfrac{x}{\sqrt{(a^2-x^2)^3}}\mathrm{d}x = \dfrac{1}{\sqrt{a^2-x^2}} + C$

63. $\int \dfrac{x^2}{\sqrt{a^2-x^2}}\mathrm{d}x = -\dfrac{x}{2}\sqrt{a^2-x^2} + \dfrac{a^2}{2}\arcsin\dfrac{x}{a} + C$

64. $\int \dfrac{x^2}{\sqrt{(a^2-x^2)^3}}\mathrm{d}x = \dfrac{x}{\sqrt{a^2-x^2}} - \arcsin\dfrac{x}{a} + C$

65. $\int \dfrac{\mathrm{d}x}{x\sqrt{a^2-x^2}} = \dfrac{1}{a}\ln\dfrac{a-\sqrt{a^2-x^2}}{|x|} + C$

66. $\int \dfrac{\mathrm{d}x}{x^2 \sqrt{a^2-x^2}} = -\dfrac{\sqrt{a^2-x^2}}{a^2 x} + C$

67. $\int \sqrt{a^2-x^2}\,\mathrm{d}x = \dfrac{x}{2}\sqrt{a^2-x^2} + \dfrac{a^2}{2}\arcsin\dfrac{x}{a} + C$

68. $\int \sqrt{(a^2-x^2)^3}\,\mathrm{d}x = \dfrac{x}{8}(5a^2-2x^2)\sqrt{a^2-x^2} + \dfrac{3}{8}a^4\arcsin\dfrac{x}{a} + C$

69. $\int x\sqrt{a^2-x^2}\,\mathrm{d}x = -\dfrac{1}{3}\sqrt{(a^2-x^2)^3} + C$

70. $\int x^2\sqrt{a^2-x^2}\,\mathrm{d}x = \dfrac{x}{8}(2x^2-a^2)\sqrt{a^2-x^2} + \dfrac{a^4}{8}\arcsin\dfrac{x}{a} + C$

71. $\int \dfrac{\sqrt{a^2-x^2}}{x}\,\mathrm{d}x = \sqrt{a^2-x^2} + a\ln\dfrac{a-\sqrt{a^2-x^2}}{|x|} + C$

72. $\int \dfrac{\sqrt{a^2-x^2}}{x^2}\,\mathrm{d}x = -\dfrac{\sqrt{a^2-x^2}}{x} - \arcsin\dfrac{x}{a} + C$

（九）含有 $\sqrt{\pm ax^2+bx+c}\,(a>0)$ 的积分

73. $\int \dfrac{\mathrm{d}x}{\sqrt{ax^2+bx+c}} = \dfrac{1}{\sqrt{a}}\ln\left|2ax+b+2\sqrt{a}\sqrt{ax^2+bx+c}\right| + C$

74. $\int \sqrt{ax^2+bx+c}\,\mathrm{d}x = \dfrac{2ax+b}{4a}\sqrt{ax^2+bx+c} + \dfrac{4ac-b^2}{8\sqrt{a^3}}\ln|2ax+b+2\sqrt{a}\sqrt{ax^2+bx+c}| + C$

75. $\int \dfrac{x}{\sqrt{ax^2+bx+c}}\,\mathrm{d}x = \dfrac{1}{a}\sqrt{ax^2+bx+c} - \dfrac{b}{2\sqrt{a^3}}\ln|2ax+b+2\sqrt{a}\sqrt{ax^2+bx+c}| + C$

76. $\int \dfrac{\mathrm{d}x}{\sqrt{c+bx-ax^2}} = -\dfrac{1}{\sqrt{a}}\arcsin\dfrac{2ax-b}{\sqrt{b^2+4ac}} + C$

77. $\int \sqrt{c+bx-ax^2}\,\mathrm{d}x = \dfrac{2ax-b}{4a}\sqrt{c+bx-ax^2} + \dfrac{b^2+4ac}{8\sqrt{a^3}}\arcsin\dfrac{2ax-b}{\sqrt{b^2+4ac}} + C$

78. $\int \dfrac{x}{\sqrt{c+bx-ax^2}}\,\mathrm{d}x = -\dfrac{1}{a}\sqrt{c+bx-ax^2} + \dfrac{b}{2\sqrt{a^3}}\arcsin\dfrac{2ax-b}{\sqrt{b^2+4ac}} + C$

（十）含有 $\sqrt{\pm\dfrac{x-a}{x-b}}$ 或 $\sqrt{(x-a)(b-x)}$ 的积分

79. $\int \sqrt{\dfrac{x-a}{x-b}}\,\mathrm{d}x = (x-b)\sqrt{\dfrac{x-a}{x-b}} + (b-a)\ln(\sqrt{|x-a|}+\sqrt{|x-b|}) + C$

80. $\int \sqrt{\dfrac{x-a}{b-x}}\,\mathrm{d}x = (x-b)\sqrt{\dfrac{x-a}{b-x}} + (b-a)\arcsin\sqrt{\dfrac{x-a}{b-x}} + C$

81. $\int \dfrac{\mathrm{d}x}{\sqrt{(x-a)(b-x)}} = 2\arcsin\sqrt{\dfrac{x-a}{b-x}} + C \quad (a<b)$

82. $\int \sqrt{(x-a)(b-x)}\,dx = \dfrac{2x-a-b}{4}\sqrt{(x-a)(b-x)}$
$\qquad\qquad\qquad + \dfrac{(b-a)^2}{4}\arcsin\sqrt{\dfrac{x-a}{b-x}} + C\,(a<b)$

（十一）含有三角函数的积分

83. $\int \sin x\,dx = -\cos x + C$

84. $\int \cos x\,dx = \sin x + C$

85. $\int \tan x\,dx = -\ln|\cos x| + C$

86. $\int \cot x\,dx = \ln|\sin x| + C$

87. $\int \sec x\,dx = \ln\left|\tan\left(\dfrac{\pi}{4}+\dfrac{x}{2}\right)\right| + C = \ln|\sec x + \tan x| + C$

88. $\int \csc x\,dx = \ln\left|\tan\dfrac{x}{2}\right| + C = \ln|\csc x - \cot x| + C$

89. $\int \sec^2 x\,dx = \tan x + C$

90. $\int \csc^2 x\,dx = -\cot x + C$

91. $\int \sec x \tan x\,dx = \sec x + C$

92. $\int \csc x \cot x\,dx = -\csc x + C$

93. $\int \sin^2 x\,dx = \dfrac{x}{2} - \dfrac{1}{4}\sin 2x + C$

94. $\int \cos^2 x\,dx = \dfrac{x}{2} + \dfrac{1}{4}\sin 2x + C$

95. $\int \sin^n x\,dx = -\dfrac{1}{n}\sin^{n-1} x\cos x + \dfrac{n-1}{n}\int \sin^{n-2} x\,dx$

96. $\int \cos^n x\,dx = \dfrac{1}{n}\cos^{n-1} x\sin x + \dfrac{n-1}{n}\int \cos^{n-2} x\,dx$

97. $\int \dfrac{dx}{\sin^n x} = -\dfrac{1}{n-1}\cdot\dfrac{\cos x}{\sin^{n-1} x} + \dfrac{n-2}{n-1}\int \dfrac{dx}{\sin^{n-2} x}$

98. $\int \dfrac{dx}{\cos^n x} = \dfrac{1}{n-1}\cdot\dfrac{\sin x}{\cos^{n-1} x} + \dfrac{n-2}{n-1}\int \dfrac{dx}{\cos^{n-2} x}$

99. $\int \cos^m x \sin^n x\,dx = \dfrac{1}{m+n}\cos^{m-1} x\sin^{n+1} x + \dfrac{m-1}{m+n}\int \cos^{m-2} x\sin^n x\,dx$
$\qquad\qquad\qquad = -\dfrac{1}{m+n}\cos^{m+1} x\sin^{n-1} x + \dfrac{n-1}{m+n}\int \cos^m x\sin^{n-2} x\,dx$

100. $\int \sin ax \cos bx \, dx = -\dfrac{1}{2(a+b)}\cos(a+b)x - \dfrac{1}{2(a-b)}\cos(a-b)x + C$

101. $\int \sin ax \sin bx \, dx = -\dfrac{1}{2(a+b)}\sin(a+b)x + \dfrac{1}{2(a-b)}\sin(a-b)x + C$

102. $\int \cos ax \cos bx \, dx = \dfrac{1}{2(a+b)}\sin(a+b)x + \dfrac{1}{2(a-b)}\sin(a-b)x + C$

103. $\int \dfrac{dx}{a+b\sin x} = \dfrac{2}{\sqrt{a^2-b^2}}\arctan\dfrac{a\tan\dfrac{x}{2}+b}{\sqrt{a^2-b^2}} + C \quad (a^2 > b^2)$

104. $\int \dfrac{dx}{a+b\sin x} = \dfrac{1}{\sqrt{b^2-a^2}}\ln\left|\dfrac{a\tan\dfrac{x}{2}+b-\sqrt{b^2-a^2}}{a\tan\dfrac{x}{2}+b+\sqrt{b^2-a^2}}\right| + C \quad (a^2 < b^2)$

105. $\int \dfrac{dx}{a+b\cos x} = \dfrac{2}{a+b}\sqrt{\dfrac{a+b}{a-b}}\arctan\left(\sqrt{\dfrac{a-b}{a+b}}\tan\dfrac{x}{2}\right) + C \quad (a^2 > b^2)$

106. $\int \dfrac{dx}{a+b\cos x} = \dfrac{1}{a+b}\sqrt{\dfrac{a+b}{b-a}}\ln\left|\dfrac{\tan\dfrac{x}{2}+\sqrt{\dfrac{a+b}{b-a}}}{\tan\dfrac{x}{2}-\sqrt{\dfrac{a+b}{b-a}}}\right| + C \quad (a^2 < b^2)$

107. $\int \dfrac{dx}{a^2\cos^2 x + b^2\sin^2 x} = \dfrac{1}{ab}\arctan\left(\dfrac{b}{a}\tan x\right) + C$

108. $\int \dfrac{dx}{a^2\cos^2 x - b^2\sin^2 x} = \dfrac{1}{2ab}\ln\left|\dfrac{b\tan x + a}{b\tan x - a}\right| + C$

109. $\int x\sin ax \, dx = \dfrac{1}{a^2}\sin ax - \dfrac{1}{a}x\cos ax + C$

110. $\int x^2 \sin ax \, dx = -\dfrac{1}{a}x^2\cos ax + \dfrac{2}{a^2}x\sin ax + \dfrac{2}{a^3}\cos ax + C$

111. $\int x\cos ax \, dx = \dfrac{1}{a^2}\cos ax + \dfrac{1}{a}x\sin ax + C$

112. $\int x^2 \cos ax \, dx = \dfrac{1}{a}x^2\sin ax + \dfrac{2}{a^2}x\cos ax - \dfrac{2}{a^3}\sin ax + C$

(十二) 含有反三角函数的积分(其中 $a > 0$)

113. $\int \arcsin\dfrac{x}{a} \, dx = x\arcsin\dfrac{x}{a} + \sqrt{a^2-x^2} + C$

114. $\int x\arcsin\dfrac{x}{a} \, dx = \left(\dfrac{x^2}{2}-\dfrac{a^2}{4}\right)\arcsin\dfrac{x}{a} + \dfrac{x}{4}\sqrt{a^2-x^2} + C$

115. $\int x^2\arcsin\dfrac{x}{a} \, dx = \dfrac{x^3}{3}\arcsin\dfrac{x}{a} + \dfrac{1}{9}(x^2+2a^2)\sqrt{a^2-x^2} + C$

116. $\int \arccos\dfrac{x}{a} \, dx = x\arccos\dfrac{x}{a} - \sqrt{a^2-x^2} + C$

117. $\int x\arccos\dfrac{x}{a}\mathrm{d}x = \left(\dfrac{x^2}{2} - \dfrac{a^2}{4}\right)\arccos\dfrac{x}{a} - \dfrac{x}{4}\sqrt{a^2-x^2} + C$

118. $\int x^2\arccos\dfrac{x}{a}\mathrm{d}x = \dfrac{x^3}{3}\arccos\dfrac{x}{a} - \dfrac{1}{9}(x^2+2a^2)\sqrt{a^2-x^2} + C$

119. $\int \arctan\dfrac{x}{a}\mathrm{d}x = x\arctan\dfrac{x}{a} - \dfrac{a}{2}\ln(a^2+x^2) + C$

120. $\int x\arctan\dfrac{x}{a}\mathrm{d}x = \dfrac{1}{2}(a^2+x^2)\arctan\dfrac{x}{a} - \dfrac{a}{2}x + C$

121. $\int x^2\arctan\dfrac{x}{a}\mathrm{d}x = \dfrac{x^3}{3}\arctan\dfrac{x}{a} - \dfrac{a}{6}x^2 + \dfrac{a^3}{6}\ln(a^2+x^2) + C$

(十三) 含有指数函数的积分

122. $\int a^x\mathrm{d}x = \dfrac{1}{\ln a}a^x + C$

123. $\int \mathrm{e}^{ax}\mathrm{d}x = \dfrac{1}{a}\mathrm{e}^{ax} + C$

124. $\int x\mathrm{e}^{ax}\mathrm{d}x = \dfrac{1}{a^2}(ax-1)\mathrm{e}^{ax} + C$

125. $\int x^n\mathrm{e}^{ax}\mathrm{d}x = \dfrac{1}{a}x^n\mathrm{e}^{ax} - \dfrac{n}{a}\int x^{n-1}\mathrm{e}^{ax}\mathrm{d}x$

126. $\int xa^x\mathrm{d}x = \dfrac{x}{\ln a}a^x - \dfrac{1}{(\ln a)^2}a^x + C$

127. $\int x^n a^x\mathrm{d}x = \dfrac{1}{\ln a}x^n a^x - \dfrac{n}{\ln a}\int x^{n-1}a^x\mathrm{d}x$

128. $\int \mathrm{e}^{ax}\sin bx\,\mathrm{d}x = \dfrac{1}{a^2+b^2}\mathrm{e}^{ax}(a\sin bx - b\cos bx) + C$

129. $\int \mathrm{e}^{ax}\cos bx\,\mathrm{d}x = \dfrac{1}{a^2+b^2}\mathrm{e}^{ax}(b\sin bx + a\cos bx) + C$

130. $\int \mathrm{e}^{ax}\sin^n bx\,\mathrm{d}x = \dfrac{1}{a^2+b^2n^2}\mathrm{e}^{ax}\sin^{n-1}bx(a\sin bx - nb\cos bx)$
$\qquad + \dfrac{n(n-1)b^2}{a^2+b^2n^2}\int \mathrm{e}^{ax}\sin^{n-2}bx\,\mathrm{d}x$

131. $\int \mathrm{e}^{ax}\cos^n bx\,\mathrm{d}x = \dfrac{1}{a^2+b^2n^2}\mathrm{e}^{ax}\cos^{n-1}bx(a\cos bx + nb\sin bx)$
$\qquad + \dfrac{n(n-1)b^2}{a^2+b^2n^2}\int \mathrm{e}^{ax}\cos^{n-2}bx\,\mathrm{d}x$

(十四) 含有对数函数的积分

132. $\int \ln x\,\mathrm{d}x = x\ln x - x + C$

133. $\int \dfrac{\mathrm{d}x}{x\ln x} = \ln|\ln x| + C$

134. $\int x^n \ln x \, dx = \dfrac{1}{n+1} x^{n+1} \left(\ln x - \dfrac{1}{n+1} \right) + C$

135. $\int (\ln x)^n \, dx = x (\ln x)^n - n \int (\ln x)^{n-1} \, dx$

136. $\int x^m (\ln x)^n \, dx = \dfrac{1}{m+1} x^{m+1} (\ln x)^n - \dfrac{n}{m+1} \int x^m (\ln x)^{n-1} \, dx$

（十五）含有双曲函数的积分

137. $\int \text{sh} x \, dx = \text{ch} x + C$

138. $\int \text{ch} x \, dx = \text{sh} x + C$

139. $\int \text{th} x \, dx = \ln \text{ch} x + C$

140. $\int \text{sh}^2 x \, dx = -\dfrac{x}{2} + \dfrac{1}{4} \text{sh} 2x + C$

141. $\int \text{ch}^2 x \, dx = \dfrac{x}{2} + \dfrac{1}{4} \text{sh} 2x + C$

（十六）定积分

142. $\int_{-\pi}^{\pi} \cos nx \, dx = \int_{-\pi}^{\pi} \sin nx \, dx = 0$

143. $\int_{-\pi}^{\pi} \cos mx \sin nx \, dx = 0$

144. $\int_{-\pi}^{\pi} \cos mx \cos nx \, dx = \begin{cases} 0, & m \neq n \\ \pi, & m = n \end{cases}$

145. $\int_{-\pi}^{\pi} \sin mx \sin nx \, dx = \begin{cases} 0, & m \neq n \\ \pi, & m = n \end{cases}$

146. $\int_{0}^{\pi} \sin mx \sin nx \, dx = \int_{0}^{\pi} \cos mx \cos nx \, dx = \begin{cases} 0, & m \neq n \\ \dfrac{\pi}{2}, & m = n \end{cases}$

147. $I_n = \int_{0}^{\frac{\pi}{2}} \sin^n x \, dx = \int_{0}^{\frac{\pi}{2}} \cos^n x \, dx$

$I_n = \dfrac{n-1}{n} I_{n-2}$

$I_n = \dfrac{n-1}{n} \cdot \dfrac{n-3}{n-2} \cdot \cdots \cdot \dfrac{4}{5} \cdot \dfrac{2}{3}$ （n 为大于 1 的正奇数），$I_1 = 1$

$I_n = \dfrac{n-1}{n} \cdot \dfrac{n-3}{n-2} \cdot \cdots \cdot \dfrac{3}{4} \cdot \dfrac{1}{2} \cdot \dfrac{\pi}{2}$（$n$ 为正偶数），$I_0 = \dfrac{\pi}{2}$

附录 C 习题答案

第 7 章

习题 7.1

1. (1) 三阶； (2) 二阶； (3) 一阶； (4) 一阶.
2. (1) 一阶非线性微分方程； (2) 二阶变系数线性非齐次微分方程；
(3) 二阶非线性微分方程； (4) 二阶非线性微分方程.
3. (1) 是； (2) 是； (3) 是； (4) 是.
4. 略.　　5. $x=2\cos kt(k\neq 0)$.

习题 7.2

1. (1) $\dfrac{1}{3}(y+1)^3=-\dfrac{1}{4}x^4+C$； (2) $2^x+2^{-y}=C$； (3) $\sin y=Ce^{\sin x}$；

(4) $y^2=C(x-1)^2+1$； (5) 令 $u=x+2y, 4y-2x+\sin(2x+4y)-C=0$.

2. (1) $\dfrac{y}{x}-\ln\dfrac{y}{x}=x+C$； (2) $1-\dfrac{2y}{x}-\dfrac{y^2}{x^2}=Ce^{-x}$； (3) $\dfrac{y}{x}=Ce^{-\frac{y}{x}-x}$；

(4) $\ln\dfrac{y}{x}=Cx+1$.

3. (1) $y=Ce^{\cos x}+xe^{\cos x}$； (2) $y=Ce^{\frac{x}{2}}+\dfrac{x}{4}$； (3) $y=C\dfrac{e^x}{x}+\dfrac{e^{2x}}{x}$；

(4) $x=Cy^2\cdot e^{\frac{1}{y}}+y^2$； (5) $x=\dfrac{1}{2}e^{-y}+Ce^y$； (6) $y=x^3(e^x+C)$.

4. (1) $\dfrac{1}{y^2}=2\cos x-1$； (2) $y=\dfrac{\pi-1-\cos x}{x}$； (3) $\sin\dfrac{y}{x}=\dfrac{1}{2}e^{-\frac{\pi}{6}}\cdot e^x$；

(4) $x=3y-y^2$.

5. $y=\dfrac{1}{3}x^2$.　　6. $T=20+80e^{-kt}$.

习题 7.3

1. (1) $y=-\sin x-\dfrac{1}{3}x^3+C_1x+C_2$；

(2) $y=\dfrac{1}{8}e^{2x}+\sin x+\dfrac{1}{2}C_1x^2+C_2x+C_3$；

(3) $y = \frac{1}{3}C_1 x^3 + C_2$;　(4) $y = C_1 \ln|x| + x^2 + C_2$;

(5) $e^{-2y} = C_1 x + C_2$;　(6) $C_1 y^2 - 1 = (C_1 x + C_2)^2$.

2. (1) $y = \frac{1}{2}x^4 - \sin x + \frac{1}{2}x^2 + 2x - 1$;　(2) $y = \ln|x| + \frac{1}{2}(\ln|x|)^2$;

(3) $y = e^x$.

3. $\frac{dP}{(1+P)^{3/2}} = k dx$.　　4. $y = \frac{1}{3}x^3 - \frac{2}{3}x^2 + \frac{1}{3}$.

习题 7.4

1. (1) 是;　(2) 是;　(3) 不是;　(4) 是.　　2. $y = C_1 x + C_2 e^x$.

3. $y'' + y = 0$.　　4. $y = C_1 x^2 + C_2 e^x + 3$.

习题 7.5

1. (1) $y = C_1 e^{-x} + C_2 e^{3x}$;　(2) $y = C_1 e^{-2x} + C_2 e^{4x}$;

(3) $y = (C_1 + C_2 x)e^{-2x}$;　(4) $y = (C_1 + C_2 x)e^{3x}$;

(5) $e^{-x}(C_1 \cos 2x + C_2 \sin 2x)$;　(6) $y = C_1 \cos 4x + C_2 \sin 4x$;

(7) $y = C_1 \cos x + C_2 \sin x + x + \frac{1}{2}e^x$;　(8) $y = C_1 \cos x + C_2 \sin x - 2x \cos x$.

2. (1) $y = 4e^{-x} + 2xe^{-x}$;　(2) $y = e^x$.

3. (1) $y^* = -x + \frac{1}{2}$;　(2) $y^* = \frac{1}{18}x^2 - \frac{37}{81}x$;

(3) $y^* = \frac{1}{2}x^2 e^x$;　(4) $y^* = \frac{2}{9}x + \frac{1}{9} + \frac{1}{8}\cos x$.

习题 7.6

1. (1) $\Delta y_t = -3t^2 + 3t + 2, \Delta^2 y_t = -6t$;

(2) $\Delta y_t = e^{2t}(e^2 - 1), \Delta^2 y_t = e^{2t}(e^2 - 1)^2$;

(3) $\Delta y_t = \ln(t+1) - \ln t, \Delta^2 y_t = \ln(t+2) - 2\ln(t+1) + \ln t$;

(4) $\Delta y_t = 3^t(2t^2 + 6t + 3), \Delta^2 y_t = 3^t(4t^2 + 24t + 30)$.

2. $y_{t+2} - y_t = 0$.

3. (1) 是, 7 阶;　(2) 是, 2 阶;　(3) 是, 2 阶;　(4) 不是;　(5) 不是.

4. 略.

5. (1) $y_t = C \cdot 2^t$;　(2) $y_t = C \cdot (-3)^t$;　(3) $y_t = C \cdot \left(\frac{2}{3}\right)^t$.

6. (1) $y_t = 3^{t+1}$;　(2) $-2(-1)^t$.

7. (1) $y_t = C \cdot (-2)^t + 1$;　(2) $y_t = -3t + C$;

(3) $y_t = C \cdot 2^t - 3t^2 - 6t - 9$;　(4) $y_t = \frac{1}{2}t(t+1) + C$;

(5) $y_t = \dfrac{3}{2} \cdot \left(\dfrac{5}{2}\right)^t + C \cdot \left(\dfrac{1}{2}\right)^t$; (6) $y_t = C \cdot (-2)^t - 4^{t-1} + \dfrac{1}{3}t^2 - \dfrac{2}{9}t - \dfrac{1}{27}$.

8. (1) $y_t = t(t+2) + 5$; (2) $y_t = \dfrac{1}{3}t + \dfrac{7}{9} + \dfrac{2}{9}\left(-\dfrac{1}{2}\right)^t$;

(3) $y_t = 1 + 2^t - t$.

9. (1) $y_t = C_1 \cdot 2^t + C_2 \cdot 3^t$; (2) $y_t = (C_1 + C_2 t) \mathrm{e}^{-5t}$;

(3) $(\sqrt{2})^x \left(C_1 \cos \dfrac{\pi}{4}x + C_2 \sin \dfrac{\pi}{4}x\right)$; (4) $y_t = C_1 + C_1 \cdot 2^t + \dfrac{1}{4} \cdot 5^t$;

(5) $y_t^* = 3 + 3t + 2t^2$.

习题 7.7

1. (1) $P_e = \dfrac{a+c}{b+d}$; (2) $P_{(t)} = P_e + (P_0 - P_e)\mathrm{e}^{-k(b+d)t}$;

(3) 随时间增长,价格下降.

2. $(x+2)^2 - y^2 = 3$(比例系数设为 1, x 为产量, y 为总成本).

3. 略.   4. $y = 5\mathrm{e}^{\frac{3}{10}t}$.

5. $Y_t = \left(1 + \dfrac{S}{K}\right)^t Y_0$ $(t = 0, 1, 2, \cdots)$;

$S_t = I_t = S\left(1 + \dfrac{S}{K}\right)^{t-1} \cdot Y_0$ $(t = 0, 1, 2, \cdots)$.

6. 666.12, 19934.76.

复习题 7

一、1. 三阶.   2. 3.   3. $y = (x + C)\cos x$.   4. $y = C\mathrm{e}^{x^2}$.

5. $y' = f(x, y), y(x_0) = 0$.   6. $y = C_1 \mathrm{e}^x + C_2 \mathrm{e}^{-x}$.   7. $y_x = 5 \times 6^x$.

二、1. B.   2. C.   3. A.   4. D.   5. C.   6. B.   7. C.   8. C.

三、1. $y = \dfrac{x-1}{x}\mathrm{e}^x + \dfrac{C}{x}$.   2. $y^2 = 2x^2(\ln|x| + 1)$.   3. $f(x) = \dfrac{1}{2}(\mathrm{e}^{2x} + 1)$.

4. $y = 2\mathrm{e}^{3x} + 4\mathrm{e}^x$.   5. $y = C_1 \mathrm{e}^{\frac{x}{2}} + C_2 \mathrm{e}^{-x} + \mathrm{e}^x$.

6. (1) $y = C_1 \mathrm{e}^{-x} + C_2 \mathrm{e}^{5x}$; (2) $y = C_1 + C_2 \mathrm{e}^{4x} - \dfrac{5}{4}x$;

(3) $y = (C_1 + C_2 x)\mathrm{e}^{2x} + \dfrac{1}{12}\mathrm{e}^{2x} \cdot x^4$;

(4) $y = C_1 \mathrm{e}^x + C_2 \mathrm{e}^{-2x} - \dfrac{2}{5}\cos 2x - \dfrac{6}{5}\sin 2x$.

7. (1) $y_t = C \cdot \left(\dfrac{3}{2}\right)^t$; (2) $y_t = C \cdot (-1)^{t+1}$; (3) $y_t = C \cdot 4^t - 1$;

(4) $y_t = C \cdot (-4)^t + \dfrac{2}{5}t^2 + \dfrac{1}{25}t + \dfrac{14}{125}$; (5) $y_t = (t-2) \cdot 2^t + C$;

(6) $y_t = C \cdot 3^t - \frac{1}{2}t + \frac{1}{4}$.

8. $y_x = 3 \times \left(-\frac{5}{2}\right)^x$.   9. $Q = e^{-p^3}$.   10. $C_t = \left(y_0 - \frac{1+b}{1-a}\right)a^t + \frac{a+b}{1-a}$.

第 8 章

习题 8.1

1. A. 二； B. 四； C. 五； D. 六.

2. 关于 xOy 面:$(4,-3,-5)$；关于 yOz 面:$(-4,-3,5)$；关于 xOz 面:$(4,3,5)$；关于原点:$(-4,3,-5)$.

3. $\left(0,0,\frac{3}{2}\right)$.   4. 略.

习题 8.2

1. (1) $a \perp b$； (2) a 与 b 同向； (3) a 与 b 反向； (4) a 与 b 同向.

2. 略.

3. $\overrightarrow{MA} = -\frac{1}{2}(a+b), \overrightarrow{MC} = \frac{1}{2}(a+b), \overrightarrow{MD} = \frac{1}{2}(b-a), \overrightarrow{MB} = \frac{1}{2}(a-b)$.

习题 8.3

1. $\overrightarrow{M_1M_2} = \{2,2,-\sqrt{2}\}, -\overrightarrow{M_1M_2} = \{-2,-2,\sqrt{2}\}$.

2. (1) $\{5,-11,-7\}$； (2) $\{2\lambda+\mu, 3\lambda+5\mu, -\lambda+2\mu\}$.

3. $\vec{a^0} = \pm\frac{1}{11}\{6,7,-6\}$.   4. $m=1, n=-6$.   5. $(3, 3\sqrt{2}, 3)$.

习题 8.4

1. 略.   2. $-\frac{3}{2}$.   3. $2\sqrt{2}$.   4. $\angle ABC = \frac{\pi}{4}$.

5. $\pm\frac{1}{\sqrt{17}}\{3\boldsymbol{i}-2\boldsymbol{j}-2\boldsymbol{k}\}$.   6. 7.   7. $\{-4,2,-4\}$.

8. (1) 错； (2) 错； (3) 对.

习题 8.5

1. (1) 两相交平面； (2) 原点； (3) 椭圆； (4) 圆柱面.

2. (1) 中心 $(1,-1,0)$,半径 $R=3$； (2) 中心 $\left(\frac{1}{4},0,0\right)$,半径 $R=\frac{1}{4}$.

3. $x^2 + (y+z)^2 + z^2 = 20$.   4. $x^2 + y^2 - 2x = 0$.   5. 略.

6. (1) 直线； (2) 抛物线.   7. $3y^2 - z^2 = 16, 3x^2 + 2z^2 = 16$.

8. $\begin{cases} x^2+y^2=\dfrac{a^2}{2} \\ z=0 \end{cases}.$ 9. $\begin{cases} 2x-y+5=0 \\ z=0 \end{cases},$ $\begin{cases} 6x+z+14=0 \\ y=0 \end{cases},$ $\begin{cases} 3y+z-1=0 \\ x=0 \end{cases}.$

习题 8.6

1. $x+2y-4z+12=0.$
2. (1) 平行 yOz 平面；(2) 通过 x 轴；(3) 平行 z 轴；(4) 与三坐标轴相交.
3. $x-y+2z+2=0.$ 4. $4x-3y+z-6=0.$ 5. $2y-3x=0.$
6. $x-3y-2z=0.$ 7. $\dfrac{1}{3},\dfrac{2}{3},\dfrac{2}{3}.$ 8. $2x+3y+z-6=0.$
9. $\dfrac{\sqrt{6}}{2}.$ 10. $\dfrac{x-3}{1}=\dfrac{y+2}{3}=\dfrac{z+1}{3}.$ 11. $\dfrac{x-2}{3}=\dfrac{y+3}{-1}=\dfrac{z-4}{2}.$
12. $\dfrac{x}{-2}=\dfrac{y-2}{3}=\dfrac{z-4}{1}.$ 13. $\dfrac{\pi}{4}.$ 14. $(1,2,2),\arcsin\dfrac{5}{6}.$
15. $\dfrac{x+1}{16}=\dfrac{y}{19}=\dfrac{z-4}{28}.$ 16. 略.

复习题 8

一、1. $-2.$ 2. $-171.$ 3. 4. 4. $\left\{\dfrac{1}{a},\dfrac{1}{b},\dfrac{1}{c}\right\}$ 各坐标轴上的截距.
5. $(x-1)^2+(y-3)^2+(z+2)^2=14.$ 6. $x^2+y^2+z^2-10z+9=0.$
7. $\dfrac{x-3}{0}=\dfrac{y-2}{0}=\dfrac{z+1}{1}.$ 8. $x^2+4y^2=25.$

二、1. B. 2. B. 3. B. 4. A. 5. B.

三、1. $|\overrightarrow{M_1M_2}|=2,\cos\alpha=-\dfrac{1}{2},\cos\beta=\dfrac{1}{2},\cos\gamma=-\dfrac{\sqrt{2}}{2},\alpha=\dfrac{2\pi}{3},\beta=\dfrac{\pi}{3},\gamma=\dfrac{3\pi}{4}.$
2. 略. 3. $3x-7y+5z-4=0.$ 4. $x-3y-2z=0.$
5. $x-2y-4z+3=0.$ 6. $2x+2y-3z=0.$ 7. $\dfrac{x-3}{-4}=\dfrac{y+2}{2}=\dfrac{z-1}{1}.$
8. $\cos\theta=0.$ 9. $\dfrac{x}{-2}=\dfrac{y-2}{3}=\dfrac{z-4}{1}.$ 10. $\dfrac{x-2}{2}=\dfrac{y+3}{0}=\dfrac{z-4}{4}.$
11. $x=1, y=2, z=2.$ 12. $\dfrac{x+1}{16}=\dfrac{y}{19}=\dfrac{z-4}{28}.$

第 9 章

习题 9.1

1. $f(y,x)=\dfrac{2xy}{x^2+y^2}, f(tx,ty)=\dfrac{2xy}{x^2+y^2}, f\left(1,\dfrac{y}{x}\right)=\dfrac{2xy}{x^2+y^2}.$

2. (1) $\{(x,y)|x \geqslant \sqrt{y}\}$; (2) $\{(x,y)|x^2+y^2+z^2<R^2\}$;
(3) $\{(x,y)|x+y>0, x-y>0\}$; (4) $\{(x,y)||y|\leqslant|x|\}$;
(5) $\{(x,y)|x\geqslant 0, y>x, x^2+y^2<1\}$; (6) $\{(x,y)|x\geqslant 0, x^2+y^2\neq 0\}$.

3. $f(xy, x+y)=(xy)^{x+y}$. 4. (1) 1; (2) 0; (3) $\frac{1}{4}$; (4) 1.

5. $y^2=x$. 6. 提示：令 $y=kx$. 7. 不连续.

8. 连续，但反过来不成立.

习题 9.2

1. x^2.

2. (1) $\frac{\partial z}{\partial x}=2xy+1, \frac{\partial z}{\partial y}=x^2$; (2) $\frac{\partial z}{\partial x}=\frac{1}{2x\sqrt{\ln(xy)}}, \frac{\partial z}{\partial y}=\frac{1}{2y\sqrt{\ln(xy)}}$;

(3) $\frac{\partial z}{\partial x}=\frac{x^2}{(x^2+y^2)^{3/2}}, \frac{\partial z}{\partial y}=\frac{-xy}{(x^2+y^2)^{3/2}}$;

(4) $\frac{\partial z}{\partial x}=\frac{2}{y\sin\frac{2x}{y}}, \frac{\partial z}{\partial y}=-\frac{2x}{y^2\sin\frac{2x}{y}}$;

(5) $\frac{\partial z}{\partial x}=(1+xy)^x\left(\ln(1+xy)+\frac{xy}{1+xy}\right), \frac{\partial z}{\partial y}=(1+xy)^x\frac{x^2}{1+xy}$;

(6) $\frac{\partial z}{\partial x}=\frac{y}{\sqrt{1-(xy)^2}}, \frac{\partial z}{\partial y}=\frac{x}{\sqrt{1-(xy)^2}}$;

(7) $\frac{\partial z}{\partial x}=-e^{-x^2}, \frac{\partial z}{\partial y}=e^{-y^2}$;

(8) $\frac{\partial u}{\partial x}=zx^{z-1}y^z, \frac{\partial u}{\partial y}=zy^{z-1}x^z, \frac{\partial u}{\partial z}=(xy)^z\ln(xy)$.

3. 略.

4. (1) $\frac{\partial^2 z}{\partial x^2}=\frac{2xy}{(x^2+y^2)^2}, \frac{\partial^2 z}{\partial y^2}=\frac{-2xy}{(x^2+y^2)^2}, \frac{\partial^2 z}{\partial x \partial y}=\frac{y^2-x^2}{(x^2+y^2)^2}$;

(2) $\frac{\partial^2 z}{\partial x^2}=2, \frac{\partial^2 z}{\partial y^2}=2, \frac{\partial^2 z}{\partial x \partial y}=1$;

(3) $\frac{\partial^2 z}{\partial x^2}=\frac{\ln y}{x^2}(\ln y-1)y^{\ln x}, \frac{\partial^2 z}{\partial y^2}=\ln x(\ln x-1)y^{\ln x-2}, \frac{\partial^2 z}{\partial x \partial y}=\frac{1+\ln x \ln y}{xy}y^{\ln x}$.

5. 略.

6. (1) $dz=yx^{y-1}dx+x^y\ln x dy$; (2) $dz=e^{x^2-2y}\cdot 2xdx-2e^{x^2-2y}dy$;

(3) $dz=(xy)^x(\ln(xy)+1)dx+(xy)^x\cdot\frac{x}{y}dy$;

(4) $dz=\frac{x}{x^2+y^2}dx+\frac{y}{x^2+y^2}dy$.

7. (1) $dz = 0.3x^2y - 0.2x^3$； (2) $dz = 0.55e^2$.

8. (1) 1.04； (2) 2.97.

习题 9.3

1. (1) $\dfrac{\partial z}{\partial x} = \dfrac{1}{x^2+y^2} e^{uv}(v_x - u_y) = \dfrac{1}{x^2+y^2} e^{\ln\sqrt{x^2+y^2} \cdot \arctan\frac{y}{x}} \left(\arctan\dfrac{y}{x} - y\ln\sqrt{x^2+y^2}\right)$,

$\dfrac{\partial z}{\partial y} = \dfrac{1}{x^2+y^2} e^{uv}(v_y + u_x) = \dfrac{1}{x^2+y^2} e^{\ln\sqrt{x^2+y^2} \cdot \arctan\frac{y}{x}} \left(y\arctan\dfrac{y}{x} + x\ln\sqrt{x^2+y^2}\right)$；

(2) $z_u = \dfrac{2v^2}{u^2(3v-2u)} - \dfrac{2v^2}{u^3}\ln(3v-2u)$, $z_v = \dfrac{3v^2}{u^2(3v-2u)} + \dfrac{2v}{u^2}\ln(3v-2u)$.

2. $2e^t \sin t$.

3. (1) $\dfrac{\partial z}{\partial x} = 2xf'(x^2-y^2)$, $\dfrac{\partial z}{\partial y} = -2yf'(x^2-y^2)$；

(2) $\dfrac{\partial z}{\partial x} = f_1' + \dfrac{1}{y}f_2'$, $\dfrac{\partial z}{\partial y} = -\dfrac{x}{y^2}f_2'$； (3) $\dfrac{\partial z}{\partial x} = -\sin x f_1' + y f_2'$, $\dfrac{\partial z}{\partial y} = x f_2'$.

4. (1) $\dfrac{dy}{dx} = \dfrac{y^2 - e^x}{\cos y - 2xy}$； (2) $\dfrac{\partial z}{\partial x} = \dfrac{z}{x+z}$, $\dfrac{\partial z}{\partial y} = \dfrac{z^2}{y(x+z)}$；

(3) $\dfrac{dy}{dx} = \dfrac{yx^{y-1}}{1 - x^y \ln x}$； (4) $\dfrac{\partial z}{\partial x} = \dfrac{\partial z}{\partial y} = -1$.

5. 略.

6. $\dfrac{\partial u}{\partial x} = -\dfrac{xu+yv}{x^2+y^2}$, $\dfrac{\partial v}{\partial x} = \dfrac{yu-xv}{x^2+y^2}$, $\dfrac{\partial u}{\partial y} = \dfrac{xv-yu}{x^2+y^2}$, $\dfrac{\partial v}{\partial y} = -\dfrac{xu+yv}{x^2+y^2}$.

习题 9.4

1. $f(2,-2) = 8$. 2. $f\left(\dfrac{1}{2}, -1\right) = -\dfrac{e}{2}$. 3. 极大值 $z\left(\dfrac{1}{2}, \dfrac{1}{2}\right) = \dfrac{1}{4}$.

4. 等腰直角三角形，直角边长为 $\dfrac{\sqrt{2}}{2}l$. 5. 最大值 4，最小值 -1.

6. 边长分别为 $\dfrac{l}{3}$、$\dfrac{2l}{3}$ 时.

7. $z = x^3 + y^3$ 在 $(0,0)$ 处不能取得极值，$z = (x^2+y^2)^2$ 在点 $(0,0)$ 处取得极值.

复习题 9

1. $-\dfrac{13}{12}$, $\dfrac{a^2+b^2}{2ab}$, $\dfrac{x^2+y^2}{x^2-y^2}$, $\dfrac{1+y^2}{2y}$.

2. (1) $\{(x,y) | x+y > 0, y-x > 0\}$；

(2) $\{(x,y) | |x| \leqslant 1 \text{ 且 } |y| \geqslant 2 \text{ 或 } |x| \geqslant 1 \text{ 且 } |y| \leqslant 2\}$；

(3) $\{(x,y) | xy \geqslant 0, x+y > 0\}$； (4) $\{(x,y) | r^2 < x^2+y^2+z^2 \leqslant R^2\}$.

3. 略.   4. (1) $+\infty$； (2) 0； (3) -1.

5. (1) $\dfrac{\partial z}{\partial x}=\dfrac{1}{x+\ln y},\dfrac{\partial z}{\partial y}=\dfrac{1}{y(x+\ln y)}$; (2) $\dfrac{\partial z}{\partial x}=3x^2y-y^3,\dfrac{\partial z}{\partial y}=x^3-3xy^2$;

(3) $\dfrac{\partial u}{\partial x}=y\cdot z^{xy}\ln z,\dfrac{\partial u}{\partial y}=x\cdot z^{xy}\ln z,\dfrac{\partial u}{\partial z}=xyz^{xy-1}$.

6. 20.

7. (1) $\dfrac{\partial^2 z}{\partial x^2}=12x^2-4y^2,\dfrac{\partial^2 z}{\partial y^2}=12y^2-4x^2,\dfrac{\partial^2 z}{\partial x\partial y}=-8xy$;

(2) $\dfrac{\partial^2 z}{\partial x^2}=2y(2y-1)x^{2y-2},\dfrac{\partial^2 z}{\partial y^2}=4x^{2y}\ln^2 x,\dfrac{\partial^2 z}{\partial x\partial y}=x^{2y-1}(2+4y\ln x)$.

8. 2,0.

9. (1) $\mathrm{d}z=(4x^3-8xy^2)\mathrm{d}x+(4y^3-8x^2y)\mathrm{d}y$;

(2) $\mathrm{d}z=\dfrac{-xy}{(x^2+y^2)^{3/2}}\mathrm{d}x+\dfrac{2x^2+y}{2(x^2+y^2)^{3/2}}\mathrm{d}y$.

10. $\dfrac{\partial z}{\partial x}=\dfrac{2x}{y^2}\ln(3x-2y)+\dfrac{3x^2}{(3x-2y)y^2},\dfrac{\partial z}{\partial y}=-\dfrac{2x^2}{y^3}\ln(3x-2y)-\dfrac{2x^2}{(3x-2y)y^2}$.

11. $\dfrac{\mathrm{d}z}{\mathrm{d}x}=\dfrac{x\mathrm{e}^x\ln x-\mathrm{e}^x}{x\ln^2 x}$.

12. (1) $\dfrac{\partial z}{\partial x}=2xf_1+yf_2,\dfrac{\partial^2 z}{\partial x\partial y}=-4xyf_{11}+2x^2f_{12}+f_2-2y^2f_{21}+xyf_{22}$;

(2) $\dfrac{\partial z}{\partial x}=2f_1+\dfrac{1}{y}f_2,\dfrac{\partial^2 z}{\partial x\partial y}=-\dfrac{2x}{y^2}f_{12}-\dfrac{1}{y^2}f_2-\dfrac{x}{y^3}f_{21}$.

13. (1) $\dfrac{\mathrm{d}y}{\mathrm{d}x}=\dfrac{y^2}{1-xy}$; (2) $\dfrac{\partial z}{\partial x}=\dfrac{x-3z}{3x-z},\dfrac{\partial z}{\partial y}=\dfrac{y}{3x-z}$.

14. 极小值 $f(1,0)=-5$,极大值 $f(-3,2)=31$.

15. 最大值 $\dfrac{64}{27}$,最小值 -18. 16. (1) $6x-2y,10y-2x$; (2) 1262.

17. $P_1=80,P_2=80$ 时最大利润 $L=435$.

第 10 章

习题 10.1

1. (1) 3π; (2) $\dfrac{8\pi}{3}$.

2. (1) $\iint\limits_{D}(x+y)^2\mathrm{d}\sigma\geqslant\iint\limits_{D}(x+y)^3\mathrm{d}\sigma$; (2) $\iint\limits_{D}\ln(x+y)\mathrm{d}\sigma\geqslant\iint\limits_{D}[\ln(x+y)]^2\mathrm{d}\sigma$.

3. (1) $0\leqslant I\leqslant 2$; (2) $3\pi\mathrm{e}\leqslant I\leqslant 3\pi^4\mathrm{e}^4$.

习题 10.2

1. (1) $\displaystyle\int_0^1\mathrm{d}x\int_{x-1}^{1-x}f(x,y)\mathrm{d}y,\int_{-1}^0\mathrm{d}y\int_0^{1+y}f(x,y)\mathrm{d}x+\int_0^1\mathrm{d}y\int_0^{1-y}f(x,y)\mathrm{d}x$;

(2) $\int_{-\sqrt{2}}^{\sqrt{2}} dx \int_{x^2}^{4-x^2} f(x,y)dy, \int_0^2 dy \int_{-\sqrt{y}}^{\sqrt{y}} f(x,y)dx + \int_2^4 dy \int_{-\sqrt{4-y}}^{\sqrt{4-y}} f(x,y)dx;$

(3) $\int_{\frac{1}{2}}^1 dx \int_{-\sqrt{1-x^2}}^{\sqrt{1-x^2}} f(x,y)dy, \int_{-\frac{\sqrt{2}}{2}}^{\frac{\sqrt{2}}{2}} dy \int_1^{\sqrt{1-y^2}} f(x,y)dx;$

(4) $\int_1^2 dx \int_{\frac{1}{x}}^x f(x,y)dy, \int_{\frac{1}{2}}^1 dy \int_{\frac{1}{y}}^2 f(x,y)dx + \int_1^2 dy \int_y^2 f(x,y)dx.$

2. $\int_0^{\frac{\pi}{4}} d\theta \int_{\frac{1}{\sin\theta+\cos\theta}}^{2\cos\theta} f(r\cos\theta, r\sin\theta)rdr.$ 3. 略.   4. 27.   5. $e - e^{-1}.$

6. $\dfrac{64}{15}.$ 7. $-2.$

8. (1) $\int_0^1 dy \int_0^y f(x,y)dx;$ (2) $\int_1^e dx \int_0^{\ln x} f(x,y)dy;$

(3) $\int_0^1 dx \int_{x^2}^x f(x,y)dy;$ (4) $\int_0^1 dx \int_{x^2}^x f(x,y)dy;$

(5) $\int_0^{\frac{1}{2}} dx \int_x^{1-x} f(x,y)dy.$

9. (1) $\dfrac{1}{2}e^2 - e;$ (2) $|-\sin|.$ 10. $(e^4-1)\pi.$ 11. $\dfrac{45\pi}{2}.$

12. $-6\pi^2.$ 13. $\dfrac{3\pi^2}{64}.$

14. (1) $\int_0^{\frac{\pi}{2}} d\theta \int_{\frac{1}{\cos\theta+\sin\theta}}^1 f(\rho\cos\theta, \rho\sin\theta)\rho d\rho;$ (2) $\int_{\frac{\pi}{4}}^{\frac{\pi}{3}} d\theta \int_0^{2\sec\theta} f(\rho)\rho dr;$

(3) $\int_{-\frac{\pi}{2}}^{\frac{\pi}{2}} d\theta \int_0^{2a\cos\theta} f(\rho\cos\theta, \rho\sin\theta)\rho d\rho;$ (4) $\int_0^{\frac{\pi}{2}} d\theta \int_1^2 f(\rho\cos\theta, \rho\sin\theta)\rho d\rho.$

15. $\dfrac{3}{2}\pi a^2.$ 16. 略.

习题 10.3

1. $\dfrac{\pi}{4}.$ 2. $4\sqrt{3}\pi.$ 3. $\dfrac{5}{12}\pi R^5.$

4. (1) $\left(\dfrac{35}{54}, \dfrac{35}{48}\right);$ (2) $\left(1, \dfrac{7}{5}\right);$ (3) $\left(\dfrac{a^2+ab+b^2}{2(a+b)}, 0\right).$ 5. $\dfrac{ab^3}{12}.$

6. $F = \left[2k\mu \left(\ln\dfrac{R_2+\sqrt{R_2^2+a^2}}{R_1+\sqrt{R_1^2+a^2}} - \dfrac{R_2}{\sqrt{R_2^2+a^2}} + \dfrac{R_1}{\sqrt{R_1^2+a^2}}\right), 0,\right.$

$\left. k\pi a\mu\left(\dfrac{1}{\sqrt{R_2^2+a^2}} - \dfrac{1}{\sqrt{R_1^2+a^2}}\right)\right].$

复习题 10

一、1. B.   2. C.   3. D.

二、1. $\int_0^1 dx \int_0^{x^2} f(x,y) dy + \int_1^{\sqrt{2}} dx \int_0^{\sqrt{2-x^2}} f(x,y) dy$. 2. $\int_0^1 dy \int_y^{\sqrt{y}} f(x,y) dx$.

3. $\dfrac{\pi}{2}$. 4. $\int_0^{2\pi} d\theta \int_0^3 \rho^2 \cos\theta d\rho$. 5. $\int_{-1}^1 dx \int_0^{x^2} f(x,y) dy$.

三、1. $\dfrac{\pi}{3}$. 2. e^{-1}. 3. $\dfrac{11}{30}$. 4. $\int_0^1 dy \int_0^{y^2} e^{\frac{y}{x}} dx$. 5. 略. 6. $\dfrac{9}{2}$.

7. $-\dfrac{1}{12}$. 8. $\dfrac{16}{3}\left(\pi - \dfrac{2}{3}\right)$. 9. $\pi(1 - e^{-a^2})$. 10. $\dfrac{7}{2}$.

第 11 章

习题 11.1

1. (1) $1 + \dfrac{2!}{2^2} + \dfrac{3!}{3^3} + \dfrac{4!}{4^4}$; (2) $-1 + \dfrac{2}{3} + 0 - \dfrac{11}{5}$.

2. (1) $u_n = (-1)^n \dfrac{1}{2^{n-1}}$; (2) $u_n = \dfrac{(-a)^{n+1}}{2n+1}$;

(3) $u_n = \dfrac{1}{2n-1}$; (4) $u_n = \dfrac{1}{3n} + \dfrac{1}{2^{n-1}}$.

3. (1) 收敛；（2) 收敛；（3) 发散；（4) 收敛.

4. (1) 发散；（2) 发散；（3) 发散；（4) 发散.

5. $\sum_{n=1}^{\infty} \dfrac{1}{n}$ 与 $\sum_{n=1}^{\infty} \left(-\dfrac{1}{n}\right)$. 6. (1) $1 - \sqrt{2}$; (2) 2.

7. $\dfrac{\pi^2}{8}$. 提示：$\sum_{n=1}^{\infty} \dfrac{1}{n^2} = \sum_{n=1}^{\infty} \dfrac{1}{(2n-1)^2} + \sum_{n=1}^{\infty} \dfrac{1}{(2n)^2}$.

8. (1) 发散；（2) 发散.

习题 11.2

1. (1) 收敛；（2) 收敛；（3) 发散；（4) 收敛.

(5) $0 < a \leq 1$ 时发散，$a > 1$ 时收敛.

2. (1) 收敛；（2) 发散；（3) 收敛；（4) 收敛.

3. (1) 收敛；（2) 发散；（3) 收敛；（4) 收敛；（5) 发散；（6) 发散.

4. 提示：$\sum_{n=1}^{\infty} \dfrac{2^n}{n^n}$ 收敛. 5. 提示：$\dfrac{\sqrt{a_n}}{n} = \dfrac{1}{n} \cdot \sqrt{a_n} \leq \dfrac{1}{n^2} + a_n$.

6. (1) 绝对收敛；（2) 条件收敛；（3) 条件收敛；（4) 条件收敛；

(5) 发散；（6) 条件收敛.（提示：S_{2n} 单调减少有下界.）

7. 提示：$a_n b_n \leq \dfrac{a_n^2 + b_n^2}{2}$.

习题 11.3

1. (1) $(-1,1)$; (2) $(-1,1]$; (3) $[-4,0)$; (4) $[-1,1]$; (5) $[4,6)$;
(6) $\left[-\frac{1}{2},\frac{1}{2}\right]$; (7) $\left[\frac{1}{2},\frac{3}{2}\right)$; (8) $(-3,3)$; (9) $(-2,2)$;
(10) $(-\max\{a,b\},\max\{a,b\})$.

2. (1) $s(x)=\dfrac{2x}{(1-x^2)^2},(-1<x<1)$; (2) $s(x)=\dfrac{1}{2}\ln\dfrac{1+x}{1-x},(-1<x<1)$;

(3) $s(x)=\dfrac{2x}{(1-x)^2},-1<x<1$;

(4) $s(x)=\begin{cases}\dfrac{\ln(1-x)}{x}-1 & x\in[1,0)\cup(0,1)\\ 0 & x=0\end{cases}$; (5) $s(x)=\dfrac{3x-x^2}{(1-x)^2},|x|<1$.

习题 11.4

1. (1) $a^x=\sum\limits_{n=0}^{\infty}\dfrac{(\ln a)^n}{n!}x^n,(-\infty,+\infty)$;

(2) $\dfrac{1}{(1-x)^2}=\sum\limits_{n=1}^{\infty}nx^{n-1},(-1,1)$;

(3) $\sum\limits_{n=0}^{\infty}(-1)^n\dfrac{1}{(2n+1)!}\left(\dfrac{x}{3}\right)^{2n+1},(-\infty,+\infty)$;

(4) $\sum\limits_{n=0}^{\infty}(-1)^n\dfrac{(1-x)^{n+1}}{n+1}$;

(5) $-\dfrac{1}{50}$; 提示: $x\ln(1-x^2)=x[\ln(1-x)+\ln(1+x)]$

$$=x\left(\sum_{n=1}^{\infty}(-1)^{n-1}\dfrac{(-x)^n}{n}+\sum_{n=1}^{\infty}(-1)^{n-1}\dfrac{x^n}{n}\right)$$

$$=\sum_{n=1}^{\infty}\dfrac{(-1)^{n-1}-1}{n}x^{n+1}.$$

(6) $(1+x)\ln(1+x)=x+\sum\limits_{n=2}^{\infty}\dfrac{(-1)^n}{n(n-1)}x^n,(-1,1]$.

2. $\ln x=\sum\limits_{n=0}^{\infty}\dfrac{(-1)^n}{n+1}(x-1)^{n+1},(0,2]$. 3. $\sum\limits_{n=0}^{\infty}(-1)^n\dfrac{(x-3)^n}{3^{n+1}},(0,6)$.

4. $\arctan\dfrac{1+x}{1-x}=\dfrac{\pi}{4}+\sum\limits_{n=0}^{\infty}\dfrac{(-1)^n}{(2n+1)}x^{2n+1},[-1,1)$. 5. $-\dfrac{101!}{50}$.

6. 1.0986. 7. $y=x+\dfrac{1}{1\cdot 2}x^2+\dfrac{1}{2\cdot 3}x^3+\dfrac{1}{3\cdot 4}x^4+\dfrac{1}{4\cdot 5}x^5+\cdots$.

复习题 11

一、1. ×. 2. √. 3. ×. 4. √.

二、1. 必要,充分． 2. 充分必要． 3. 收敛,发散． 4. 发散．

5. $(-2,4)$． 6. $\dfrac{2}{2-\ln 3}$．

三、1. C． 2. B． 3. D． 4. C．

四、1. (1) 发散； (2) 发散； (3) 收敛； (4) 发散； (5) 发散；
(6) 收敛； (7) 收敛； (8) 收敛； (9) 发散；

(10) 当 $a<1$ 时,收敛；当 $a>1$ 时,发散；当 $a=1$ 时 $\begin{cases} P>1 \text{ 则收敛} \\ P\leqslant 1 \text{ 则发散} \end{cases}$．

2. (1) 绝对收敛； (2) 条件收敛； (3) 条件收敛； (4) 条件收敛．

3. 略．

4. (1) $(-\infty,+\infty)$； (2) $[-2,2)$； (3) $\left[-\dfrac{1}{2},\dfrac{1}{2}\right]$； (4) $[2,4)$．

5. (1) $s(x)=\dfrac{x^2+2}{(2-x^2)^2},x\in(-\sqrt{2},\sqrt{2})$； (2) $s(x)=\dfrac{x-1}{(1-x^2)^2},x\in(-1,1)$；

(3) $s(x)=\arctan x,x\in[-1,1]$； (4) $s(x)=\dfrac{x^2}{(1-x^2)^2},x\in(-1,1)$．

6. (1) $2e$； (2) $\ln 2$； (3) $3e-1$； (4) $\ln 2$．

7. (1) $a^x=\sum\limits_{n=0}^{\infty}\dfrac{(x\ln a)^n}{n!}\quad x\in(-\infty,+\infty)$；

(2) $\sin\dfrac{x}{2}=\sum\limits_{n=0}^{\infty}(-1)^n\dfrac{x^{2n+1}}{2^{2n+1}(2n+1)!}\quad x\in(-\infty,+\infty)$；

(3) $(1+x)\ln(1+x)=x+\sum\limits_{n=2}^{\infty}\dfrac{(-1)^n x^n}{n(n-1)}\quad x\in(-1,1]$．

(4) $\dfrac{1}{\sqrt{1-x^2}}=1+\dfrac{1}{2}x^2+\dfrac{1\times 3}{2\times 4}x^4+\cdots+\dfrac{1\times 3\times 5\times\cdots\times(2n-1)}{2\times 4\times 6\times\cdots\times(2n)}x^{2n}+\cdots$

$x\in(-1,1)$；

(5) $\int_0^x\dfrac{\sin t}{t}dt=\sum\limits_{n=0}^{\infty}\dfrac{(-1)^n}{(2n+1)(2n+1)!}x^{2n+1}\quad x\in(-\infty,+\infty)$；

(6) $\dfrac{1}{(2-x)^2}=\sum\limits_{n=1}^{\infty}\dfrac{n}{2^{n+1}}x^{n-1}\quad x\in(-2,2)$．

8. $\dfrac{1}{x}=\dfrac{1}{3}\sum\limits_{n=0}^{\infty}(-1)^n\dfrac{(x-3)^n}{3^n}\quad x\in(0,6)$．

9. 略．提示:由泰勒公式有 $f\left(\dfrac{1}{n}\right)=\dfrac{f''(\xi)}{2n^2}$,故 $\left|f\left(\dfrac{1}{n}\right)\right|\leqslant\dfrac{M}{2n^2}$．

10. 略．提示: $y(x)=\sum\limits_{n=1}^{\infty}\dfrac{x^{3n}}{(3n)!}\xrightarrow{\diamondsuit\ x^3=t}\sum\limits_{n=1}^{\infty}\dfrac{t^n}{(3n)!}$ 收敛．

参 考 文 献

[1] 同济大学数学系.高等数学(下册)[M].7版.北京:高等教育出版社,2014.
[2] 赵树嫄.微积分[M].2版.北京:中国人民大学出版社,2004.
[3] 林益,刘国钧,徐少棠.微积分(经管类)[M].3版.武汉:武汉理工大学出版社,2012.
[4] 龙松.大学数学 MATLAB 应用教程[M].武汉:武汉大学出版社,2014.
[5] 刘国钧.微积分学习指导[M].2版.武汉:华中科技大学出版社,2011.